新一代人工智能系列教材

人脸
合成与识别

高新波　王楠楠　编著

高等教育出版社·北京

内容提要

人脸图像合成与识别是计算机视觉和人工智能领域的重点前沿方向。本书从机器学习和深度神经网络的理论和技术基础出发,系统深入地阐述了人脸图像合成与识别领域近年的研究热点与前沿进展,全面准确地对相关理论基础和代表性方法进行了介绍和讲解,主要包括人脸检测、人脸对齐、活体检测、人脸识别、人脸超分辨重建、人脸多视角合成、表情合成与识别、计算机人脸动画、异质人脸合成等多个人脸图像任务专题,并辅以相应的实验测评与程序代码解读。

本书可作为高等学校计算机、人工智能等专业计算机视觉、图像处理等相关课程的本科或研究生教材,也可作为工程技术人员的自学教材。

人工智能是引领这一轮科技革命、产业变革和社会发展的战略性技术，具有溢出带动性很强的"头雁效应"。当前，新一代人工智能正在全球范围内蓬勃发展，促进人类社会生活、生产和消费模式巨大变革，为经济社会发展提供新动能，推动经济社会高质量发展，加速新一轮科技革命和产业变革。

2017年7月，国务院发布了《新一代人工智能发展规划》，指出了人工智能正走向新一代。新一代人工智能（AI2.0）的概念除了继续用电脑模拟人的智能行为外，还纳入了更综合的信息系统，如互联网、大数据、云计算等去探索由人、物、信息交织的更大更复杂的系统行为，如制造系统、城市系统、生态系统等的智能化运行和发展。这就为人工智能打开了一扇新的大门和一个新的发展空间。人工智能将从各个角度与层次，宏观、中观和微观地，去发挥"头雁效应"，去渗透我们的学习、工作与生活，去改变我们的发展方式。

要发挥人工智能赋能产业、赋能社会，真正成为推动国家和社会高质量发展的强大引擎，需要大批掌握这一技术的优秀人才。因此，中国人工智能的发展十分需要重视人工智能技术及产业的人才培养。

高校是科技第一生产力、人才第一资源、创新第一动力的结合点。因此，高校有责任把人工智能人才的培养置于核心的基础地位，把人工智能协同创新摆在重要位置。国务院《新一代人工智能发展规划》和教育部《高等学校人工智能创新行动计划》发布后，为切实应对经济社会对人工智能人才的需求，我国一流高校陆续成立协同创新中心、人工智能学院、人工智能研究院等机构，为人工智能高层次人才、专业人才、交叉人才及产业应用人才培养搭建平台。我们正处于一个百年未遇、大有可为的历史机遇期，要紧紧抓住新一代人工智能发展的机遇，勇立潮头、砥砺前行，通过凝练教学成果及把握科学研究前沿方向的高质量教材来"传道、授业、解惑"，提高教学质量，投身人工智能人才培养主战场，为我国构筑人工智能发展先发优势和贯彻教育强国、科技强国、创新驱动战略贡献力量。

为促进人工智能人才培养，推动人工智能重要方向教材和在线开放课程建设，国家新一代人工智能战略咨询委员会和高等教育出版社于2018年3月成立了"新一代人工智能系列教材"编委会，聘请我担任编委会主任，吴澄院士、郑南宁院士、高文院士、陈纯院士和高等教育出版社林金安副总编辑担任编委会副主任。

根据新一代人工智能发展特点和教学要求，编委会陆续组织编写和出版有关人工智能基础理论、算法模型、技术系统、硬件芯片、伦理安全、"智能+"学科交叉和实践应用等方面内容的系列教材，形成了理论技术和应用实践两个互相协同的系列。为了推动高质量教材资源的共享共用，同时发布了与教材内容相匹配的在线开放课程、研制了新一代人工智能科教平台"智海"和建设了体现人工智能学科交叉特点的"AI+X"微专业，以形成各具优势、衔接前沿、涵盖完整、交叉融合具有中国特色的人工智能一流教材体系、支撑平台和育人生态，促进教育链、人才链、产业链和创新链的有效衔接。

"AI赋能、教育先行、产学协同、创新引领"，人工智能于1956年从达特茅斯学院出发，踏上了人类发展历史舞台，今天正发挥"头雁效应"，推动人类变革大潮，"其作始也简，其将毕也必巨"。我希望"新一代人工智能教材"的出版能够为人工智能各类型人才培养做出应有贡献。

衷心感谢编委会委员、教材作者、高等教育出版社编辑等为"新一代人工智能系列教材"出版所付出的时间和精力。

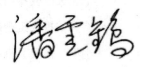

1956年，人工智能（AI）在达特茅斯学院诞生，到今天已走过半个多世纪历程，并成为引领新一轮科技革命和产业变革的重要驱动力。人工智能通过重塑生产方式、优化产业结构、提升生产效率、赋能千行百业，推动经济社会各领域向着智能化方向加速跃升，已成为数字经济发展新引擎。

在向通用人工智能发展进程中，AI能够理解时间、空间和逻辑关系，具备知识推理能力，能够从零开始无监督式学习，自动适应新任务、学习新技能，甚至是发现新知识。人工智能系统将拥有可解释、运行透明、错误可控的基础能力，为尚未预期和不确定的业务环境提供决策保障。AI结合基础科学循环创新，成为推动科学、数学进步的源动力，从而带动解决一批有挑战性的难题，反过来也促进AI实现自我演进。例如，用AI方法求解量子化学领域薛定谔方程的基态，突破传统方法在精确度和计算效率上两难全的困境，这将会对量子化学的未来产生重大影响；又如，通过AI算法加快药物分子和新材料的设计，将加速发现新药物和新型材料；再如，AI已证明超过1200个数学定理，未来或许不再需要人脑来解决数学难题，人工智能便能写出关于数学定理严谨的论证。

华为GIV（全球ICT产业愿景）预测：到2025年，97%的大公司将采用人工智能技术，14%的家庭将拥有"机器人管家"。可以预见的是，如何构建通用的人工智能系统、如何将人工智能与科学计算交汇、如何构建可信赖的人工智能环境，将成为未来人工智能领域需重点关注和解决的问题，而解决这些问题需要大量的数据科学家、算法工程师等人工智能专业人才。

2017年，国务院发布《新一代人工智能发展规划》，提出加快培养聚集人工智能高端人才的要求；2018年，教育部印发了《高等学校人工智能创新行动计划》，将完善人工智能领域人才培养体系作为三大任务之一，并积极加大人工智能专业建设力度，截至目前已批准300多所高校开设人工智能专业。

人工智能专业人才不仅需要具备专业理论知识，而且还需要具有面向未来产业发展的实践能力、批判性思维和创新思维。我们认为"产学合作、协同育人"是人工智能人才培养的一条有效可行的途径：高校教师有扎实的专业理论基础和丰富的教学资源，而企业拥有应用场景和技术实践，产学合作将有助于构筑高质量人才培养体系，培养面向未来的人工智能人才。

在人工智能领域，华为制定了包括投资基础研究、打造全栈全场景人工智能解决方案、投资开放生态和人才培养等在内的一系列发展战略。面对高校人工智能人才培养的迫切需求，华为积极参与校企合作，通过定制人才培养方案、更新实践教学内容、共建实训教学平台、共育双师教学团队、共同科研创新等方式，助力人工智能专业建设和人才培养再上新台阶。

　　教材是知识传播的主要载体、教学的根本依据。华为愿意在"新一代人工智能系列教材"编委会的指导下，提供先进的实验环境和丰富的行业应用案例，支持优秀教师编写新一代人工智能实践系列教材，将具有自主知识产权的技术资源融入教材，为高校人工智能专业教学改革和课程体系建设发挥积极的促进作用。在此，对编委会认真细致的审稿把关，对各位教材作者的辛勤撰写以及高等教育出版社的大力支持表示衷心的感谢！

　　智能世界离不开人工智能，人工智能产业深入发展离不开人才培养。让我们聚力人才培养新局面，推动"智变"更上层楼，让人工智能这一"头雁"的羽翼更加丰满，不断为经济发展添动力、为产业繁荣增活力！

华为董事、战略研究院院长

计算机视觉是人工智能的重要组成部分，也是计算机科学和信号处理研究的前沿领域，经过近年的不断发展，已逐步形成一套以数字信号处理技术、计算机图形图像、信息论和语义学深度融合的综合性技术，并具有较强的前沿性和学科交叉性。图像合成与识别是计算机视觉领域热门的研究课题。本书以人脸图像为例介绍了基于机器学习尤其是深度学习技术的图像合成与识别。作为人类之间信息传递的最直接载体，人脸图像一直以来都是计算机视觉领域研究最为广泛的一类图像。近年来，从传统的机器学习发展到目前活跃的深度学习，人脸图像的合成与识别已经积累了丰富的算法和应用案例。

本书根据教育部印发《高等学校人工智能创新行动计划》与"新一代人工智能系列教材"的基本要求，以探索适合我国高等学校人工智能人才培养的教学内容和教学方法为目标，结合作者长期从事计算机视觉和图像处理的研究经验和体会，为适应高等学校人工智能领域的人才培养方案而编写的。

当前国内高校虽然已开设了人工智能的相关课程，但是总体上缺乏该领域的基础教学能力，并且在培养具有动手能力的应用型人才上有所欠缺。本书教授的人脸图像合成与识别内容基于国际人工智能专业领域前沿的理论方法，培养人工智能专业技能和素养，构建解决基础理论和实际工程问题的专业思维，比较适用于计算机科学与技术、信息与通信工程相关专业学科的本科生和研究生对该领域进行全面深入的学习。

本书从机器学习和深度神经网络的理论和技术基础出发，引出当前人脸图像合成与识别的热点研究专题，主要包括人脸检测、人脸对齐、活体检测、人脸识别、人脸超分辨重建、人脸多视角合成、表情合成与识别、计算机人脸动画、异质人脸合成等多个任务专题。每部分专题的内容由基础性问题引入，并对代表性方法和前沿进展进行了系统分类和详细介绍。本书最后对人脸图像与识别的未来发展进行了展望，并且将学习主题由人脸图像分析扩展到自然图像分析与识别，希望能启发读者对该领域的研究兴趣和创新思维。

此外，本书重视理论与实践的结合。通过引入国内外前沿的深度学习框架，为各个专题的代表性方法辅以实验测评介绍和程序代码解读，非常适合高等学校相关专业的本科生和研究生学习基础理论知识、培养工程实践能力。对于本科生，本书可作为专业选修课教材，引导学生对计算机视觉和人工智能领域的研究兴趣。对于研究生，本书可作为专业必修课教材，培养人工智能产业的应用型人才，并为进一步培养研究型人才奠定基础。同时，本书也适合人工智能领域的创新创业课程，帮助学生了解产业界最新的产品和技术。

本书由高新波、王楠楠共同编写。在本书的编写过程中，得到西安电子科技大学教材建设基金资助项目（JPJC2102）的资助。中国科学院计算技术研究所的王瑞平研究员不辞辛劳地认真审阅了全部书稿，并提出了宝贵的意见。在本书的整理与定稿过程中，得到了西安电子科技大学综合业务网理论及关键技术国家重点实验室同学们的热情帮助：曹兵博士、马卓奇博士、郝毅博士、刘德成博士、辛经纬博士对本书的部分章节进行了整理和审校；魏子凯、程坤、唐靖飞、孙睿同学对本书的部分代码进行了整理和测试。高等教育出版社对本书的出版进行了精心的组织和周密的安排。在此一并致以诚挚的谢意。

由于作者水平有限，书中难免存在谬误或不妥之处，殷切期望读者能给予批评和指正。

高新波　王楠楠

2021年5月

目录

第1章 绪论

人脸是人类之间信息传递的最直接载体，通过人脸可以推断出一个人的年龄、种族、身份、地域等信息。甚至人脸的一些微小变化，同样也可以反映出一个人的性格及情绪。因此人脸图像一直以来都是机器视觉领域研究最为广泛的一类图像。近年来，从传统的模式识别算法到目前的基于深度学习的算法，已经有相当多的研究者们在人脸图像合成与识别任务中做出了重要的贡献，在工业界也产生了很多的落地应用。

1.1 人脸图像合成与识别的技术背景

1.1.1 人脸图像合成与识别的意义

人类视觉系统的独特魅力驱使研究者们通过视觉传感器和计算机软硬件模拟出人类对三维世界图像的采集、处理、分析和学习能力，以便使计算机和机器人系统具有智能化的视觉功能。

在过去30年间，众多不同领域的科学家们不断地尝试从多个角度去了解生物视觉和神经系统的奥秘，计算机视觉技术就在此背景下逐渐地发展壮大。同时，伴随着数字图像相关的软硬件技术在人们生活中的广泛使用，数字图像已经成为当代社会信息来源的重要构成因素，各种图像处理与分析的需求和应用也不断促进该技术的革新。

计算机视觉技术的应用十分广泛。数字图像检索管理、医学影像分析、智能安检、人机交互等领域都有计算机视觉技术的涉足。该技术是人工智能技术的重要组成部分，也是当今计算机科学研究的前沿领域。经过近年的不断发展，已逐步形成一套以数字信号处理技术、计算机图形图像、信息论和语义学相互结合的综合性技术，并具有较强的边缘性和学科交叉性。其中，人脸图像作为与人类生活联系最为密切的一类图像，其合成与识别已经成为计算机视觉领域最热门的研究课题之一。

1.1.2 人脸图像的特点

人脸图像作为一种个人身份的表征信息，相较于指纹、虹膜、静脉、声纹、DNA检测和签名等特征具有以下几个优点。

（1）非侵犯性。人脸图像的获取无须干扰人们的正常行为，只需要进入摄像头的有效采集范围即可进行信息采集。无须担心被识别者是否愿意将手放在指纹采集设备上，他们的眼睛是否能够对准虹膜扫描装置等。

（2）成本低、易安装。人脸图像的采集系统只需要用常见的摄像头、数码摄像机或手机上的嵌入式摄像头等被广泛使用的摄像设备即可，不需要复杂或昂贵的专用设备，也没有特别的安装和部署需求。

（3）非接触性。人脸图像信息的采集不同于其他生物信息的采集，用户不需要与设备直接接触。而指纹采集等具有接触性的采集过程，用户需要接触采集设备，既不卫生，也容易引起使用者的反感。

（4）无人工参与。计算机可以根据用户的预先设置自动进行人脸采集，不需要用户或被检测人的主动配合。整个采集过程甚至可在不惊动被检测人的情况下进行。

（5）可扩展性。人脸是一种最直观的个人身份特征，人脸图像已经应用于视频监控、人脸搜索、公安刑侦、公众娱乐等多个领域，可扩展性极强。

1.1.3 人脸图像的性质

人脸图像具有许多普遍性和差异性。人脸各个器官的分布存在着一定的规律，又是可以进行唯一描述的单独个体。因此人脸图像的合成与识别算法具有重要的学术研究价值。

人脸图像的规律性：人脸的结构分布是对称的，眼睛总是位于人脸的上半部分。嘴巴与鼻子的连线总是垂直于两眼之间的连线。嘴巴的宽度不会宽过双眼的宽度。若双眼之间距离为 l，则双眼到嘴巴的垂直距离一般介于 $0.8l$ 到 $1.25l$ 之间。

人脸图像的多样性：人脸由于外貌、表情、肤色等不同，以及可能存在的如眼睛、胡须等非常态遮挡物，使得人脸图像具有明显的模式可变性。此外，光照角度以及拍摄视角的改变同样会对采集到的人脸图像产生较大影响。

1.2 人脸图像合成与识别及相关算法

随着科学技术的发展，各种各样的图像采集传感器已经普及到了人类日常生活的各个方面。现有的技术可以得到人脸的可见光图像、近红外图像、热红外图像以及素描画或线条画等。这些不同类型且姿态不一的图像在不同的表达空间给出了同一目标的丰富多彩的描述和刻画，它们之间既存在冗余也存在互补，让人们能够全面地认识事物的本质特性。对图像信息的有效挖掘与利用，可加深对对象的感知理解，对公共安全与媒体娱乐等领域有广泛应用价值，也将是未来物联网中的重要信息形态。

在实际应用过程中，人脸图像的相关算法通常都是相辅相成的，而不是单独工作的。以应用于公共安全领域的视频监控系统为例，假设公安部门提供了一段监控视频，如何用算法处理监控视频从而确认嫌疑人的身份。直接对于监控视频进行人脸识别是不适用的，因为视频中包括了太多无用的场景信息，会对于人脸识别的过程造成极大干扰。因此，可以先使用人脸检测算法提取出视频中的人脸图像，并进行人脸对齐算法处理，随后再与居民身份信息数据库中的采集照片进行人脸识别。考虑到监控视频可能存在如可见光、近红外、热红外等多种不同的类型，异质人脸图像合成与识别算法是完成该类人脸识别任务的主要方法。此外，监控视频可能存在分辨率低、无正面人脸视角的问题，则可采用超分辨算法和多视角人脸合成算法来提升采集图像质量，从而进一步提升人脸识别的准确率。

人脸图像算法虽具有许多不同的类别，但不同类别之间具有紧密的联系。本书以人脸图像合成与识别任务为重点，并对人脸图像相关的图像处理技术进行详细介绍，所涵盖任务如下。

（1）**人脸检测**：从给定的图片中找出图像中所有人脸所在位置，是一切人脸图像处理任务的基础。

（2）**人脸对齐**：基于人脸的形状和外观模型在给定的图像中找出面部关键特征点的过程，是人脸合成和识别任务的重要辅助手段。

（3）**人脸活体检测**：通常是指在完成人脸检测后，判断捕捉到的人脸图像是真实图像还是伪造图像，在人脸安全验证任务中具有重要作用。

（4）**人脸图像识别**：根据人脸图像之间相似程度来判断人物身份信息的过程，是人脸图像处理的核心任务。

（5）**异质人脸图像识别**：对于具有不同模态的人脸图像（可见光图像、近红外图像、素描画像等）进行人脸识别的过程。

（6）**人脸超分辨率重建**：增强采集到的人脸图像的分辨率的过程，是后续分类或识别等语义级任务的重要预处理方法。

（7）**多视角人脸合成**：将具有任意姿态、表情和视角的人脸图像合成出具有正常姿态、表情和正面视角的人脸图像，可显著提升人脸身份信息的辨识度。

（8）**人脸表情合成与识别**：对于输入人脸图像的表情进行识别或合成的过程，是当前人机交互领域的一大研究热点。

（9）**计算机人脸动画**：使用计算机生成人物面部动态图像或模型的方法。近年来在科学、技术和艺术等诸多领域引起了广泛关注。

（10）**异质人脸图像合成**：对于输入人脸图像的模态进行转化的过程，如从近红外图像到可见光图像的合成等，可减少模态之间的差异，从而提升人脸识别系统的性能。

1.3 人脸图像相关算法的应用

人脸图像作为一种以人为采集目标的图像，已经存在于人类生活中的方方面面。计算机对人脸进行智能化处理能够更加便捷、高效地服务于人类生活。目前人脸图像相关算法的应用包括以下几个方面。

（1）**身份认证**：目前基于人脸检测、人脸表征等技术可以实现人脸特征的提取，并以此作为使用特殊设备、进入机密区域、开启重要通道的生物密钥，如小区门禁、支付宝支付等。

（2）**视觉监控系统**：在小区、公司、学校及科研基地等配置视觉监控系统，通过摄像头可以实现对注册/未注册人员的全过程监控，若出现异常，可及时发出警告，预防危险。

（3）**协助犯罪侦查**：公安部门的"天眼"系统借助人脸图像检测、人脸合成以及人脸识别等技术，帮助公安部门快速追捕犯罪分子、找寻走失的儿童和老人，为每个城市保驾护航。

（4）**表情分析**：对人脸进行生气、快乐、悲伤、恐惧、惊奇、厌恶等表情分析，可以应用于很多领域。例如，游戏公司根据人类情感做出反馈以增强玩家的沉浸感；交通部门通过对司机表情的分析以实时了解司机的驾驶状态；公安部门根据表情判断人是否有异常情绪以预防犯罪等。

（5）**脸型分析**：基于人脸检测、人脸关键点检测等技术，在一张包含人脸面部的照片中推测出人脸脸型，从而应用于发型设计、眼镜行业、美容行业、虚拟化妆等。

（6）**生理分析**：对待识别者的面部生理特征进行分类，得出其年龄、性别、种族、颜值等相关信息，可应用于新零售行业与美容行业，充分掌握顾客消费趋势及挖掘潜在顾客。

（7）**人物换脸**：先检测出人脸，再离线或实时地将两张不同的人脸进行相互替换，实现无缝融合，以达到以假乱真的娱乐效果，广泛应用于影视媒体行业。

（8）**人脸美化**：基于人脸检测、人脸身份特征提取以及人脸合成等技术，对人脸进行肤色调整、磨皮美白、祛斑祛痘、淡化黑眼圈、高挺鼻梁、立体V脸、牙齿美白、素颜上妆等，广泛应用于美颜相机和创意相机中。

（9）**人脸特效**：基于人脸检测和人脸合成等技术进行趣味"改脸"，夸张的表现使人脸呈现出戏剧化的效果，广泛应用于社交平台，如广大直播平台借助人脸特效以增加互动的趣味性。

（10）**图像智能分类**：数码相机、智能手机等终端设备已经大量使用人脸检测技术，实现成像时对人脸的对焦、图集整理分类等功能。

1.4　本章小结

人脸图像一直以来都是机器视觉领域研究最为广泛的一类图像。近年来，从传统的模式识别算法到最新的基于深度学习的算法，已经有相当多的研究者们在人脸图像合成与识别任务中做出了重要的贡献。本章主要介绍了人脸图像合成与识别的研究意义和技术背景，以及本书所涵盖的人脸图像合成与识别领域下的不同任务，并且给出了人脸图像算法的相关应用。

第2章 机器学习基础

2

2.1 引言

众所周知，机器学习是人工智能领域一个重要分支。它致力于利用已有的经验来改善系统本身的性能。机器学习涉及多个不同交叉领域学科，如统计学、概率论、凸优化分析等。机器学习在数据挖掘、计算机视觉、自然语言处理、搜索引擎等领域应用极其广泛。

一般将机器学习分为有监督学习和无监督学习，而常见的机器学习包括：线性分类模型、决策树、支持向量机、贝叶斯分类器、聚类、图模型、深度学习等。本书主要介绍常用的机器学习相关算法。

2.2 线性子空间

特征提取是模式识别领域的关键问题之一。实际场景中，一般提取的特征维度比较高，所以需要利用子空间变换的方法来对特征进行降维，提取本质特征。常见的子空间包括线性子空间和非线性子空间。本节主要介绍线性子空间的典型性方法。

按照目的不同，下面主要介绍两种线性子空间方法：主成分分析方法（principal component analysis，PCA）和线性鉴别分析方法（linear discriminant analysis，LDA）。主成分分析方法的目的是为了更好地描述高维特征，得到更具有表达性的特征；而线性鉴别分析方法的目的是更好地区分不同类别，得到更具有鉴别性的特征。

2.2.1 主成分分析

主成分分析是一种多维数据分析方法，最早在1901年[1]被提出用以分析数据。

1991年该方法发展为特征脸方法（eigenface）用于人脸识别应用[2]。关于特征脸方法将会在第6章人脸识别中详细描述。这里主要介绍基本的主成分分析[3]方法。

假设x为n维向量，用矩阵X表示一组样本向量$X = [x_1, x_2, \cdots, x_N]$。其中样本的均值可表示为：

$$\mu = \frac{1}{N} \sum_{i=1}^{N} x_i \qquad (2.1)$$

样本所对应的协方差矩阵可表示为：

$$S_t = \frac{1}{N}\left(X - \overline{X}\right)\left(X - \overline{X}\right)^{\mathrm{T}} = \frac{1}{N} \sum_{i=1}^{N} \left(x_i - \mu\right)\left(x_i - \mu\right)^{\mathrm{T}} \qquad (2.2)$$

式（2.2）中，$\overline{X}=[\mu, \mu, \cdots, \mu]$。假设$S_t$的秩为$m$，那么下式成立：

$$S_t w_i = \lambda w_i, i = 1, 2, \cdots, m \qquad (2.3)$$

这里可以将特征向量w_i称为这组样本的主成分，而由m个特征向量组成的矩阵W称为主成分矩阵。通过样本数据得到主成分矩阵W后，对于任意一个n维向量x，可以通过子空间变换得到新的n维变量y，即：

$$y = W^{\mathrm{T}}\left(x - \mu\right) \qquad (2.4)$$

这里的变换实际上是将向量x向W所对应的一组基做投影，得到的投影系数即为该数据在主成分分析变换下的特征降维结果。

主成分分析的关键性步骤是求协方差矩阵和特征向量。在实际应用中，一般图像数据的维度比较大，所以利用式（2.2）求得的协方差矩阵的维度也会比较大，这会对计算特征向量带来很大难度。根据线性代数相关知识，利用矩阵S_t'的特征值来替代S_t的特征值，用下式表示：

$$S_t' = \frac{1}{N}\left(X - \overline{X}\right)\left(X - \overline{X}\right)^{\mathrm{T}} \qquad (2.5)$$

由于一般样本数据的数量N远小于样本数据的维度n，所以计算S_t'的特征值更加方便快捷。同样，特征向量矩阵W，可以由矩阵S_t'的特征向量Q表示：

$$W = XQ\Lambda^{-\frac{1}{2}} \qquad (2.6)$$

式中，$\Lambda = \mathrm{diag}\left[\lambda_1, \lambda_2, \cdots, \lambda_N\right]$，且$\lambda_1 \geqslant \lambda_2 \geqslant \cdots \geqslant \lambda_N$。

下面给出主成分分析的具体算法过程：

① 计算矩阵$\left(X - \overline{X}\right)$的外积矩阵$S_t'$；

② 计算S_t'所对应的特征向量和特征值；

③ 利用特征值计算对角阵Λ；

主成分分析的
Python计算代码

④利用式（2.6）计算特征向量矩阵 W。

实际上，主成分分析法可以视为投影后的样本点的方差最大化。当数据受到噪声影响时，可以认为数值较小的特征值所对应的特征向量往往与噪声相关，所以这种方法也可以起到去除噪声的作用。

2.2.2　线性鉴别分析

线性鉴别分析[4]最早于1936年由Ronald Fisher提出，用以解决二分类问题，其主要目的是寻找最大限度区分两类数据点的投影方向。

二分类问题一般会将样本数据都投影到同一空间上，然后设定一个分类的阈值来进行鉴别。线性鉴别器的目标是选择合适的投影方向，使得降维后属于相同类别的样本尽量聚集，而属于不同类别的样本尽可能分开。为了方便描述，这里定义样本的类间离散度矩阵和类内的离散度矩阵为：

$$\tilde{S}_b = \sum_{i=1}^{C} \frac{N_i}{N}\left(m_i - m\right)\left(m_i - m\right)^{\mathrm{T}} \tag{2.7}$$

$$\tilde{S}_w = \frac{N_i}{N}\sum_{i=1}^{C}\sum_{j=1}^{N_i}\left(y_i^j - m_i\right)\left(y_i^j - m_i\right)^{\mathrm{T}} \tag{2.8}$$

其中，C 表示样本类别数，N_i 表示属于第 i 类的样本数目，y_i 表示根据投影矩阵 W 降维后的样本特征，m_i 表示降维的低维空间中第 i 类的均值向量。

线性鉴别分析的准则函数（Fisher's Criterion）为：

$$J_F(W) = \frac{\tilde{S}_b}{\tilde{S}_w} = \frac{\left|W^{\mathrm{T}}S_bW\right|}{\left|W^{\mathrm{T}}S_wW\right|} \tag{2.9}$$

其中，S_b 和 S_w 分别表示原高维空间中类间离散度矩阵和类内离散度矩阵，表示如下：

$$S_b = \sum_{i=1}^{C} \frac{N_i}{N}\left(\mu_i - \mu\right)\left(\mu_i - \mu\right)^{\mathrm{T}} \tag{2.10}$$

$$S_w = \frac{N_i}{N}\sum_{i=1}^{C}\sum_{j=1}^{N_i}\left(x_i^j - \mu_i\right)\left(x_i^j - \mu_i\right)^{\mathrm{T}} \tag{2.11}$$

综上所述，线性鉴别分析得到的投影矩阵为：

$$W = \arg\max_{W} J_F\left(W\right) \tag{2.12}$$

可以通过求解下列广义特征值方程，来计算投影矩阵 W：

$$S_bW = \lambda S_wW \tag{2.13}$$

有意思的是，从贝叶斯决策理论角度出发，可以证明当两类数据同先验，并且满足高斯分布且协方差相等时，利用线性鉴别分析可以达到最优解。在实际应用中，如果样本数据的维度高而样本小，那么 S_w 是奇异矩阵，则无法直接对式（2.13）求解。关于这部分内容在本书第7章异质人脸图像识别会详细介绍。本领域涉及线性子空间相关算法的详细介绍见第12章人脸合成算法。

2.3 深度神经网络

2.3.1 深度学习的历史

深度学习的历史可以追溯到20世纪40年代，只是这个领域被赋予了不同的名称。一般认为，神经网络的研究至今已经经历了三次发展浪潮：20世纪40年代到60年代，神经网络诞生于控制论（cybernetics）领域；20世纪80年代到90年代，神经网络兴起于联结主义（connectionism）；2006年至今，神经网络以深度学习为名再次复兴。下面简要介绍神经网络这三次浪潮的历史。

实际上，对于如何实现"机器与智能"，学术界一直存在两种观点：一种主张利用逻辑和符号系统来实现人工智能，而另一种主张通过模拟大脑中的神经网络来实现人工智能。所以神经网络的三次兴衰实际上就是这两种学派观点的争论。

1943年，麦克洛克（McCulloch）和皮茨（Pitts）首先提出M-P神经元模型[5]，这是模拟神经网络的早期模型。该成果为神经网络的开山之作，并成为控制论领域的思想源泉之一。在该模型中，神经元接受来自其他神经元传递过来的输入信号，然后将这些输入信号加入权重进行传递，并将总输入与设定的阈值比较，通过激活函数得到输出。该模型的权重需要人为设定。除此之外，1949年，神经心理学家赫布（Donald Hebb）提出了"Hebb规则"[6]，该规则认为如果两个细胞总是同时激活，表明它们之间存在某种关联，并且同时激活的概率越高则相关性越高。1957年，来自康奈尔大学的心理学家罗森布拉特（Frank Rosenblat）提出感知机（perceptron）的神经网络模型，该模型可以根据输入样本来学习权重，在当时引起了巨大轰动。但这种线性模型具有很多局限性。属于另一学派的明斯基（Minsky）和佩珀特（Papert）于1969年发表 *Perceptions: an Introduction to Computational Geometry*[7]，一经问世影响巨大。书中证明单层神经网络不能解决异或问题，并对受生物学启发的学习产生抵触。这直接导致了神经网络研究的第一次衰落。后来，美国电气电子工程师协会（Institute of Electrical and Electronics Engineers，IEEE）于2004年设立罗森布拉特奖，来奖励在神经网络领域的杰出研究。

1974年，哈佛大学的沃波斯（Paul Werbos）在博士论文中证明在神经网络中多加一层，并且利用反向传播算法可以有效解决异或问题，但是在当时并没有引起重视。1982年，加州理工学院物理学家霍普菲尔德（John Hopfiled）提出一种叫Hopfiled网络[8]的神经网络模型，该网络可以解决一大类模式识别问题，并给出一类组合优化问题的近似解。Hopfiled网络的出现振奋了整个神经网络领域。后来，早期研究神经网络的学者开始了连接主义（connectionism）运动，该运动的领导者是两位心理学家鲁梅尔哈特（David Rumelhart）和麦克利兰德（James McLelland），以及一位计算机科学家亨顿（Geoffrey Hinton）。最终，他们出版了《并行分布式处理系统》（*Parallel and Distributed Processing*）一书，并对认知科学和计算机科学产生了重大影响。第二次浪潮一直持续到20世纪90年代中期，由于核方法[9]和图模型[10]在许多重要任务中实现了很好的效果，导致神经网络的第二次衰退。

近年来，互联网产生的海量数据给神经网络研究带来了机会。2006年，亨顿利用一种"贪婪逐步预训练"策略来训练"深度信念网络"的神经网络模型，使得深度网络的实用化成为可能。在2012年举办的图像识别国际大赛ILSVRC（ImageNet Large Scale Visual Recognition Challenge）上，亨顿团队以绝对领先的成绩拔得头筹。神经网络这一次浪潮普及了"深度学习"这一术语。目前，第三次浪潮仍在继续，并开始从利用大型标注数据集的有监督学习，转移到新的无监督学习和小数据集上的泛化能力。

2.3.2 卷积神经网络

卷积神经网络（convolutional neural network，CNN）是最早可以利用反向传播进行有效训练的深度神经网络之一。卷积神经网络在深度神经网络的发展历史上发挥了重要作用，并且目前仍然在商业领域应用的前沿。同时，它也是将研究大脑的成果成功应用在机器学习领域的关键实例。一般来说，卷积神经网络指的是至少存在一层卷积运算的神经网络模型。卷积神经网络一般应用在图像分析领域。

1. 卷积运算

在通常形式中，卷积是一种数学运算：

$$s(t) = \int x(a)w(t-a)\mathrm{d}a \qquad (2.14)$$

为方便表示，上式也可以表示为：$s(t)=(x*w)(t)$。式中，x表示输入，函数w为核函数（kernel function），输入为特征映射（feature map）。在离散时刻t下，可以定义离散形式的卷积：

$$s(t) = (x*w)(t) = \sum_{a=-\infty}^{\infty} x(a)w(t-a) \qquad (2.15)$$

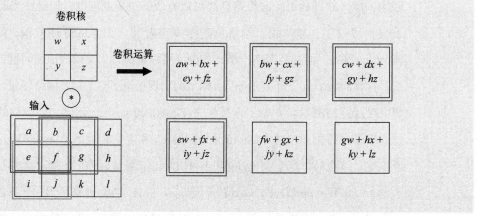

图2.1 二维卷积示例

一般卷积网络的输入均为多维数组，又称为张量。假设输入数据为一张二维图像 I，二维核函数记为 K，卷积运算表示为：

$$S(i, j) = (I * K)(i, j) = \sum_m \sum_n I(m, n) K(i-m, j-n) \quad (2.16)$$

卷积运算具有可交换性（commutative），故式（2.16）可记为：

$$S(i, j) = (K * I)(i, j) = \sum_m \sum_n I(i-m, j-n) K(m, n) \quad (2.17)$$

可以将式（2.17）当作将核函数和输入进行翻转操作（flip）。图2.1展示了在二维数据上进行卷积运算的例子。

卷积神经网络具有参数共享（parameter sharing）的性质。参数共享是指在一个模型的多个函数使用相同参数。在卷积神经网络中，核函数需要作用在输入图像的每一个位置上。参数共享可以保证网络只需要学习一个核函数的参数，而不需要对于每一个位置学习一个核函数参数。所以参数共享可以有效控制参数数量。图2.2展示了参数共享的实现过程。

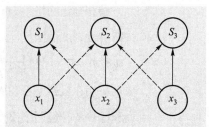

图2.2 参数共享，实线箭头表示模型中使用特殊参数的连接

2. 池化运算

在实际应用中，一般在连续的卷积层之间加入一个池化层（pooling layer）。池化运算的作用是降低数据的空间大小，减少网络模型的参数数量。池化运算一般利用某一位置的相邻输出的总体统计特征来计算该位置的输出值。实际上，池化运算可以视为非线性降采样的一种形式。

实际应用中最常见的是最大池化（max pooling）。该运算可以计算出相邻区域内

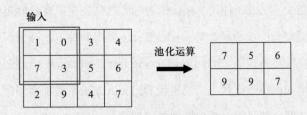

图2.3 最大池化运算，窗口为2×2

简单卷积神经网络的代码

基于MindSpore的LeNet代码

的最大值。图2.3为最大池化运算示意图。除了最大池化，也存在很多其他函数可以用来作为池化函数，比如相邻区域内的平均池化、L2范数和加权平均函数。

3. 常见的卷积神经网络

（1）LeNet

LeNet神经网络诞生于1994年，是最早的卷积神经网络之一，由深度学习三巨头之一的Yan LeCun提出。LeNet主要用于进行手写字符的识别与分类。LeNet的实现确立了CNN的结构，利用卷积、参数共享、池化等操作提取特征，最后再使用全连接神经网络进行分类识别。现在神经网络中的许多内容在LeNet的网络结构中都能看到，如卷积层、Pooling层、ReLU层。LeNet网络结构比较简单，适合神经网络的入门学习。LeNet由7层卷积神经网络组成：3个卷积层，2个池化层（下采样层），2个全连接层。LeNet输入图像尺寸为32×32，输出为10个节点，分别代表数字0—9。

（2）AlexNet

AlexNet[11]由Alex Krizhevsky设计，在2012年的ImageNet ILSVRC竞赛中获得冠军。AlexNet包含8个网络层：前5层是卷积层，其中一些后面为最大池化层，最后3层为全连接层。值得注意的是，AlextNet与之前的LeNet相比较，使用了一些新的方法有效增加了深度卷积网络的效果。这对后面的深度卷积神经网络研究产生了重要影响，其中一些方法目前仍旧在使用。AlexNet网络结构如图2.4所示。

AlexNet使用线性修正函数（rectified linear unit，ReLU）为激活函数。实验证明，

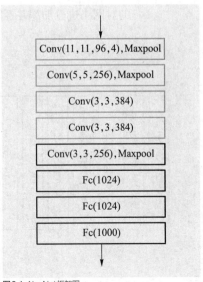

图2.4 AlexNet框架图

这种不饱和非线性函数相比于饱和非线性函数（如 tanh 和 sigmoid）会使训练过程收敛，速度变快。另外，使用 ReLU 作为激活函数还可以有效解决梯度弥散问题。

除了提出新的激活函数外，AlexNet 还提出两种方法减少模型过拟合问题。一是使用标签保留转换方法（label preserving transformation），通过随机裁剪、水平或镜像翻转来增加训练数据量。二是提出 Dropout 方法来增加模型泛化能力。该方法通过随机丢弃一部分神经元，减少模型的过拟合。

基于 MindSpore
的 AlexNet 代码

（3）VGGNet

VGGNet[12]由牛津大学的 Karen Simonyan 和 Andrew Zisserman 设计，在 2014 年 ImageNet ILSVRC 竞赛中获得亚军。该模型展现了卷积神经网络的深度对模型性能的关键作用。这也启发后面的研究者尝试研究更深的深度卷积神经网络模型。

如图 2.5 所示，该模型包含 16 个卷积层，并且网络结构高度一致（3×3 的卷积层和 2×2 的池化层）。这是因为使用两个 3×3 的卷积进行堆叠可以获得使用 5×5 卷积相同的感受野。相似地，使用 3 个 3×3 的卷积进行堆叠可以获得使用 7×7 卷积相同的感受野。所以这种模型可以很好地减少参数，来减少模型的过拟合。该模型使用分阶段性训练的方法，实验证明选择较好的初始化模型参数方法可以有效提高模型性能。由于 VGGNet 模型强大的泛化能力，目前该模型仍旧经常应用于图像处理领域。

基于 MindSpore
的 VGGNet 代码

（4）ResNet

残差网络（residual network，ResNet）[13]由何凯明等提出，在 2015 年 ImageNet ILSVRC 竞赛中获得冠军。现在，研究者开始使用越来越深的深度卷积神经网络模型，比如包含 19 层的 VGGNet[14]和包含 22 层的 GoogleNet[15]。但是，实验证明简单的对网络进行加深并不能一直提升模型的性能。在利用反向传播算法对深度卷积神经

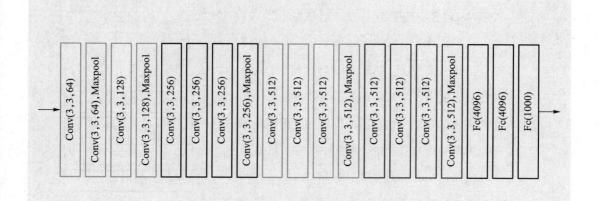

图 2.5 VGGNet 框架图

网络进行训练时，过深的网络可能会出现梯度值消失的情况，导致权重无法更新，使得网络有可能无法继续训练，这种情况叫作梯度消失问题。

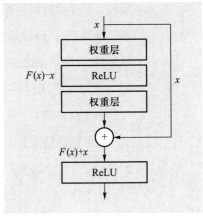

残差网络为了解决上述梯度消失问题，引入了一种快捷连接（identity shortcut connection）构成残差块，如图2.6所示。

假设输入为x，利用堆积层结构学习的特征可以记为$H(x)$，希望可以学习到残差为

图2.6 ResNet Block框架图

$F(x)=H(x)-x$，所以原始特征可以记为$H(x)=F(x)+x$。这是因为学习残差比学习原始特征更加容易。当残差为0时，堆积层仅仅做了恒等映射，但是实际上残差一般不为0，所以堆积层可以学习到新的特征，从而提高网络性能。下面从数学角度大致分析残差块。

首先将残差单元表示为：

$$y_l = x_l + F(x_l, W_l) \qquad (2.18)$$

$$x_{l+1} = f(y_l) \qquad (2.19)$$

上式中，x_l和x_{l+1}分别表示第1个残差单元的输入和输出。$F(\cdot)$表示残差函数，$h(x_l)=x_l$表示恒等变换，$f(\cdot)$表示ReLU激活函数。所以得到从浅层1到深层L的学习特征表示为：

$$x_L = x_l + \sum_{i=1}^{L-1} F(x_i, W_i) \qquad (2.20)$$

根据链式法则，可以求出反向传播的梯度：

$$\frac{\partial loss}{\partial x_l} = \frac{\partial loss}{\partial x_L} \cdot \frac{\partial x_L}{\partial x_l} = \frac{\partial loss}{\partial x_L} \cdot \left(1 + \frac{\partial}{\partial x_L} \sum_{i=l}^{L-1} F(x_i, W_i)\right) \qquad (2.21)$$

基于MindSpore的ResNet代码

上式中的第一个因子$\frac{\partial loss}{\partial x_L}$表示损失函数到达$L$层的梯度，数字1表明该快捷连接机制可以无损地传播梯度，而另外一项残差梯度则需要经过其他层，所以梯度不是直接传递过来的。残差梯度均为-1的概率比较小，而由于数字1的存在也不会导致梯度消失。所以残差学习会更容易。

4. 本书涉及的深度卷积神经网络

（1）深度特征表示

深度学习最大的优势在于能够从大量图像数据中学习到图像高层次语义特征。

相较于图像原始像素灰度值和人工设计的浅层特征，深度特征具有更好的表示能力，对环境噪声具有较好的鲁棒性。卷积神经网络是深度学习最典型的模型之一，在图像分类、目标检测识别等分类任务中表现出强大的性能。Simonyan等人提出的VGG网络[15]获得了2014年ILSVRC竞赛的第二名，是图像分类、识别任务中最经典的模型之一。众多研究表明，在ImageNet上训练的VGG网络能够提取具有丰富高级语义信息的图像特征表示，并且提取的深度特征表示能够较好地用于诸如图像风格化、图像修复、图像超分辨率重建等任务。

VGG网络结构包含16个3×3卷积层与3个全连接层，每个卷积层后都伴随修正线性单元（ReLU），以进行非线性映射，网络通过最大池化（max pooling）层对输出特征进行下采样操作，因此VGG-19网络在各层的输出特征呈现金字塔状。Gatys等人[16]在研究中发现，VGG-19网络输出的金字塔特征中，越深层的特征具有越高级的图像内容语义，越浅层的特征具有越丰富的图像风格语义。如图2.7所示，ReLU1-2层输出特征能较好地描述图像的纹理风格，随着网络加深，输出特征的空间分辨率不断减小，更多地描述图像内容、结构等高层语义信息。

（2）深度卷积神经网络选择

目前，基于深度学习的人脸识别算法已经取得了巨大的进展。这些算法通过组合线性和非线性算子训练卷积神经网络（CNN）有效地提取图像的深度特征表示。Parkhi等[12]利用VGG-16网络结构和三元组损失函数，构建了一个有效的人脸识别模型，并取得了极高的识别精度。Wu等[17]提出了一种轻量级的CNN网络结构

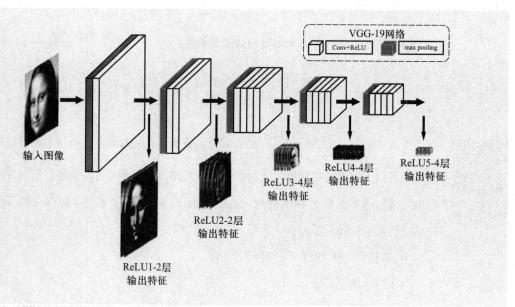

图2.7 VGG-19网络与深度特征提取示意图

（lightCNN）来提取深度人脸特征表示，也取得了不错的精度表现。Deng等[18]通过改进ResNet的网络结构，提出加法角余量损失函数（additive angular margin loss），进一步提高了人脸识别的精度，取得目前最好的识别性能。VGG-16与lightCNN由多个卷积层、激活层和池化层，通过顺序连接组成。研究发现，深层的网络输出趋向于含有更多的语义判别信息，浅层的网络输出趋向于含有更多的像素信息，而中间层的网络输出趋向于含有更多的特征信息。ResNet-50的网络结构中还引入了跨层连接，以减小CNN网络在深层网络中的梯度消失问题。由于VGG-16，lightCNN和ResNet网络结构在人脸识别领域得到了普遍的认可，所以本书也选择上述网络结构为异质人脸合成与识别任务的网络模型。

2.3.3　生成对抗网络

生成对抗网络（generative adversarial network，GAN）是一种生成模型（generative model），可以直接用来生成数据，而不是仅仅进行数据估计。生成模型可以应用在很多实际场景下，如图像超分辨、艺术图像生成、图像模态转换等。生成对抗网络通过让两个神经网络相互博弈的方式进行学习。一个基本的出发点是该模型可以通过两个游戏者之间互相游戏来学习。其中一个游戏者称为生成模型，它可以从训练数据的相同分布生成样本。而另一个游戏者称为判别模型，它可以判别生成样本是真样本还是伪样本。判别模型使用传统的有监督训练方法，将输入图像分为真样本和伪样本两类，而生成模型需要生成能够迷惑判别模型的数据。生成模型可以看作是伪钞制作者，试图去制作伪钞，而判别模型可以看作是警察，尽力去分辨真伪。该过程可以用图2.8表示。

最后，生成对抗模型可以看作是一个结构化概率模型，其包含隐形变量z和可观测变量x。该图结构表示如图2.9所示。

该模型的两个游戏者可以用两个函数来表示，判别模型可以用函数D表示（输

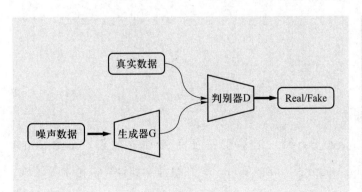

图2.8　生成对抗模型

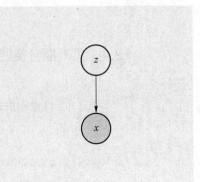

图2.9　生成对抗模型的图结构

入为 x，参数为 $\theta^{(D)}$），生成模型用函数 G 表示（输入为 z，参数为 $\theta^{(G)}$）。在该训练过程中，判别模型需要最小化 $J^D(\theta^{(D)},\theta^{(G)})$，但是仅能控制 $\theta^{(D)}$；生成模型需要最小化 $J^G(\theta^{(D)},\theta^{(G)})$，但仅能控制 $\theta^{(G)}$。所以这种情况与传统的优化问题不一样，这种游戏的解是纳什均衡。

判别模型的损失函数如下：

$$J^D\left(\theta^{(D)},\theta^{(G)}\right)=-\frac{1}{2}E_{x\sim p_{data}}\log D(x)-E_z\log\left(1-D\left(G(z)\right)\right) \qquad (2.22)$$

这是训练一个标准二类分类器的交叉熵损失函数。上面所述游戏可以简化为零和博弈（zero-sum game），所有游戏者的损失值为零。故生成模型的损失为：

$$J^{(G)}=-J^{(D)} \qquad (2.23)$$

由于 $J^{(G)}$ 直接与 $J^{(D)}$ 相关，可以利用值函数来表示判别模型的收益：

$$V\left(\theta^{(D)},\theta^{(G)}\right)=-J^D\left(\theta^{(D)},\theta^{(G)}\right) \qquad (2.24)$$

而生成模型的解为：

$$\theta^{(G)*}=\arg\min_{\theta^{(G)}}\max_{\theta^{(D)}}V\left(\theta^{(D)},\theta^{(G)}\right) \qquad (2.25)$$

基于 PyTorch 的
生成对抗网络代码

生成对抗网络的训练过程包含多个同步进行的随机梯度下降（stochastic gradient descent，SGD）。在每一步中，两个批次的数据被同时采样：一个批次数据 x 来自数据集本身，而另一个批次数据 z 由模型的隐形变量得到。接着，两个梯度下降步骤也同时进行：一个通过更新 $\theta^{(D)}$ 来优化 $J^{(D)}$，另一个通过更新 $\theta^{(G)}$ 来优化 $J^{(G)}$。这里均可以用基于梯度下降的优化算法对模型进行迭代更新。

由于生成对抗网络在生成式任务上具有强大性能，十分契合图像生成任务，其最突出的特点在于能生成具有清晰纹理的逼真图像，因而在图像生成领域上的应用取得了巨大的成功。本书涉及生成对抗模型相关算法细节详见第 12 章和第 13 章相关内容。

2.4 贝叶斯分类器

2.4.1 朴素贝叶斯法

朴素贝叶斯法（naive Bayes）是基于特征条件独立假设（conditional independence assumption）的分类方法。实际上，在统计学和计算机科学等领域，朴素贝叶斯法又被称为简单贝叶斯（simple Bayes）或独立贝叶斯（independence

Bayes）[19]。值得注意的是，朴素贝叶斯方法与贝叶斯估计是两种不同的方法。自20世纪50年代以来，朴素贝叶斯开始被广泛研究和推广。20世纪60年代，朴素贝叶斯开始应用于文字检索领域[20]，并且目前仍被视为文本分类问题的一种基准方法。

朴素贝叶斯法可以用来构建一种分类器，即朴素贝叶斯分类器（naive Bayes classifier）。尽管训练这种类型的分类器不止一种算法，但是这些训练算法都基于一个共同的准则：所有的朴素贝叶斯分类器均假设在给定类标签时，样本的特征相互独立。举例说明：如果对于一个水果，存在红色、球形、直径为 7 cm 等特征，可以判定该水果为苹果。朴素贝叶斯分类器认为这些特征在判断该水果是苹果的概率上相互独立，忽略了这些颜色、形状、尺寸特征之间的相互联系。这种简化带来的好处是，朴素贝叶斯仅仅需要少量的训练数据就可以预估模型的关键参数；并且由于变量独立假设，只需要对各个变量进行估计，计算协方差矩阵。

下面介绍朴素贝叶斯的具体方法。该方法通过训练数据学习联合概率分布 $P(X, Y)$，需要学习先验概率分布 $P(Y = c_k)$ 和条件概率分布：

$$P(X = x|Y = c_k) = P\left(X^{(1)} = x^{(1)}, \cdots, X^{(n)} = x^{(n)} \mid Y = c_k\right) \tag{2.26}$$

利用条件独立假设，可以将条件概率分布写为：

$$P(X = x|Y = c_k) = P\left(X^{(1)} = x^{(1)}, \cdots, X^{(n)} = x^{(n)} \mid Y = c_k\right) = \prod_{i=1}^{n} P\left(X^{(i)} = x^{(i)} \mid Y = c_k\right) \tag{2.27}$$

接着，根据贝叶斯模型计算后验概率：

$$P(Y = c_k|X = x) = \frac{P(Y = c_k)\prod_i P\left(X^{(i)} = x^{(i)}|Y = c_k\right)}{\sum_k P(Y = c_k)\prod_i P\left(X^{(i)} = x^{(i)}|Y = c_k\right)} \tag{2.28}$$

所以该朴素贝叶斯分类器为：

$$y = f(x) = \arg\max_{c_k} P(Y = c_k)\prod_i P\left(X^{(i)} = x^{(i)}|Y = c_k\right) \tag{2.29}$$

在实际应用中，对于参数估计除了使用上述的贝叶斯定理外，也可以通过训练数据的相关频率来估计模型参数。常见的方法是极大似然估计，具体介绍见第2.4.2节。

2.4.2　极大似然估计

极大似然估计（maximum likelihood estimation，MLE）是统计学中一种常见的概率模型参数估计方法。在统计学学派，对于如何估计模型参数给出两种不同的解决思路：一种思路来源于频率主义学派（frequentist），他们认为虽然模型参数未知，但是一定存在固定值，所以需要通过优化似然函数等准则来确定参数值；另一种思路来源于贝叶斯学派（Bayesian），他们认为模型参数为随机变量，且服从一定分布，所以需要假设该变量服从一个先验分布，然后利用观测到的数据计算模型参数的后验概率。从20世纪20年代至今，频率主义学派和贝叶斯学派一直存在争议，并在很多重要观点上存在差异。这里介绍的极大似然估计方法属于频率主义学派。

在上述的朴素贝叶斯方法中，需要估计$P(Y=c_k)$。该先验概率的极大似然估计为：

$$P\left(Y=c_k\right)=\frac{\sum_{i=1}^{N}I\left(y_i=c_k\right)}{N}, k=1,2,\cdots,K \tag{2.30}$$

假设第j个特征$x_i^{(j)}$取值的集合为$\{a_{j1},a_{j2},\cdots,a_{jS_j}\}$，条件概率$P\left(X^{(j)}=a_{jl}|Y=c_k\right)$的极大似然估计可以表示为：

$$P\left(X^{(j)}=a_{jl}|Y=c_k\right)=\frac{\sum_{i=1}^{N}I\left(x_i^{(j)}=a_{jl},y_i=c_k\right)}{\sum_{i=1}^{N}I\left(y_i=c_k\right)} \tag{2.31}$$

其中，$x_i^{(j)}$是第i个样本的第j个特征；a_{jl}是第j个特征可能取的第l个值；I则表示指示函数，定义为：

$$I\left(x\right)=\begin{cases}1, & \text{当}x>0\\0, & \text{其他}\end{cases} \tag{2.32}$$

本书涉及贝叶斯学习的相关模型细节详见第12章异质人脸图像合成算法。

2.5 概率图模型

2.5.1 基本概念

概率图模型（graphical model/probabilistic graphical model）是一种利用图来表示随机变量之间条件独立关系的概率模型。一个图是由链接（links）联系不同节点（nodes）构成。在概率图模型中，每一个节点均表示一个变量或者一组变量，而他们之间的链接表示这些变量的概率关系。本节主要介绍两种概率图模型：贝叶斯网络（Bayesian model）是一种典型的有向图模型（directed graphical models），模型中的链接有特定标记的箭头；马尔科夫随机场是一种典型的无向图模型（directed graphical models），模型中的链接没有标记箭头，这代表其没有方向。

这两种不同的概率图模型具有不同的特性。有向图模型一般用于表示不同随机变量之间的因果关系，而无向图模型一般用于表示不同随机变量的软约束关系。另外为了解决推断问题，一般会将有向图模型和无向图模型均转换为因素图（factor graph）。

2.5.2　贝叶斯网络

1. 基本概念

贝叶斯网络是一种通过有向图来表示一个变量集合和它们之间的条件分布关系的概率图模型。这里举一个例子，用有向图来描述概率分布。

假设存在三个变量a，b，c，其联合概率分布表示为：

$$P(a, b, c) = P(c|a, b)P(a, b) \tag{2.33}$$

通过乘法法则，可以继续分解式（2.33）：

$$P(a, b, c) = P(c|a, b)P(b|a)P(a) \tag{2.34}$$

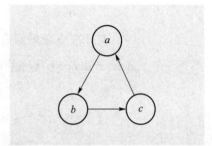

首先利用节点表示每一个随机变量，他们之间的条件分布关系可以由式（2.34）得到。然后，对于每一个条件分布，均在图模型中添加一条链接表示，链接起点是概率分布的条件变量表示的节点。因此对于其中一个因素$P(c|a,b)$，链接应该从节点a和节点b出发指向节点c；而对于因素$P(a)$，不存在指向节点a的链接。结果如图2.10所示。

图2.10　一个有向图模型，表示三个变量a，b，c的联合概率分布

如果存在一个链接由节点a指向节点b，那么把节点a称为节点b的父节点（parent），把节点b称为节点a的子节点。

将上面的例子进行拓展。假设存在K个变量的联合概率分布$P(x_1, x_2, \cdots, x_K)$。同样利用乘法法则，将联合概率分布写成多个条件分布的乘积，表示如下：

$$P(x_1, x_2, \cdots, x_K) = P(x_1|x_1, x_2, \cdots, x_K) \cdots P(x_2|x_1)P(x_1) \tag{2.35}$$

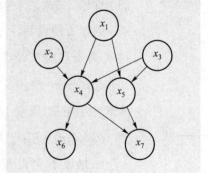

对于任意一种变量序列，均可以用K个节点的有向图模型来表示式（2.35）。注意这里每一个节点的链接包含所有起点为更低编号的节点，这种图称为全连接（fully connected）图。然而，正是由于图中链接的缺失才能体现概率分布的性质。下面考虑一种非全连接图，如图2.11所示。

图2.11　一个有向无环图模型

可以从此图写出对应联合概率分布的表达式。每一个条件分布都是以对应节点的父节点为条件，比如x_5的条件变量为x_1和x_3。

因此这7个变量的联合概率分布表示如下：

$$P(x_1)P(x_2)P(x_3)P(x_4|x_1, x_2, x_3)P(x_5|x_1, x_3)P(x_6|x_4)P(x_7|x_4, x_5) \quad (2.36)$$

下面总结有向图和对应的概率分布的关系：对于给定变量的联合概率分布，是由图中每个节点的条件概率分布的乘积得到，而条件概率分布所对应的条件是对应节点的父节点变量。因此，对于一个包含K个节点的图模型，对应的联合概率分布表示如下：

$$P(x) = \prod_{k=1}^{K} P(x_k|pa_k) \quad (2.37)$$

其中，pa_k表示变量x_k的父节点的集合，$x = \{x_1, x_2, \cdots, x_K\}$。事实上，可以用这样的公式表示有向图模型的分解（factorization）属性。值得注意的是，有向图模型不能存在有向环。这种不包含有向环的有向图称为有向无环图（directed acyclic graphs，DAG）。

2. 条件独立

对于多变量的联合概率分布，存在一个重要概念就是条件独立（conditional independence）。假设存在三个变量a, b, c，并且给出变量a的条件分布：

$$P(a|b, c) = P(a|c) \quad (2.38)$$

这里变量a在给定c的条件下，条件独立于变量b。如果考虑在给定条件为变量c下，变量a和b的联合概率分布如下：

$$P(a, b|c) = P(a|b, c)P(b|c) = P(a|c)P(b|c) \quad (2.39)$$

在以变量c为条件，变量a和b的联合概率分布可以分解为变量a的边缘概率分布和变量b的边缘概率分布的乘积。这就表明了在给定条件c下，变量a和b是独立的。使用下面标号表示：

$$a \perp b \,|\, c \quad (2.40)$$

上式表示在给定c为条件下，变量a和b是独立的。条件独立的特性可以用来简化模型结构，减少推断的计算量，在概率图模型中起到了重要作用。下面介绍有向图的条件独立特性，并举例说明。

为了方便说明，这里分析三个典型例子。这些例子均由三个节点组成，表明d-划分（d-separation）的有关概念。如图2.12所示，此图对应的联合概率分布可以表示为：

$$P(a, b, c) = P(a|c)P(b|c)P(c) \quad (2.41)$$

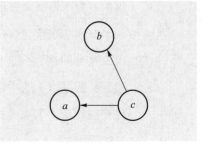

图2.12 由三个变量组成的图模型

如果没有可以观测的变量，通过将式（2.41）等号两边进行边缘化（marginalize）可以检测变量a和b的独立性：

$$P(a,b) = \sum_c P(a|c)P(b|c)P(c) \qquad (2.42)$$

因此，变量a和b并不能分解为概率分布$P(a)$和$P(b)$的乘积形式。

这里假设以变量c为条件，根据图2.13中的有向图模型，变量a和b的联合概率分布为：

$$P(a,b|c) = \frac{P(a,b,c)}{P(c)} = P(a|c)P(b|c) \qquad (2.43)$$

所以可以得到该分布的条件独立特性。另外，可以考虑从节点a通过节点c到节点b的路径，这里将节点c称为这个路径的尾到尾（tail-to-tail）。因为节点c连接着两个链接的尾部。当以节点c为条件，变量a和b变成（条件）独立。

相似地，继续考虑图2.14所示的有向图模型。该模型对应的联合概率分布为：

$$P(a,b,c) = P(a)P(c|a)P(b|c) \qquad (2.44)$$

式（2.44）假设所有的变量均未被观察到。接着，假设变量a和b是相互独立的，对式（2.44）等号两边进行边缘化得到：

$$P(a,b) = P(a)\sum_c P(c|a)P(c|b) = P(a)P(b|a) \qquad (2.45)$$

这说明该联合概率分布不能被分解成$P(a)$和$P(b)$。

然后以节点c为条件，该图模型如图2.15所示。

利用贝叶斯理论，由上式可以得到：

$$P(a,b|c) = \frac{P(a,b,c)}{P(c)} = \frac{P(a)P(c|a)P(b|c)}{P(c)} = P(a|c)P(b|c) \qquad (2.46)$$

从而得到该图模型的条件独立特性。

正如上面描述，可以用图表示这个结果。节点c被称为从节点a到节点b路径的头对尾（head-to-tail）。如果观测节点c，这个观测会"阻断"由节点a到节点b的路径，这样就可以得到所述的条件独立特性。

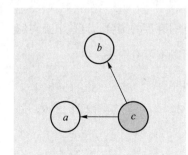

图2.13 以变量c为条件的有向图模型

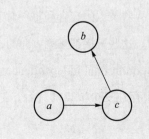

图2.14 包含三个变量的有向图模型

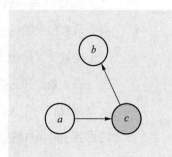

图2.15 以节点c为条件的有向图模型

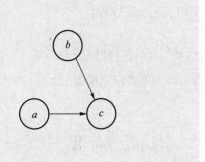
图2.16 包含三个变量的有向图模型

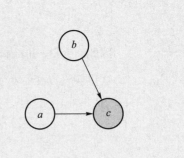
图2.17 以变量c为条件的有向图模型

最后，介绍一种图模型如图2.16所示。值得注意的是，这种图模型与上面介绍的两种图模型有不同之处。首先，根据图模型写出对应的联合概率分布：

$$P(a,b,c)=P(a)P(b)P(c|a,b) \tag{2.47}$$

考虑第一种情况，先假设所有变量均未被观察到。对于变量c边缘化等号两边，可以得到：

$$P(a,b)=P(a)P(b) \tag{2.48}$$

所以当所有变量均为观测量时，变量a和变量b是相互独立的，这与另外两种情况不一样。相似地，以变量c为条件，如图2.17所示，变量a和b的联合概率分布表示为：

$$P(a,b|c)=\frac{P(a,b,c)}{P(c)}=\frac{P(a)P(b)P(c|a,b)}{P(c)} \tag{2.49}$$

所以这里联合概率并未分解为$P(a)$和$P(b)$的乘积。所以第3个例子与之前两个例子是相反的。同样，称节点c为从节点a到节点b路径的头对头（head-to-head）。当节点c并未被观测时，它"阻断"了路径使得变量a和b相互独立；而当节点c被观测时，它并未"阻断"路径，所以变量a和b相互依赖。

总之，一个尾对尾节点或者头对尾节点使路径没有阻断，除非它被观测到；而头对头节点如果没有被观测到，它可以阻断路径，但是一旦观测到就可以解除阻断。

2.5.3 马尔科夫随机场

马尔科夫随机场包含一些节点的集合和每一对节点的链接的集合，这些节点对应一个变量或者是一组变量。这些链接都是无方向的，所以不带有箭头。

（1）条件独立特性（conditional independence properties）

假设在一个无向图中存在三个节点的集合，记为A，B，C，如图2.18所示，并考虑其中的条件独立性质。

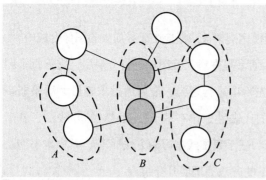

图2.18 无向图的示例

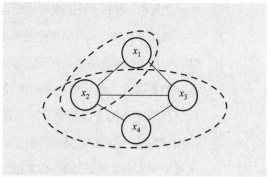

图2.19 节点无向图

$$\left(a \perp b|c\right) \tag{2.50}$$

这里考虑连接集合A中所有节点和集合B中所有节点的路径。如果所有上述路径均通过集合C中任意一个节点，那么这些路径可以看作"阻断"。然而，如果只存在至少一条上述路径，那么条件独立性质不一定存在。

（2）分解特性（factorization properties）

如果存在两个节点x_i和节点x_j，它们之间并没有链接，那么如果给定该图中所有其他节点，这两个节点一定是条件独立的。这种条件独立性质可以用下式表示：

$$P\left(x_i, x_j|x_{\backslash\{i,j\}}\right) = P\left(x_i|x_{\backslash\{i,j\}}\right)P\left(x_j|x_{\backslash\{i,j\}}\right) \tag{2.51}$$

其中，$x_{\backslash\{i,j\}}$表示集合x中除了x_i和x_j外的所有节点。为了方便描述，引入"团"（chique）这个概念，它表示节点集中的子集，集合中所有节点两两之间均存在链接。换句话说，团中的节点集是全连接的。除此之外，极大团（maximal clique）是一种具有特殊性质的团，图中任意一个节点加入均可使这个集合不再为团。以图2.19为例来具体说明这些概念。

图2.19中存在4个具有两个节点的团$\{x_1, x_2\}$，$\{x_2, x_3\}$，$\{x_3, x_4\}$，$\{x_1, x_3\}$，两个极大团$\{x_1, x_2, x_3\}$和$\{x_2, x_3, x_4\}$。记团为C，团中节点集合记为x_C，联合概率分布由最大块的势函数（potential function）的乘积组成：

$$P(x) = \frac{1}{Z}\prod_C \psi_C\left(x_C\right) \tag{2.52}$$

其中，Z又被称为划分函数（partition function），可以视为归一化常数：

$$Z = \sum_C \prod_C \psi_C\left(x_C\right) \tag{2.53}$$

2.5.4 本书涉及的概率图模型

近年来，基于贝叶斯推断的概率图模型框架被广泛应用于异质人脸图像合成中[21]。这些方法主要采用最大后验概率模型，通常是在对人脸图像进行分块后，搜索每个图像块的近邻块，然后分别对似然项和先验项进行建模，最后通过求解最大后验概率问题得出最终的合成图像。该类方法的代表性工作有基于E–HMM的方法[22]、基于MRF的方法[23]、基于MWF的方法[24]和基于直推式学习的方法[25]等，其中本书涉及的概率图模型主要以基于MRF和MWF的方法为例展开介绍。

王晓刚等人[23]于2009年提出利用MRF模型进行人脸画像–照片合成。该方法首先将每张人脸图像划分成相同大小的N个矩形图像块，且相邻图像块之间保持一定比例的重叠。以人脸画像合成为例，假设训练数据集中有M个画像–照片对，对于任意输入的测试照片块y_i，首先从训练数据集中搜索K个相似的近邻照片块$\{y_{i,1}, y_{i,2}, \cdots, y_{i,K}\}$。考虑到人脸图像仅经过简单的两眼对齐，人脸部件在不同图像上的块位置并不完全相同，该方法设置了一个搜索区域R，从而在块位置周围一定搜索区域内寻找K近邻块。随后，假设当第k个近邻照片块$y_{i,k}$与测试照片块y_i相似时，$y_{i,k}$在训练集中对应的画像块$x_{i,k}$可以看作待合成画像块x_i的候选画像块之一。该方法通过计算图像块像素值之间的欧氏距离，作为近邻块的选择标准。

为了将人脸图像的空间约束考虑进来，王晓刚等人利用MRF模型进行建模，如图2.20左所示。通过将人脸图像划分成互相重叠的图像块，每个画像块或照片块可以看作MRF模型中的一个节点。每个测试照片块y_i与待合成画像块x_i之间的相似性约束用函数$\Phi(x_i, y_i)$来描述，相邻待合成画像块x_i和x_j之间的兼容性约束用函数$\Psi(x_i, x_j)$来描述。因此，输入照片与合成画像之间的联合概率如下：

$$P(x_1, \cdots, x_N, y_1, \cdots, y_N) = \prod_i \Phi(x_i, y_i) \prod_{(i,j)\in E} \Psi(x_i, x_j) \tag{2.54}$$

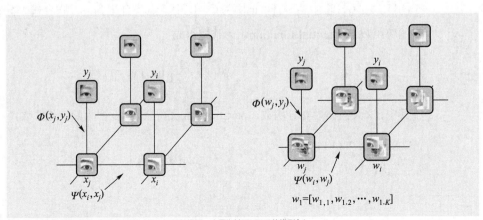

图2.20 两种概率图模型示意图（左图为基于MRF的模型，右图为基于MWF的模型）

其中$(i, j) \in E$表示图像块位置相邻，x_i从K个待选择画像块$\{x_{i,1}, x_{i,2}, \cdots, x_{i,K}\}$中取值。

相似性约束函数$\Phi(x_i, y_i)$基于的假设是K个待选择画像块$\{x_{i,1}, x_{i,2}, \cdots, x_{i,K}\}$对应的$K$个近邻照片块$\{y_{i,1}, y_{i,2}, \cdots, y_{i,K}\}$应当与测试照片块$y_i$的像素值距离尽可能小，具体定义如下：

$$\Phi\left(x_{i,k}, y_i\right) = \exp\left\{-\frac{\left\|y_i - y_{i,k}\right\|^2}{2\delta_\phi^2}\right\} \tag{2.55}$$

兼容性约束函数$\Psi(x_i, x_i)$基于的假设是两个位置相邻的待合成的画像x_i和x_j在重叠区域内的像素值距离尽可能近，从而使得合成图像在重叠区域保持平滑和减小块效应现象，具体定义如下：

$$\Psi\left(x_{i,l}, y_{j,m}\right) = \exp\left\{-\frac{\left\|o_{i,l}^j - o_{j,m}^i\right\|^2}{2\delta_\Psi^2}\right\} \tag{2.56}$$

其中两个位置相邻的待合成画像块x_i和x_j具有重叠区域，$o_{i,l}^j$表示待合成画像块x_i的第l个候选画像块$x_{i,l}$在该重叠区域内像素值组成的向量，δ_ϕ和δ_Ψ为根据经验人工设定的参数。上述最大后验概率（maximum a posterior，MAP）问题可以借助信念传播算法进行求解，最后将所有待合成画像块通过图像缝合技术得到合成图像。

基于MRF模型的方法最终优化目标为从训练数据集中选择一个最佳的待选择图像块作为待合成图像块，而无法合成出训练数据集中不存在的图像内容。由于人脸图像变化范围广，在训练数据集规模有限的情况下，上述方法选择的最佳近邻块有时与测试图像块仍有一定差异，影响合成结果的质量。考虑到上述不足，Zhou等人[24]在2012年提出基于MWF模型的人脸画像合成方法。如图2.20右边所示，该方法的主要改进为将原本的选择最佳近邻块替换为计算K个待选择画像块$\{x_{i,1}, x_{i,2}, \cdots, x_{i,K}\}$的最佳组合权重$w_i$，这里$w_i = \{w_{i,1}, w_{i,2}, \cdots, w_{i,K}\}$。此时输入照片与合成画像之间的联合概率为：

$$P\left(w_1, \cdots, w_N, y_1, \cdots, y_N\right) = \prod_i \Phi\left(w_i, y_i\right) \prod_{(i,j) \in E} \Psi\left(w_i, w_j\right) \tag{2.57}$$

其中相似性约束函数$\Phi(w_i, y_i)$更改为：

$$\Phi\left(w_i, y_i\right) = \exp\left\{-\frac{\left\|y_i - \sum_{k=1}^{K} w_{y_{i,k}} y_{i,k}\right\|^2}{2\delta_\phi^2}\right\} \tag{2.58}$$

兼容性约束函数$\Psi\left(w_i, w_j\right)$更改为：

$$\Psi\left(w_i, w_j\right) = \exp\left\{-\frac{\left\|\sum_{k=1}^{K} w_{y_{i,k}} \boldsymbol{o}_{i,k}^{j} - \sum_{k=1}^{K} w_{y_{j,k}} \boldsymbol{o}_{j,k}^{i}\right\|^2}{2\delta_\phi^2}\right\} \quad (2.59)$$

MWF-CDM算法代码

改进后基于MWF的模型将原本的MAP问题变成了求解二次规划的问题，从而可以借助层次分解算法[24]（cascade decomposition method，CDM）进行求解。通过将待选择画像块进行线性组合，基于MWF模型的方法可以生成训练数据集中不存在的全新图像块，从而提高合成结果的质量。

然而上述基于MRF的方法和基于MWF的方法均存在一个不足之处，即衡量图像块之间的距离时只利用图像的像素值作为特征，导致合成结果易受到光照、背景颜色和人脸肤色的影响。本书第12章将介绍基于概率图模型和多特征表示的异质人脸图像合成方法，以应对上述不足。

2.6 常用深度学习框架介绍

1. PaddlePaddle

PaddlePaddle（飞桨）是百度公司于2018年推出的产业级深度学习平台，集深度学习核心训练和推理框架、基础模型库、端到端开发套件和丰富的工具组件于一体。2018年7月PaddlePaddle正式开源，并发布了v0.14版本，提供从数据预处理到模型部署在内的深度学习全流程的底层能力支持。2020年5月，PaddlePaddle v1.8发布，并全新发布PaddleClas，PaddleSeg，PaddleDetection，PaddleOCR和Parakeet等覆盖多种深度学习场景的算法模型和开发套件。

飞桨深度学习框架拥有易学易用的前端编程界面和统一高效的内部核心架构，兼顾灵活开发、高效训练和便捷部署三大特点。飞桨突破了超大规模深度学习模型训练技术，能够支持千亿特征、万亿参数、数百节点的高效并行训练。此外，飞桨建设了大规模的官方模型库，包含140多个经过产业实践长期打磨的主流模型以及在国际竞赛中的夺冠模型，能够满足企业低成本开发和快速集成的需求。

2. MindSpore

MindSpore是华为公司推出的新一代深度学习框架，最佳匹配昇腾处理器算力。2020年3月28日，MindSpore正式开源，并发布了MindSpore v0.1.0–beta版本。经过半年的演进, 2020年9月23日, MindSpore 1.0发布, 支持端、边、云独立和协同的训练和推理。

MindSpore采用S2S源码转换方法自动微分技术, 使用高效易调试的可微编程架构。在接口层提供Python编程接口, 利于快速入门。相比其他框架, 用MindSpore可以降低核心代码量, 降低开发门槛。此外, MindSpore同时支持算子层面的自动微分, 其自带的张量引擎 (tensor engine) 支持用户使用Python DSL (domain specific language) 自定义算子。用户可以在Python中像写数学式一样自定义算子, 使代码书写更加简洁直观。MindSpore依托华为"端、边、云"的业务场景, 让开发者能够实现AI应用在云、边缘和手机上的快速部署, 创造更加丰富的AI应用。

3. 计图 (Jittor)

计图 (Jittor) 是清华大学计算机系图形实验室开源, 完全基于动态编译, 采用元算子表达神经网络计算单元和统一计算图的深度学习框架。计图定义的元算子可以相互融合, 成为更加复杂的算子, 进一步构成神经网络和深度学习应用。通过内置的元算子编译器, 可以将通过元算子编写的Python代码编译成C++代码。计图所有算子支持统一内存管理, 使训练模型时可以突破GPU的显存限制。此外, 计图统一了同步、异步运行接口, 使数据读取和模型计算可以同时进行, 提升性能。

目前计图平台已经实现了多个网络模型, 在多个视觉任务上相比现有PyTorch和Tensorflow模型性能提升超过10% ~ 50%。计图采用和PyTorch较为相似的模块化接口, 并提供转换代码, 可以将PyTorch模型自动转换为计图的模型。

4. Theano

Theano为蒙特利尔大学开发的基于Python的深度学习工具包, 是最早的深度学习开源框架。Theano使用符号式语言高效地定义和计算张量数据的数学表达式, 十分适合与其他深度学习库结合进行数据探索, 高效地解决多维数组的计算问题。

5. Caffe

Caffe为加州大学伯克利分校开发的针对卷积神经网络的计算框架。Caffe使用C++和Python实现, 因此调整模型需要C++和CUDA, 存在灵活性不足的问题。Caffe适合于以实现基础算法为主要目的的工业应用, 并且基于Caffe开发的Model Zoo包含许多预训练的神经网络模型, 方便开发者使用。

6. TensorFlow

TensorFlow是由谷歌人工智能团队谷歌大脑 (Google Brain) 开发维护的深度学习框架。TensorFlow能够将深度神经网络的计算部署到任意数量的CPU或GPU服务器上, 并且支持多种平台工作, 包括移动平台和分布式平台。TensorFlow名字来源于其计算过程中的操作对象为多维数组张量（Tensor）。TensorFlow拥有自带的可视化工具TensorBoard，具有展示数据流图、绘制分析图、显示附加数据等功能。此外，TensorFlow已与高级神经网络API Keras整合，方便用户使用。TensorFlow 2.0版本后也支持动态计算图。

7. PyTorch

PyTorch是Facebook人工智能研究院（FAIR）开发的基于Python的深度学习框架，其前身为基于Lua的Torch深度学习框架，但是与Torch相比，PyTorch提供Python接口，支持动态图计算，具有强大的GPU加速的张量计算，并且包含具有自动求导功能的深度神经网络。Pytorch提供了很多计算机视觉、人工智能等方向的工具集，例如自然语言处理的torchtext，音频处理的torchaudio，以及图像视频处理的torchvision。

8. Chainer

Chainer是日本一家机器学习创业公司Preferred Networks开发的深度学习框架。Chainer基于Python，支持动态图计算，提供深度神经网络自动微分，支持CUDA/CuDNN对神经网络进行高性能训练和推断，其特点在于十分灵活。随着最新升级版本v7的发布，Chainer将进入维护阶段。

9. MXNet

MXNet是由亚马逊公司开发的轻量化分布式深度学习框架。MXNet的设计目的是提升效率和灵活性，用户可以混合符号编程和命令式编程，从而提高效率和生产力。MXNet对多GPU配置提供了良好的支持，能与分布式文件系统结合实现大数据的深度学习，并且提供除Python外多种编程语言的接口。2018年MXNet推出Gluon CV，一款专为计算机视觉打造的工具库。

2.7 本章小结

本章主要介绍了人脸图像合成与识别领域常用的机器学习相关算法，包括传统的机器学习算法和深度学习方法。对于传统的机器学习算法，本章重点介绍了线性子空间、贝叶斯分类器以及概率图模型方法。对于深度学习方法，本章介绍了常用的深度神经网络和代表性网络结构，并且给出了部分典型结构的代码示例。不论是传统的机器学习方法还是最近发展的深度学习方法，掌握这些算法是进行人脸图像合成与识别领域研究的工作基础。此外，本章介绍了一些常用的深度学习框架，方便读者结合书中给出的代码进行实际算法操练。

第3章 人脸检测

3.1 引言

人脸检测（face detection）是计算机视觉领域研究最炙手可热的方向之一，它是许多人脸分析技术的奠基石，如人脸识别、人脸验证、人脸追踪、人脸表情识别等。人脸检测的目标是在一张给定的图片中，识别出所有人脸的正确位置并使用一个矩形范围进行勾选。人脸检测技术在社会生活和公共安防方面具有广泛的应用，许多自动化人脸图像分析技术都要依赖于人脸检测技术作为其预处理步骤。

本章主要介绍人脸检测的意义以及一些常用的人脸检测算法，同时对人脸检测的评价标准进行介绍。目前的人脸识别算法主要分为非深度学习方法和深度学习方法。非深度学习方法主要有基于级联特征的方法、基于可变形组件的方法和基于多通道特征的方法；基于深度学习的方法又包括了基于级联CNN的方法、基于两阶段目标检测的方法和基于单阶段目标检测的方法。此外，本章还介绍了3个常用的开源人脸检测项目。

3.2 人脸检测概述

3.2.1 人脸检测的定义

人脸检测，顾名思义就是在给定的一张图片中，找出图像中所有人脸的位置，如图3.1所示。出于社会生活的需要，人脸检测对于人类而言非常容易。人类的大脑中存在对人脸区域非常敏感的人脸检测模块。

图3.1 人脸检测示意图

3.2.2　人脸检测的意义

人脸检测是诸多自动人脸图像分析任务的基础，许多人脸分析技术都需要在分析前对人脸区域图像进行提取。使用手工标注的方法在时间和人力方面的需求巨大，尤其是在大规模的数据库或应用场景中。因此快速、高效的人脸检测算法成为如今信息化时代的一个热门方向，同时在社会生活与科学研究中也具有广泛的应用。

人脸检测的应用具体可以体现在以下方面。

（1）自动人脸检测是围绕自动人脸图像分析开展所有应用的基础，包括但不限于：人脸识别和验证、监控场合的人脸跟踪、面部表情分析、面部属性识别（性别/年龄识别，颜值评估）、面部光照调整和变形、面部形状重建、图像视频检索、数字相册的组织和演示。

（2）人脸检测是现代所有基于视觉的人与电脑、人与机器人交互系统的初始步骤。

（3）主流商业数码相机和手机都内嵌人脸检测模块，辅助自动对焦。

（4）很多社交网络如FaceBook，用人脸检测机制实现图像/人物标记。

3.2.3　人脸检测的分类

人脸检测是目标检测领域的一个子问题。目标检测通常可以分为两大类。一类是通用目标检测算法，即检测图像中多个类别的目标，如ILSVR2017的VID任务、VOC系列目标检测任务。另一类是特定类别的目标检测算法，即仅检测图像中某一类特定目标，如行人检测、车辆检测、人脸检测等。虽然人脸检测属于特定类别的目标检测任务，但随着近几年通用目标检测任务的发展，许多通用目标检测算法都衍生出了相同思路的人脸检测算法。从发展历史来看，可以将人脸检测算法分为以下两个阶段。

（1）非深度学习阶段。该阶段的人脸检测算法主要源于特定类别的目标检测算法，这一类算法不仅限于人脸识别，许多行人识别算法通过训练也可以实现人脸识别任务。如2001年的CVPR提出的Viola-Jones（VJ）[27]算法是为了实现人脸检测，而2005年CVPR提出的HOG+SVM则是针对行人检测问题。同时，一些通用的目标检测算法也可被用于人脸检测，例如2010年TPAMI上发表的DPM（Deformable Parts Model）[28]算法，虽然可以检测各类目标，但要用于多目标检测，需要每个类别分别训练模板，相当于200个特定类别检测问题。

（2）深度学习阶段。该阶段的经典检测算法都是针对通用目标提出的，比如性能更好的Faster-RCNN、R-FCN系列，速度更快的YOLO[29]、SSD[30]系列。虽然这些都是多类别方法，但它们都可以用来解决单类别问题，目前人脸检测领域最好的方法以及工业界大部分落地的项目都是这类方法的改进。

3.3 人脸检测的评价标准

评价一个人脸检测算法好坏，常用以下三个指标。

召回率（recall）：算法能检测出来的人脸数量越多越好，由于每个图像中包含人脸的数量不一定，所以用检测出来的人脸数量与图像中总人脸数量的比例来衡量，这就是召回率。算法检测出来的矩形框越接近人工标注的矩形框，说明检测结果越好，通常交并比（IoU）大于0.5就认为是检测出来了，召回率的计算公式为：

$$recall = \frac{检测出来的人脸数量}{图像中总人脸数量} \tag{3.1}$$

误检数（false positives）：算法可能会把其他东西认为是人脸出现误检的情况，用检测错误的绝对数量来表示，这就是误检数。与召回率相对，算法检测出来的矩形框与任何人工标注框的交并比都小于0.5，则认为这个检测结果是误检。误检越少越好，在FDDB数据库上，论文中一般比较1 000个或2 000个误检时的召回率情况，工业应用中通常比较100或200个误检的召回率情况。

检测速度（speed）：算法的速度是衡量算法是否具备应用条件的重要标准，人脸检测更不用说，检测一幅图像所用的时间越少越好，通常用帧率（frame-per-second，FPS）表示。一般能达到15FPS及以上即认为是可以达到实时检测效果。

3.4 人脸检测常用数据库

目前常用的人脸检测数据库有2011年发布的非约束环境人脸检测数据库FDDB（face detection data set and benchmark）[31]以及2016年提出的目前难度最大的WIDER FACE数据库[32]。

FDDB：该数据库包含2 845张图像，共计5 171张非约束环境下的人脸，该数据库的图像均选自Face in the wild数据库，Face in the wild是人脸识别领域最著名的数据库之一。FDDB数据库包含了面部表情、双下巴、光照、穿戴变化等多种复杂变化。该数据库平均人脸密度为1.8张/图，多数图像仅存在一张人脸。在非深度学习阶段，FDDB数据库十分具有挑战性，但在目前其效果已经接近饱和。

WIDER FACE：该数据库共32 203张图像，包含393 703张标注人脸，各种难点比较全面，包含尺度、姿态、遮挡、表情、化妆、光照等。该数据图像分辨率普遍较高，所有图像的宽度都缩放到了1024像素，最小标注人脸为10×10。该数据库平均人脸密度达到了12.2张/图，且包含大量密集小人脸。该数据库的测试集标注结果没有公开，需提交给官方进行比较，如图3.2所示。

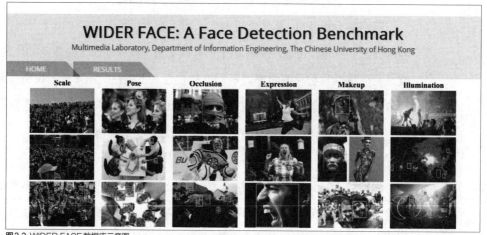

图3.2 WIDER FACE 数据库示意图

3.5 基于非深度学习方法的人脸检测

基于非深度学习方法的人脸检测依据偏重点的不同可以分为基于级联特征（cascaded features）的方法、基于可变形组件模型的方法（deformable part models，DPM）以及基于多通道特征（channel features）的方法。

其中以基于级联特征的方法最为经典，这类方法的开山鼻祖是Viola和Jones发表于2004年IJCV上的工作Rapid object detection using a boosted cascade of simple features，该工作对于之后人脸检测的发展具有深远的意义。基于级联特征的方法通常速度优势非常明显，这得益于其加速算法和快速的特征提取方法。基于可变形组件模型的方法是为了应对人脸检测中的大量变化而设计的，相对于传统的级联特征方法，该方法对于光照、人脸表情等影响因素更具有鲁棒性。基于多通道特征的方法是基于级联特征方法的改进，这一类方法使用了设计更为精巧的通道特征和更复杂的加速算法，目前这类方法在非深度学习人脸检测算法中是性能最好的。

3.5.1 基于级联特征的方法

传统的基于模板匹配、颜色匹配的方法在人脸检测方面已经取得了不错的效果，但是直到2001年Viola和Jones于CVPR上发表了关于目标检测的文章Rapid object detection using a boosted cascade of simple features之后，人脸检测才能进行实际的应用，之后两人又在2004年的IJCV上发表了针对人脸目标的Robust Real-Time Face Detection[33]。

VJ算法目标检测框架有三个核心步骤，分别是特征提取方法、Adaboost分类器、级联分类器。

（1）特征提取方法

一般来说，人脸会有一些基本的共性，例如眼睛区域会比脸颊区域要暗很多，鼻子一般属于脸部的高光区域，鼻子会比周围的脸颊要亮很多，一张正脸图像，眼睛、眉毛、鼻子、嘴巴等的相对位置是有规律可循的。Viola等人基于Haar特征的思想在图像上提取Haar-like特征，即将图3.3示例中白色区域的像素值求和之后与黑色区域的像素值做差得到。

但是在一幅图中这样的特征是非常多的，例如在一幅24×24的图中这样的Haar-like特征会达到16万种之多。因此Viola等人引入了积分图方法快速对图像一个区域内所有像素求和。积分图是一张与原图大小相同的图像，图中每个像素点的取值为其原图左上角顶点与该点围成的矩形区域中像素点取值之和。当计算图像中一个区域的像素和时，仅需计算积分图中对应区域四个顶点的差值即可，例如图3.4中阴影部分的像素之和可表示为d+a-(b+c)。

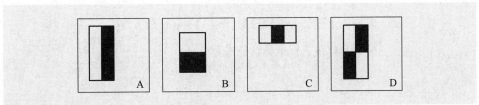

图3.3 三种不同模式的Haar-like特征，A、B分别是双矩形模式，C为三矩形模式，D为四矩形模式

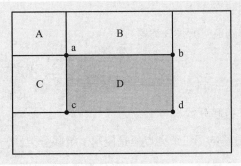

图3.4 积分图，图中每点对应的值即是原图中从左上角到该点所有像素点值之和

（2）Adaboost分类器

在使用Haar-like特征对图像进行特征提取后，需要对每个区域内的特征进行分类，从而确定该区域是否包含人脸目标。给定特征集以及包含正负样本的训练集，有很多的机器学习算法都可以得出其分类函数，如近邻法（near neighbor，NN），支持向量机（support vector machine，SVM）等，但考虑到前面得到的Haar-like特征数量巨大，即使其计算设备再先进，要想实时计算也是非常困难的。

VJ算法采用了Adaboost分类器学习方法，用此选择特征并训练分类器。Adaboost的最初目的是提升一个简单分类器的性能，通过组合多个弱分类器得到一个强分类器。弱分类器的提升可以理解为一系列弱分类器相继学习的过程，在一次学习结束后，通过对那些错误分类的样本增加权重并重新学习以得到比上一次更好的分类器。

具体算法如下：

- 给定样本图像$(x_1, y_1), \cdots, (x_n, y_n)$，$y_i$的取值为0或1，分别表示负样本和正样本。

- 初始化权重，$w_{1,i} = \frac{1}{2m}(y_i = 0), \frac{1}{2l}(y_i = 1)$，$m$和$l$分别表示负样本和正样本的数量。

- 当$t=1, \cdots, T$时：

① 归一化权重$w_{t,i} = \frac{w_{t,i}}{\sum_{j=1}^{n} w_{t,j}}$。

② 基于加权误差选取最好的弱分类器，误差计算公式如下：

$$\epsilon_t = min_{f,p,\theta} \sum_i w_i \left| h(x_i, f, p, \theta) - y_i \right| \tag{3.2}$$

③ 使用上述公式得到分类器$h_t(x) = h(x, f_t, p_t, \theta_t)$。

④ 更新权重，权重更新公式为：

$$w_{t+1,i} = w_{t,i,\beta_t^{1-e_i}} \tag{3.3}$$

- 当x_i被正确分类时$e_i=0$，反之$e_i=1$，$\beta_t = \frac{\epsilon_t}{1-\epsilon_t}$。

- 得到最终的强分类器：

$$C(x) = \begin{cases} 1, & \sum_{t=1}^{T} \alpha_t h_t \geq \frac{1}{2}\sum_{t=1}^{T} \alpha_t \\ 0, & \text{其他} \end{cases} \tag{3.4}$$

（3）级联分类器

VJ方法的第三个亮点便是使用了级联分类器，即先将由Adaboost方法得到的强分类器由简至繁进行排序。从弱分类器开始对图像进行判断，由于人脸区域在图像中

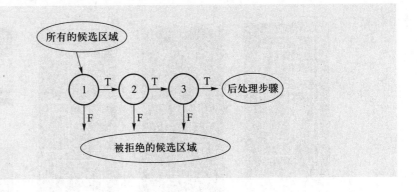

图3.5 级联分类器

基于Python的
VJ算法代码

所占比例较小，因此在前几层可以大胆地拒绝大部分的非人脸区域。对于前一层拒绝掉的区域，后一层将不再对其进行判断。级联分类器本质上是一种退化决策树，如图3.5所示。

　　之后，在VJ算法的基础上，提出了使用SURF、LBP等特征的改进算法。Lienhart R.等对Haar-like矩形特征模板作了进一步扩展，加入了旋转45°角的矩形特征。扩展后的特征大致分为4种类型：边缘特征、线特征环、中心环绕特征和对角线特征。目前此类方法中最好的是归一化像素差异特征法（normalized pixel difference，NPD），该方法的检测和训练程序都已开源，是传统机器学习方面很有影响力的人脸检测方法。与VJ算法类似，该方法的主要思路也是快速的特征提取算法和高效的人脸分类器，使用了NPD特征作为人脸特征，该特征可以直接通过查找表获得，加速了预处理速度，然后使用了类似级联分类器的深度二叉树作为分类器对目标区域进行分类。

3.5.2　基于可变形组件模型的方法

　　可变形组件模型（DPM）是一种基于组件的检测算法，该模型由Felzenszwalb在2008年提出，该方法在2010年物体检测领域最好的比赛之一PASCAL VOC挑战赛上获得了"终身成就奖"。人脸检测领域的基于可变形组件模型的方法主要思路都是在该方法上的改进，因此这里首先介绍目标检测领域的DPM方法。DPM检测算法用到了HOG特征以及基于HOG的行人检测算法，本书对于这一部分内容不做详细解释。DPM算法的主要思想是分部件的检测方法。

　　传统的行人检测算法，使用一个行人模板原始图像的特征图进行卷积，即可获得行人模板对于原始图像的响应，根据响应的效果图即可获得对应目标的位置信息。由于行人在图像中存在很多姿态问题，并且人体姿态的变化是一种非刚性变化，因此行人模板的设计成为了该算法的一个瓶颈。

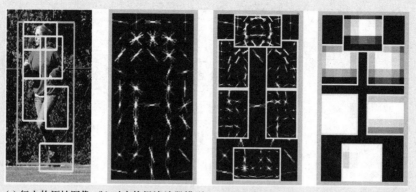

(a) 行人的原始图像　(b) 对应的根滤波器模型　(c) 组件滤波器模型　(d) 每个组件的空间模型

图3.6 DPM算法的人体模型

DPM算法使用了局部模板来解决行人姿态变化的问题。基于DPM的行人检测算法使用了8×8的根滤波器（root filter）与4×4的组件滤波器（part filter）结合的方法，这两种滤波器如图3.6所示。分别使用两种滤波器与原始图像特征进行卷积得到两种不同的响应图，再将两种响应图进行融合，最后对融合特征进行分类，回归得到目标位置。

3.5.3　基于多通道特征的方法

VJ算法在人脸识别方面展示出了卓越的效果，研究人员对特征表示和分类器学习两个方面改进，以适应真实场景中需要克服的复杂情况。在分类器学习方面，boosting和级联分类器结合的方法展示出了超群的效果，因此对VJ算法提高的瓶颈就落到了特征表示这一方面。以往的大部分方法，使用了更复杂的特征提取方法，在检测效果上却仅取得了有限的提升，因此基于多通道特征的方法被提出。

相比于传统其他特征提取算法，此类算法的特征设计得更加精细，对于复杂场景的鲁棒性更强。该领域具有代表性的工作有ACF（aggregate channel features）[34]和LDCF+（local decorrelation channel features）[35]。

1. ACF算法

该方法使用一种累积通道特征（aggregate channel features）作为图像的特征，这种特征可直接由原图像降采样结果的像素值得到，在保证丰富的表征能力的同时，也更容易计算。该算法的具体流程如图3.7所示。

2. LDCF+算法

LDCF的思想是对图像特征进行解相关，如图3.8所示，从而得到更为细致的不同通道的特征，然后使用这些融合特征训练级联分类器，从而实现对复杂场景的适

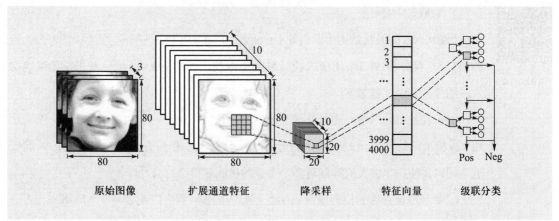

原始图像　　扩展通道特征　　降采样　　特征向量　　级联分类

图3.7 ACF算法流程

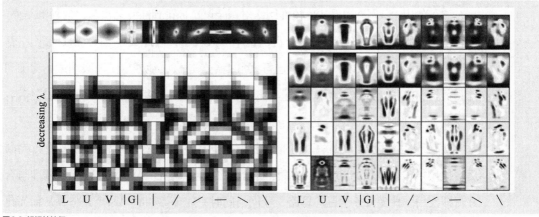

图3.8 解相关特征

应性。LDCF+是在其基础上，对数据库进行数据增强，并且增强了模型的学习能力（例如使用更深的决策树）。

3.6 基于深度学习方法的人脸检测

3.6.1 基于级联CNN的方法

基于级联CNN方法的主要思路是通过多个级联的卷积神经网络，对图像进行多阶段的从粗到细的检测过程。每个阶段的CNN分别负责不同粒度的检测，这是对VJ算法思路的一种CNN实现。这种方法最早出现在2015年的文章 "A Convolutional Neural Network Cascade for Face Detection"[36]中。之后在级联CNN思想的影响下，中科院深圳先进技术研究院提出了MTCCN（multi-task cascaded convolutional networks）[37]。

1. 级联CNN算法

级联CNN的级联结构中共有6个CNN，3个CNN用于判断候选区域是否为人脸的二分类问题，另外3个用于人脸区域的边框校正，如图3.9所示。对于一副给定的人脸图像，算法过程如下。

（1）使用12-网络对整幅图像进行密集扫描，拒绝掉90%以上的窗口，然后使用12-校准网络对剩余的窗口进行处理，调整其大小和位置，以接近真实的人脸区域。同时，使用非极大值抑制对多个重叠的检测窗口进行合并。

（2）经过合并后的检测窗口紧接着被输入的24-网络以及24-校准网络进行进一步拒绝，然后对剩余的窗口采取非极大值抑制措施。

（3）使用48-网络以及48-校准网络对剩余窗口进行判断并输出最终的检测结果。

由于人脸区域在整幅图像中所占的比率一般较小，因此级联CNN中每级网络都可以大胆地对当前输出的检测区域进行大量拒绝，这极大地减少了下级网络的检测和计算负担。级联CNN在检测率和速度方面相较于传统方法都具有难以比拟的优势。

2. MTCNN算法

MTCNN的思路与级联CNN非常相似，但是在每一阶段对候选区域进行判断后，使用了人脸框回归和非极大值抑制的方法对被保留的检测区域进行了校准与合并。即使用一种多任务学习的思路，让网络同时完成分类和回归两个任务，从而简化了模型结构。同时，MTCNN提出了一种新的在线hard mining策略，用来进一步提高模型的检测性能。

首先，给定图像，将其调整到不同的比例，以构建图像金字塔，这是三级网络框架的输入。

第一阶段：使用的P-Net是一个全卷积网络，通过浅层的CNN用来生成候选窗及其边框回归向量。使用人脸框回归的方法来校正这些候选窗，使用非极大值抑制（NMS）合并重叠的候选框，如图3.10所示。

第二阶段：使用R-Net对候选窗口做精细化处理。第一阶段输出的候选窗口作

| 测试图像 | 12-网络输出 | 12-校准网络输出 | 24-网络输出 | 24-校准网络输出 | 48-网络输出 | 48-校准网络输出 | 检测结果 |

图3.9 级联CNN算法框架

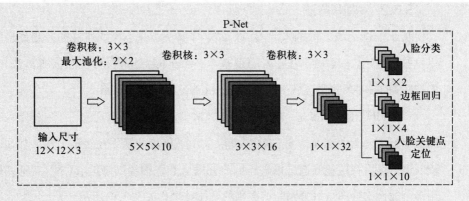

图3.10 MTCNN中的P-Net

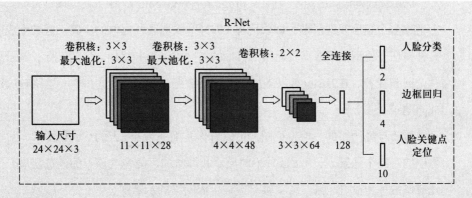

图3.11 MTCNN中的R-Net

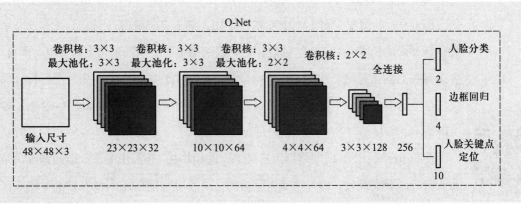

图3.12 MTCNN中的O-Net

为R-Net的输入，R-Net能够进一步筛除大量错误的候选窗口，再利用人脸框回归对候选窗口做校正，并执行非极大值抑制，如图3.11所示。

第三阶段：使用更复杂的O-Net进一步精细化结果，同时输出5个人脸特征点。这一阶段与第二阶段相似，但是这一阶段使用更多的监督信息来识别人脸区域，并且网络能够输出五个人脸特征点的坐标，如图3.12所示。

3.6.2　两阶段方法

基于候选区域方法的人脸检测算法，本质是R-CNN系列目标检测算法的人脸识别技术应用。其中最为著名的是基于Faster R-CNN[38]的目标检测算法，Faster R-CNN的核心思想是区域生成网络与R-CNN相结合的思路。

R-CNN： R-CNN是一种目标检测方法的简单CNN实现，对于一幅图像，先对图像进行候选区域提取，候选区域提取采用了传统的从下至上的方法，如Selective Search。然后将这些候选区域进行缩放并输入卷积神经网络提取CNN特征，最后使用多个线性支持向量机判断该区域的具体类型，如图3.13所示。

区域生成网络： 区域生成网络（region propose network）在提取的特征图的基础上生成多个矩形候选区域，即取代R-CNN中候选区域提取的步骤。区域生成网络是一种多任务模型，网络需要返回对目标的二分类结果和目标区域的坐标，并且后者是一个回归任务。在Faster R-CNN中引入了锚点（anchor）这一核心思路解决区域生成问题。

对于神经网络的一层特征图，可以看作是面积为$W \times H$的C通道图像，对于该图像中的每一个像素点，考虑k种不同尺寸和形状的可能包含该点的候选窗口，这些候选窗口被称为锚点区域。图3.14是区域生成网络的示意图。

实际上，Faster R-CNN考虑了3种不同尺寸与3种不同形状组合的结果作为锚点，即$k=9$时的情况。对于整个卷积特征图，则有$W \times H \times k$个锚点，W和H分别是卷积特征图的长宽。对于每个锚点，之后的网络结构会判断该锚点是否包含了目标，并返回锚点的坐标值。注意，这里的分类结果只关注区域内是否为一个目标，而不关注这个目标的类型。将RPN和R-CNN的结构相结合便得到Faster R-CNN，如图3.15所示。

在Faster R-CNN的网络结构基础上，使用将R-CNN中的多分类问题改为是否为人脸的二分类问题，即可用于人脸检测，或者可直接在RPN的基础上对锚点区域进行二分类的判断。

基于MindSpore的Faster R-CNN算法代码

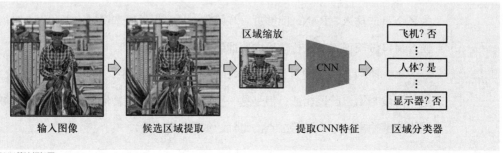

图3.13　R-CNN算法框架图

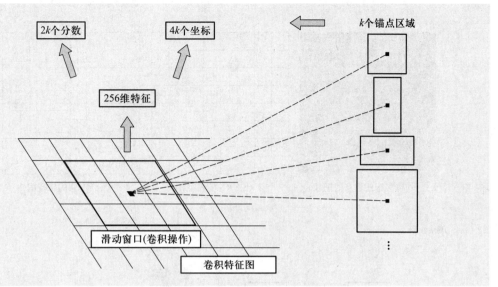

图3.14 区域生成网络示意图

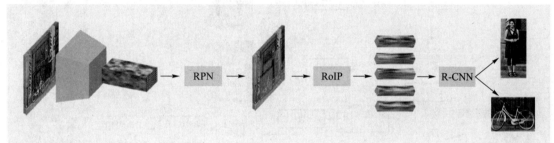

图3.15 Faster R-CNN算法框架

3.6.3　单阶段方法

上述的基于区域的方法虽然使用了区域生成网络极大地减小了区域选择的时间，但是对于一张图像的深度特征图，其候选区域的数量还是很多，因此在对特征进行分类与判断时，仍需进行大量的计算。Ross Girshick提出了一种新的目标检测方法——YOLO[29]。这是一种基于回归思想的目标检测算法，图像仅需在网络中进行一次前向传播即可实现目标检测任务。YOLO（You Only Look Once）方法通过对图像进行网格状的划分，然后使用网络对每个网格进行回归，得到目标的类型和候选框，这样的做法虽然大大地提升了算法的速度，但是会导致位置精确度的降低。SSD（Single Shot Multibox Detector）方法则结合了YOLO的回归思路和Faster R-CNN中的锚点思路，对锚点直接进行分类和回归。本小节首先对SSD方法做简要介绍。

SSD算法的思路如图3.16所示，对于不同尺度特征图上的每一个小格，都有多个默认形状和大小的候选框供其进行预测，每个小格仅做单一类型目标的预测，返回与真实值最相似的候选框形状、位置以及包含的目标类型。

图3.16（a）为包含标注信息的真实图像，图3.16（b）中是8×8尺度的特征图，

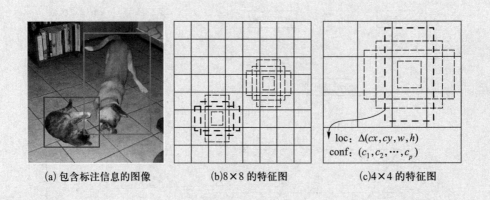

(a) 包含标注信息的图像　　　(b)8×8 的特征图　　　(c)4×4 的特征图

图3.16 SSD算法思路

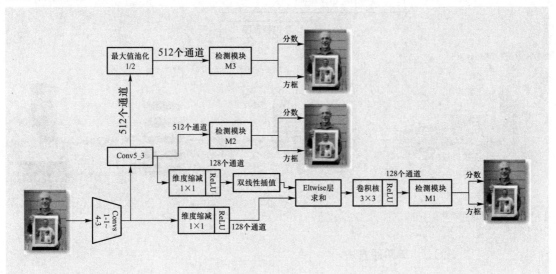

图3.17 SSH人脸检测算法网络框架

其中两个深色的候选框经过计算后与猫所对应的真实值相匹配，通过NMS方法得到最终的一个输出，便是猫所对应位置的预测结果。图3.16（c）中是4×4尺度的特征图，图中深色候选框与狗所对应的真实值相匹配，得到深色候选框输出为狗所对应的预测结果。

2017年ICCV的一篇工作"Single Stage Headless Face Detector"[39]借鉴了SSD的思路，设计了一种快速的人脸检测算法。

与之前Faster R-CNN系列方法不同的是该SSH（Single Stage Headless Face Detector）是一个单步骤的检测器，不需要先提取候选区域再检测。并且，SSH在网络的不同位置上接入了3个不同的检测模块，这有效地解决了人脸检测中面临的多尺度人脸问题。算法的整体框架如图3.17所示。

其中，检测模块的结构如图3.18所示。

基于PyTorch的
SSH算法代码

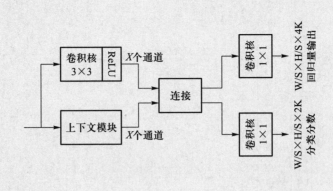

图3.18 SSH人脸检测算法检测模块结构图

类似的方法还有FaceBoxes[40]，如图3.19所示。

FaceBoxes方法在不同尺度的特征图上取锚点，同时使用Inception模块[15]捕捉特征图中不同尺度的信息。同时，为了应对人脸目标拥挤时底层的小锚点过于稀疏的情况，FaceBoxes设计了一个锚点稠密化方案以提高人脸检测模型的性能。FaceBoxes不仅在检测精度方面做到了提升，并且在CPU上对VGA分辨率（640×480）的图像可以达到每秒20张的处理速度。

2018年，腾讯优图提出了DSFD算法[41]，即双分支人脸检测器（Dual Shot Face Detector），相关论文发表于计算机视觉顶级会议CVPR。该算法在两个权威的人脸检测数据集WIDER FACE和FDDB都刷新了当时的最高纪录。该算法主要是设计了一种全新的特征增强模块，同时在深度和广度上学习到了更有效的内容和语义信息。此外，该算法还提出了渐进锚点损失（progressive anchor loss）函数对模型进行监督，结合改进版的锚点匹配策略（improved anchor matching strategy）极大提高了检测器的检测性能。该算法的详细框图如图3.20所示。

DSFD在大规模人脸检测、多姿态人脸检测、模糊人脸检测、有遮挡物的人脸检测、化妆人脸检测、极端光照人脸检测、多模态人脸检测以及反射物表面人脸检测等多种场景下都有优越的效果，充分说明了DSFD算法的鲁棒性。DSFD在这些任务上的结果如图3.21所示。

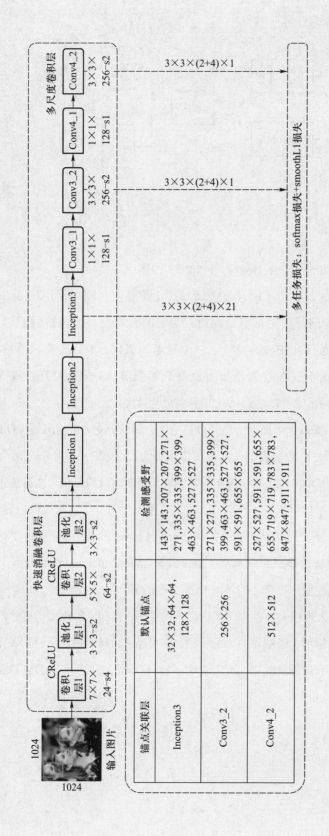

图3.19 FaceBoxes人脸检测算法框图

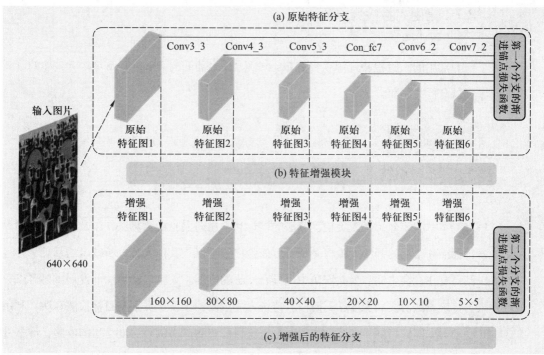

图3.20 DSFD人脸检测算法框图

图3.21 DSFD人脸检测算法效果图

3.7　常用人脸检测开源项目

常用的人脸检测开源项目有OpenCV、SeetaFace、OpenFace等，有兴趣的读者可以自行关注和尝试。

3.8　本章小结

本章主要介绍了人脸检测算法的概念和常见的人脸检测算法，以及人脸检测的评价标准和常用的开源人脸检测项目。人脸检测不仅是其他人脸分析技术的基础，并且其自身在社会生活和公共安防中也具有广泛的应用。人脸检测算法的发展主要可以分为传统方法阶段和深度学习阶段。传统方法主要源于特定类别的目标检测算法，利用手动提取图像特征、训练分类器进行人脸目标检测。而随着深度学习的发展，许多针对通用检测任务的经典深度学习算法被提出，相比于传统方法具有更好的速度和识别准确率。大部分应用在工业界的人脸检测项目也是基于这些深度学习算法的改进，读者可以结合本章给出的代码及项目尝试自己动手搭建人脸检测系统。

第4章 人脸对齐

4

4.1 引言

人脸对齐（face alignment），也被称为人脸关键点（face landmarks）检测、人脸特征点（face feature points）检测。其目的是在一张人脸图像中搜索预定义的面部关键点，并将其标记出来。人脸对齐是人脸识别技术的关键步骤，通常一个完整的人脸识别需要先进行人脸检测，然后进行人脸识别，最后再使用对齐好的人脸图像进行识别、比对。同时，人脸对齐对许多其他应用都有重要意义，如人脸动画制作、人脸跟踪、人脸超分辨、人脸表情分析以及3D人脸建模等。

本章主要介绍人脸对齐的意义以及一些常见的人脸对齐算法，同时对人脸对齐的评价标准进行了介绍。目前的人脸对齐方法主要可以分为非深度学习方法和基于深度学习的方法。非深度学习方法又可分为两类：基于含参数形状模型方法（parametric shape model–based methods）和基于无参数形状模型方法（non–parametric shape model–based methods）。基于深度学习的方法主要是通过深度神经网络直接回归得到人脸关键点的坐标点。此外，本章还介绍了几个常用的人脸检测及人脸关键点检测开源项目。尽管人脸关键点检测领域已经取得了重大进展，但是检测结果的成功性仍然受到真实情况的限制，如姿态、表情、光照和遮挡等，因此人脸关键点检测领域仍需进一步探索更加先进的解决方案。

4.2 人脸对齐概述

4.2.1 人脸对齐的定义

人脸特征点是指主要位于人脸组件周围的一些面部关键点，如眼睛、嘴巴、鼻子和下巴。人脸对齐则是使用自动化算法或手动标记这些关键点的过程。通常人脸特征

图4.1 人脸关键点检测结果

点检测算法的输入是经过人脸检测步骤后的仅包含人脸区域的图像，输出为预先标定好的特征点，如图4.1所示。

4.2.2 人脸对齐的意义

许多人脸图像分析任务，如人脸识别、面部表情识别、头部姿势估计等，都可以从精确的人脸对齐结果中获益。人脸检测可以被认为是这些人脸图像分析任务的起始，而人脸对齐则是这些任务重要的中间步骤。

4.2.3 人脸对齐方法分类

与人脸检测算法相似，人脸对齐算法分为以下两个阶段。

（1）非深度学习阶段

该阶段通常使用形状模型（shape model）进行人脸对齐，按照形状模型的不同，将人脸对齐方法划分为基于含参数形状模型方法（parametric shape model-based methods）和基于无参数形状模型方法（non-parametric shape model-based methods）。根据外观模型的不同，含参数方法可分为局部方法（local part-based methods），如主动形状模型算法（active shape models，ASM）以及整体方法（holistic methods），如主动外观模型算法（active appearance models，AAM）。在无参数方法中，由于形状与外观之间连接的不同，可以将其分为基于模板的方法（exemplar-based methods）、基于图模型的方法（graphical model-based methods）和级联回归方法（cascaded regression-based methods）。

（2）深度学习阶段

深度学习（deep learning）技术的出现，有效促进了不同尺度特征和不同任务信息之间的融合，图像信息可以通过隐式的非线性映射函数直接得到目标结果，因此深度神经网络（deep neural networks，DNN）的出现对于人脸关键点提取模型的发展具有重要的推动作用。近年来，科研人员设计出了许多种基于深度神经网络的人脸关键点检测方法，这类方法主要思路都是通过深度网络的非线性映射关系在标注数据与图像数据之间找到最优的映射关系，通过这个映射关系去逼近目标，而各种方法之间的主要区别则是如何设计更精妙的结构去学习这个映射关系。

4.2.4 人脸对齐的评价标准

当前使用的最多的人脸对齐评价指标是均值定位归一化误差（mean normalized error，MNE），它使用双眼间的距离对特征点与真实值之间的距离进行归一化表示的误差作为评价准则，其计算公式如下：

$$e_i = \frac{\left\| x_{(i)}^e - x_{(i)}^g \right\|_2}{d_{io}} \qquad (4.1)$$

其中，$x_{(i)}^e$ 表示第 i 个估计的点，与其对应的真实值使用 $x_{(i)}^e$ 表示，d_{io} 表示两眼中心的欧式距离。上述公式可用于评价单张图像的特征点估计准确度，在统计整个数据集的估计情况时，一般主要使用两种方法，一种是均值误差，一种是累积误差分布曲线（cumulative error distribution，CED）。累积误差分布曲线是归一化误差的累积分布函数。均值误差的单一值形式非常直观，但是该评价指标容易受到某些异常值影响，尤其是在平均误差等级非常低的时候。尽管CED是处理离群值较好的一种方法，但是由于它的表现形式是一个曲线，因此不够直观。Yang等人[42]提出了一种基于CED的全新评测指标：

$$AUC_\alpha = \int_0^\alpha f(e)de \qquad (4.2)$$

其中，e 是归一化误差，$f(e)$ 是累积误差分布函数，α 是定积分的上边界。由于定积分上边界的存在，AUC_α 不会受到误差值比 α 大的点的影响。

4.3 人脸对齐常用数据集

CMU Multi-PIE 人脸数据库包含2004年10月至2005年3月期间在四个场景中的人脸数据，该数据库的目的是用于增强算法对不同姿势、光照和表情的鲁棒性。该数据库包含337个主体，共750 000张图像，共计305GB。并且该数据库还包含了6种标注的表情：无表情、微笑、惊讶、斜眼、厌恶和尖叫。每个主体的图像均含有19种不同光照条件下的15个不同视角的图像。根据视角情况的不同，该数据库对人脸特征点的标注包含68点和39点，但是该数据库的特征点标注信息并没有公布。

XM2VTS 发布于1999年，数据库包含2 360张图像、声音和3D人脸模型，数据库共包含295个不同身份的图像。该数据库在4个月的时间对这些主体进行了4次记录，每次记录都在他们讲话或转动头部时进行记录。这些图像均使用68点人脸对齐标准进行标定。

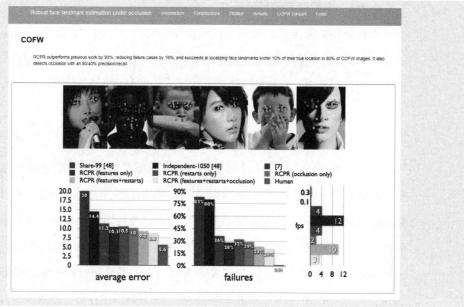

图4.2 COFW数据库

Caltech Occluded Faces in the Wild（COFW）数据库包含 1 007 张人脸图像，这些图像包含了大量的形状变化，如图4.2所示。在该数据库中，很多人脸外观上的变化主要来自不同的姿态、表情、配饰（如太阳镜）、帽子以及与其他物体的交互（如食物、手、手机等）。该数据库使用29点人脸对齐标准进行标定。该数据库最显著的特点是，对于每个特征点，不仅标注了其位置信息，还标注了其是否被遮挡。这对于研究有遮挡物情况下的人脸对齐算法提供了数据上的帮助。

Multi-Task Facial Landmark（MTFL）数据库发布于2014年，包含了 12 995 张人脸以及每张人脸对应的5个关键点标注信息，同时，该数据库还提供了性别、是否微笑、是否佩戴眼镜以及头部姿态信息，如图4.3所示。

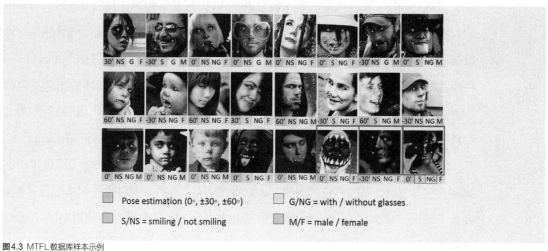

图4.3 MTFL数据库样本示例

4.4 基于非深度学习方法的人脸对齐

4.4.1 基于含参数形状模型方法

（1）主动形状模型算法

主动形状模型算法（active shape model，ASM）最早由Cootes等人于1995年提出[43]，该方法通过形状模型对目标物体进行抽象化，主动形状模型是一种基于特征点分布模型（point distribution model，PDM）的方法。特征点分布模型是一种基于模型的视觉方法（model–based vision method），ASM的作者在PDM的基础上设计了一种能捕捉由于形状类别不同而发生变化的模型，这种模型可以用在图像搜索领域以查找特定的结构模板。ASM需要通过事先标定的数据训练模型，再通过关键点匹配的方法实现特定物体的匹配。在ASM算法中，特征点的选择是一个重要的步骤，好的特征点应当满足以下几个条件：边缘点、曲率大的点、T型连接点和以上这类点的连线上的等分点，如图4.4所示。

基于Python的
ASM算法代码

ASM算法主要分为两步，第一步通过手动标注的人脸数据对模型进行训练，将样本数据中的关键点串联成一个向量表示，接着对形状进行归一化和对齐处理，之后主成分分析（PCA）对归一化的向量进行降维处理。此外，还需要提取每个特征点的局部特征以提高模型对光照变化的鲁棒性。第二步需要先计算眼睛的位置，通过图

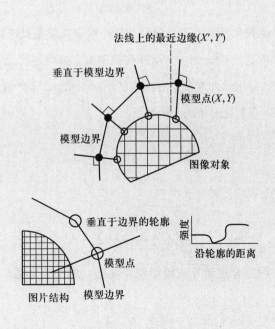

图4.4 特征点示意图

像旋转和平移来对齐人脸图像；接着在对齐后的各点附近进行搜索，匹配每个局部关键点来得到初步的形状，最后使用平均脸模型对结果进行修正，通过不断的迭代可以最终达到收敛。

ASM是一种简单直接的算法，其原理简单直观，同时由于局部特征的提取ASM算法对光照具有较好的鲁棒性。但是其逼近最优值的方式是一种穷举方法，因此算法的时间复杂度太高，效率较低。

（2）主动外观模型算法

1998年，Cootes等人对ASM算法进行了改进，在原始的形状结构作为特征的基础上，又加入了整个脸部区域的纹理特征作为补充信息，该方法被称为主动外观模型算法（active appearance model，AAM）[44]。与ASM方法类似，AAM方法也分为两步，第一步是通过对训练样本分别建立形状模型（shape model）和纹理模型（texture model），之后将两个模型结合，形成AAM模型；第二步则是通过不断迭代和修正的方法在测试样本上不断逼近从而达到收敛。

形状参数 $p=(p_1,p_2,\cdots,p_n)^{\mathrm{T}}$ 用于计算模型形状 s，外观参数 $\lambda=(\lambda_1,\lambda_2,\cdots,\lambda_m)^{\mathrm{T}}$ 用于计算模型外观 A。模型形状由人脸基础网格模型 s_0 变化得到。一对模型形状 s 和人脸基础网格模型 s_0 可以定义一个成对的变化函数，将 s_0 到 s 的变化过程可定义为函数 $W(x;p)$。最终的主动外观模型实例可以表示为 $M(W(x;p))$，它是通过外观模型 A 从形状 s_0 通过 $W(x;p)$ 变形到 s 得到的。该过程的函数可定义为：

$$M(W(x;p))=A(x) \tag{4.3}$$

对于该函数及其前向变化解释如下：给定人脸基础网格模型 s_0 中的一个像素 x，其经过变换后变为 $W(x;p)$。主动外观模型 M 在模型形状 s 的像素点 $W(x;p)$ 的外观应为 $A(x)$。独立的主动外观模型有独立的形状参数 p 以及外观参数 λ，分别用于参数化外观和形状，参数化形状的公式如下：

$$s=s_0+\sum_{i=1}^{n}p_is_i \tag{4.4}$$

参数化外观的公式如下：

$$A(x)=A_0(x)+\sum_{i=1}^{m}\lambda_iA_i(x)\forall x\in s_0 \tag{4.5}$$

还有一种组合主动外观模型仅需要独立的一组参数 $c=(c_1,c_2,\cdots,c_l)^{\mathrm{T}}$ 来参数化形状：

$$s=s_0+\sum_{i=1}^{l}c_is_i \tag{4.6}$$

以及参数化的外观：

$$A(x) = A_0(x) + \sum_{i=1}^{l} c_i A_i(x) \tag{4.7}$$

基于Python的
AAM算法代码

因此，模型的形状和外观部分是耦合的，这种耦合形式有很多缺点。例如，这意味着无法再假定s_i和$A_i(x)$是分别正交的。这同样使得拟合过程更加困难。

4.4.2 基于无参数形状模型方法

1. 基于样例的方法（exemplar-based methods）

基于样例的人脸关键点检测方法最早在论文Exemplar-Based Face Parsing[45]中提出，论文使用了人脸关键部位的样例模板设计了基于样例的人脸图像分割算法用于检测人脸的关键部位。给定一个测试图像，该算法首先从数据库中选择一个示例图像的子集，然后为每个示例图像计算一个非刚性扭曲，以使其与测试图像对齐。最后，使用经过训练的权重来调制和组合来自不同样例的标签图，从而在像素级别将标签从样例图像传播到测试图像。

在2013年的ICCV上，Zhou等人提出了一种基于样例图匹配（exemplar-based graph matching，EGM）的人脸关键点定位方法[46]，首次将图匹配技术用于面部关键点检测。与传统方法相比，EGM具有三个优点：（1）从相似样本在线学习具有仿射不变性质的形状约束，以更好地适应测试集合中的人脸图像；（2）通过使用学习到的形状约束，解决其图匹配问题从而获得最佳关键点配置；（3）可以使用线性规划有效地规划图匹配问题。图4.5为EGM方法的整体框架图。

EGM方法主要包含以下5个步骤。

（1）训练阶段：在第一个离线阶段，先训练独立的基于支持向量回归（support

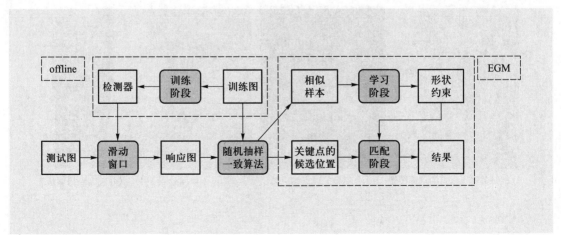

图4.5 EGM方法整体框架图

vector regressor，SVR）的关键点检测器。正样本块和负样本块是从手动标注了关键点信息的训练图像中采集的，如图4.6（a）所示。

（2）滑动窗口：对于一个测试图像，让关键点检测器以滑动窗口的形式生成每个关键点的响应图。例如图4.6（b）展示了上嘴唇关键点的响应图。

（3）随机抽样一致（random sample consensus，RANSAC）算法：通过在训练数据集中搜索一组相似的样本，以基于RANSAC的算法生成关键点的候选位置。图4.6（c）中给出了为测试图像生成候选点子集的示例。为了对候选点进行增广，同时选取了响应图中的5个最高响应点加入子集。

（4）学习阶段：通过使用经RANSAC处理后的近似样本，解决了一个高效的二次规划问题以自适应地获得测试人脸图像的形状约束。该约束具有放射不变性，从而使EGM系统对姿态变化具有更高的鲁棒性。

（5）匹配阶段：结合候选点和学习的形状约束，通过线性规划的方法，有效解决了图匹配问题，从而寻找到最优的关键点检测结果。

学习和匹配这两个步骤是EGM方法的核心步骤，图4.7为EGM方法在LFPW数据库上的检测结果。

2. 基于图模型的方法（graphical model-based methods）

基于图模型的方法的代表作是Liang等人于2006年CVPR提出的形状约束马尔科夫网络方法[47]。假设形状 S 可以用 N 个特征点 $s_i = (x_i, y_i)$ 表示，那么形状模型则可以表示为向量 $S = \{(x_i, y_i), i = 1, \cdots, N\}$。通过特征点可以将形状 S 分成一组线段，每个线段 q_i 由两个端点表示，即 $q_i = \left[w_i^s, w_i^e \right]$，如图4.8所示。

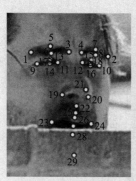   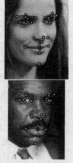

(a) 标注关键点信息的训练图像　(b) 上嘴唇关键点响应图　(c) 测试图像候选点子集　(d) 关键点检测结果

图4.6 响应图和候选位置生成示意图

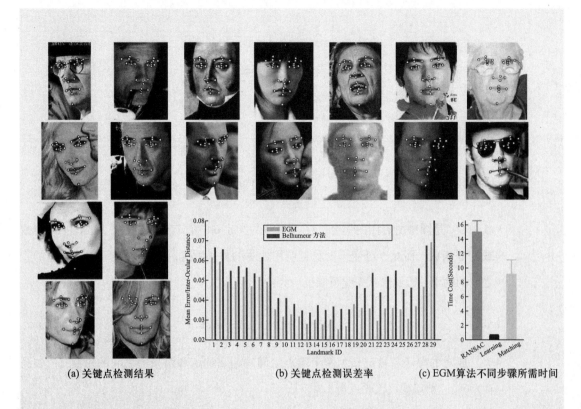

(a) 关键点检测结果　　　　　　(b) 关键点检测误差率　　　　　(c) EGM算法不同步骤所需时间

图4.7 EGM方法在LFPW数据库上的检测结果展示

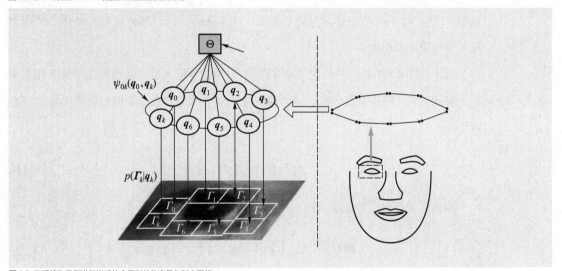

图4.8 以眼睛为示例进行说明的全局形状约束马尔科夫网络

　　这些线段 q_i 是图模型隐藏层中的节点，如果两个节点相关，那么它们之间存在无相链接。对于可变形的形状，可以在任意相连的线段之间分配一个链接。假设节点之间具有马尔科夫性质，则形状先验可以建模为 $p(\mathbf{Q})$，其中 $\mathbf{Q} = \{q_0, q_1, \cdots, q_k\}$，它是一个Gibbs分布，可以分解为该图中所有团（cliques）的所有势函数（potential function）的乘积形式，具体如下：

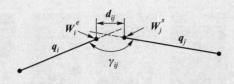

图4.9 两个相连线段之间的约束，d_{ij}是两者之间的距离，γ_{ij}是两者之间的夹角

$$p(\boldsymbol{Q}) = \frac{1}{Z}\prod_{c \in C}\psi_c(\boldsymbol{Q}_c) \tag{4.8}$$

其中，C是图中所有团的集合，$\boldsymbol{Q}_c$是对应的类别C中的节点的变量，Z是归一化常数或配分函数。而对于可变形形状，使用成对的势函数$\psi_{ij}(\boldsymbol{q}_i,\boldsymbol{q}_j)$来表示两个相连的边之间的约束。因此形状先验可以表示为：

$$p(\boldsymbol{Q}) = \frac{1}{Z}\prod_{(i,j) \in C^2}\psi_{ij}(\boldsymbol{q}_i,\boldsymbol{q}_j) \tag{4.9}$$

成对的势函数被定义为两个端点之间的距离约束和两条边之间的角度γ_{ij}，如图4.9所示，势函数可以表示为：

$$\psi_{ij}(\boldsymbol{q}_i,\boldsymbol{q}_j) = G(d_{ij};0,\sigma_{ij}^d) \cdot G(A_{ij};\mu_{ij}^A,\sigma_{ij}^A) \tag{4.10}$$

其中，$d_{ij} = \left|\boldsymbol{w}_i^e - \boldsymbol{w}_j^s\right|$是$\boldsymbol{w}_i^e$和$\boldsymbol{w}_i^s$之间的距离，$A_{ij} = \sin(\gamma_{ij})$，$\sigma_{ij}^d$和$\sigma_{ij}^A$是方差参数，$\sigma_{ij}^d$控制连通性约束的紧密度。

对于如图4.8中所示的给定的观察图像I，每个线段$\boldsymbol{q}_i$也与其观察图像具有相关关系，表示为Γ_i。假设给定的$\boldsymbol{q}_i$的局部观测值独立于其他节点，则似然概率函数可以分解为：

$$p(I|\boldsymbol{Q}) = \prod p_i(\Gamma_i|\boldsymbol{q}_i) \tag{4.11}$$

那么后验概率可以表示为：

$$p(\boldsymbol{Q}|I) \propto \frac{1}{Z}\prod_i p_i(\Gamma_i|\boldsymbol{q}_i)\prod_{(i,j) \in C^2}\psi_{ij}(\boldsymbol{q}_i,\boldsymbol{q}_j) \tag{4.12}$$

后验概率$p(\boldsymbol{Q}|I)$可以通过置信传播（belief propagation）有效地最大化。在推理期间，每个线段的运动都受到局部观察图像和来自相邻节点的几何约束影响。与传统的中心化算法相比，特征点的移动更连续，同时结果更准确。

上述的马尔科夫形状模型已经可以获得更准确的对齐结果了，但是仅有局部几何约束进行建模无法保证得到全局合理的形状，因此在马尔科夫形状模型的基础上又提出了全局形状约束的马尔科夫网络以获得更好的人脸对齐结果。

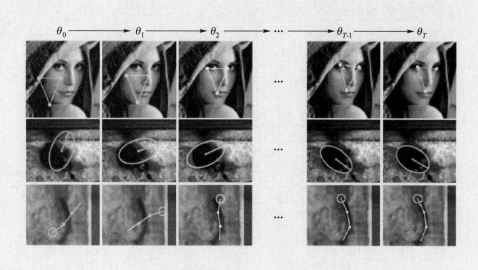

图4.10 目标姿态是通过CPR方法从一个初始化的粗略估计结果逐渐计算而来

3. 基于级联回归的方法（cascaded regression-based methods）

2010年，Dollar等人[48]提出了一种级联姿势回归方法（cascaded pose regression，CPR），该方法通过一系列的回归器不断修正一个初始姿态，从而逐步细化姿态检测的结果，这些回归器级联起来，每一个回归器都依靠前一个回归器的输出来执行简单的图像操作（平移和缩放），如图4.10所示。

对于CPR方法，其中姿态的参数化是任意的，并且仅在训练示例之间保持一致。CPR的具体结构是一系列的回归器。在每个步骤$t=1, \cdots, T$的层级中，一个回归器R^t通过图像和之前的回归器的输出结果θ_{t-1}来计算一个新的姿态结果θ_t。级联姿态回归方法的两个重要算法步骤在算法4.1和算法4.2中给出。

算法4.1：级联姿态回归评估方法
输入：图像I，初始化姿态θ^0
1: **for** $t = 1$ to T **do**
2: x=$h^t\left(\theta^{t-1}, I\right)$// 计算特征
3: $\theta_\delta = R^t\left(x\right)$// 评估回归器
4: $\theta^t=\theta^{t-1} \circ \theta_\delta$// 更新$\theta^t$
5: 结束
6: 输出θ^T

算法 4.2：级联姿态回归训练方法

输入：数据 (I_i, θ_i) for i = 1 $\cdots$ N

1: $\theta^0 = argmin_\theta \sum_i d(\theta, \theta_i)$

2: $\theta_i^0 = \theta^0$ for l = $\cdots$ N

3: **for** t=1 to T **do**

4: $x_i = h^t(\theta^{t-1}, I_i)$ //特征提取

5: $\tilde{\theta}_i = \bar{\theta}_i^{t-1} \circ \theta_i$

6: $R^t = argmin_R \sum_i d(R(x_i), \tilde{\theta}_i)$

7: $\theta_i^t = \theta_i^{t-1} \circ R_t(x_i)$

8: $\epsilon_t = \sum_i d(\theta_i^t, \theta_i) / \sum_i d(\theta_i^{t-1}, \theta_i)$

9: if $\epsilon_t \geqslant$ 1stop

10: **end for**

11: Output $R = (R^1, \cdots, R^T)$

在两个算法的特征提取部分，均使用的是姿态索引特征（pose-indexed features）。在CPR的实验中，作者使用极其简单和快速的姿态索引控制点特征（pose-indexed control point features），其中每个控制点特征都被计算为在预定义图像位置上两个图像像素的差。用 h_{p_1, p_2} 表示一个特征，那么它的计算方式是 $h_{p_1, p_2}(I) = I(p_1) - I(p_2)$，其中 $I(p)$ 表述图像 I 在位置 p 的灰度值。

微软亚洲研究院在2014年的ECCV上提出了联合级联人脸检测及对齐的方法[49]。该方法继承了CPR的思想，使用级联树和简单特征同时完成了分类（即人脸检测）和回归（即人脸关键点检测）两个任务。在特征提取时，该方法使用了改进的局部二值特征（regressing local binary features）[50]。该算法在VGA图像上的检测性能提高到了每张28.6ms的速度，并且检测器仅占用15MB的内存，在FDDB数据集上，算法的recall值为80.07%。

4.5 基于深度学习方法的人脸对齐

4.5.1 基于级联回归的方法

2013年的CVPR上，Sun等人[51]提出了一种基于深度卷积网络的级联回归（deep convolutional network cascade，DCNC）方法用于检测人脸关键点。该方法参考级联回归方法的思路，将三个卷积神经网络级联在一起。在每一个层级，将多个网络的输

出融合在一起，从而得到更可靠更准确的估计结果。由于卷积网络的深度特性，在初始化阶段就对整个全局面部图像提取了高级特征，这有助于定位高精度关键点。这样做有两个好处：首先是整个面部的纹理上下文信息都用于定位了每个关键点，其次是在训练过程中网络的目标是同时预测所有关键点，因此隐式编码了关键点之间的几何约束。由于遮挡、较大的姿态变化和极端的照明条件，图像样本中会产生困难样本和噪声数据，该方法可以避免模型由于这些数据陷入局部最小值。其框架如图4.11所示。

该网络由三个层级组成，整个网络的输入是一张完整的人脸区域图像。第一级由三个卷积神经网络组成，分别命名为F1、EN1和NM1，分别表示用于检测整个面部关键点（左眼le、右眼re、鼻子n、左嘴角lm、右嘴角rm）、眼鼻关键点（le、re、n）和鼻口关键点（n、lm、rm），该层级的输出结果是由三个网络的输出结果取平均得到的。第二级网络由10个CNN组成，每两个网络组成一对并将这两个网络的输出取均值结果，这五对网络分别用于预测五个人脸关键点，因此第二层级的网络有五个输出。第三级网络也是10个CNN，每两个一对组成五对网络分别预测五个人脸关键点，之后将每个关键点的结果叠加在一起得到一个输出，即人脸五个点的位置。

图4.12展示了第一层级的F1网络的具体结构，它包含四个卷积层，除了最后一个卷积层外的每个卷积层后都跟了一个最大池化层。F1网络的输入是39×39大小的图像，最后有两个全连接层输出长度为10的向量，即五个关键点的x轴和y轴坐标。EN1和NM1的结构与F1相同，但是每层的大小不同，因为其输入尺寸均为39×31，输出尺寸为6×1，即三个关键点的x轴和y轴坐标。

而层级二和层级三中的网络结构与层级一中网络的结构也类似，差别也是输入输出的尺寸大小。层级二和层级三中的网络输入均为15×15，这是因为由于人脸检测器的原因，边界框的相对位置可能会在较大范围内变化，再加上面部姿态变化导致的图像多样性，层级一需要更大的输入尺寸以平衡这种变化带来的缺陷。第一层级的网络主要是为了尽量保证稳定的点估计结果，而后两级网络则是为了实现更高精度的关键点位置。并且，DCNC方法在第一层级的网络中使用了局部权值共享，而在后两个层级使用了全局权值共享，从而提升网络的定位性能。最终在几个数据集上均取得了当时最优的结果，同时在速度方面也取得了较大的提升，在主频为3.3GHz的CPU上使用C++语言实现的算法单张人脸图像的处理时间达到了0.12s。

此后，在此方法上进行改进，Zhou等人[52]提出了由粗到细的人脸关键点检测算法，实现了68个人脸关键点的高精度定位。该方法将人脸关键点分为51个内部关键点和17个轮廓关键点，针对内部关键点和轮廓关键点分别使用并行的两个级联CNN进行检测，网络结构如图4.13所示。

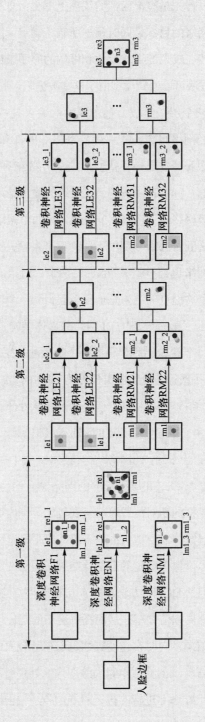

图4.11 基于三层级联神经网络的人脸关键点检测器

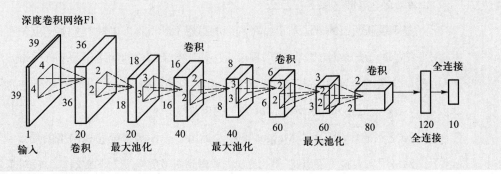

图4.12 深度卷积网络F1的具体结构

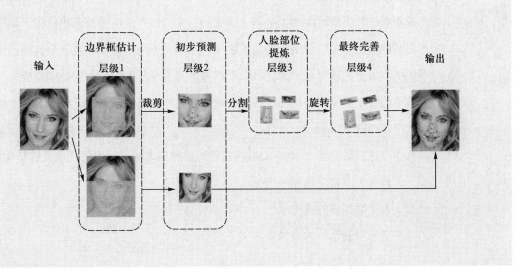

图4.13 由粗到细的人脸关键点检测算法网络结构图

与之前的方法不同，该方法先使用一个人脸候选框预测网络预测输入的人脸图像的面部区域候选框，这样能够提高特征点定位的全局精度。并且针对人脸的内部关键点和轮廓关键点使用两个不同的网络结构独立预测。其中外部关键点使用了两个层级的网络结构，内部关键点使用了四个层级的深度网络结构。为了减小计算复杂度，该方法对每个人脸部位分别使用一个子网络进行预测。同时在训练过程中使用了图像平移、旋转和缩放等数据增广方法，避免了网络的过拟合。

除了上述方法之外，基于级联回归的代表方法还有MTCNN以及DAN（deep alignment networks）等，MTCNN方法在3.6.1节中已经进行了详细介绍，这里不再赘述。DAN也是一种多阶段级联结构，但与其他方法不同的是该方法使用了整张图像而不是经过人脸检测后的人脸区域图像作为输入。DAN方法可以有效克服头部姿态以及初始化带来的问题。

4.5.2 其他深度学习方法

基于级联回归的方法基于由粗到细的思想不断得到准确的人脸关键点位置，但是级联结构过于复杂对于实际应用难以直接使用复杂结构的网络作为基础网络实现，并且每一层级的全连接层需要耗费较大的计算资源，研究人员设计了基于全卷积网络（fully-convolutional network，FCN）的单阶段方法。

2018年的CVPR上，Merget等人[53]提出了一种基于全卷积网络的局部–全局上下文网络用于人脸关键点检测。该方法考虑到图像的全局上下文信息，针对全卷积网络无法聚合全局上下文的特点，提出一种新的网络内的隐式核卷积。不同于级联方法合并或拟合统计模型解决缺少全局上下文的方式，该方法使用核卷积模糊了局部上下文子网络的输出，然后使用膨胀卷积由全局上下文子网络进行信息补全。核卷积对整个模型的收敛至关重要，因为它可以平滑梯度并减少过拟合。在后处理步骤中，该方法将简单的基于主成分分析的二维形状模型拟合到网络输出中以过滤异常值。该方法的整体框架如图4.14所示。

其中，该网络的输入为96×96的灰度图像和热度图。网络的几个关键结构如下。

（1）局部上下文全卷积网络。

（2）基于静态核的卷积层。

（3）基于空洞卷积的全局上下文全卷积网络。

（4）平方误差似然函数与核卷积标签。

局部上下文子网络用于从低级特征中检测面部关键点，对于96×96大小的输入图像，面部关键点在局部级别上具有很高的判别性。因此，局部上下子网络在整体网络中起着重要作用，该方法中的局部上下文子网络由15个边缘零填充的卷积层组成，最后一层使用了1×1卷积层以补全批量归一化。

该网络还设计了一个基于静态核的卷积层，将局部上下文子网络的输出与核进行卷积，该核在训练核和预测时都会被用到，但是在反向传播时对网络是透明的，因此不会影响局部上下文子网络的结果，所以又将其称为隐式核卷积。该网络使用隐式核卷积主要出于以下两个目的。

（1）保证像素级别的平方损失与预测值和真实值之间的距离成正相关关系。

（2）保证全局上下文子网络可以从空洞卷积中获益从而不使用稠密卷积。

如果不使用隐式核卷积，一些轻微的回归错误将会对模型产生较大的惩罚，该静态核为网络引入了一个模糊机制，核函数使特征超平面更加平滑，保证梯度下降算法可以更好地收敛到全局最小值。核函数可以表示为：

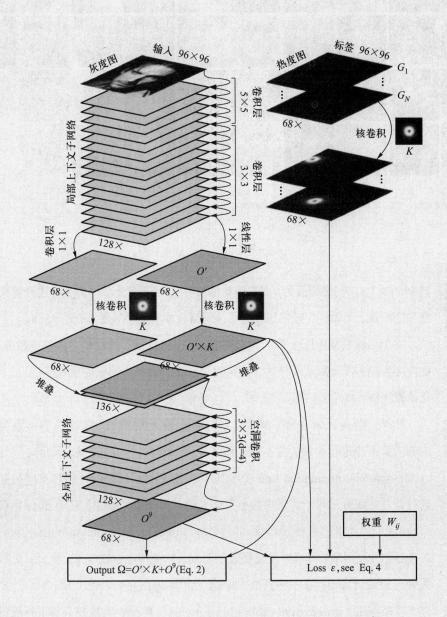

图4.14 基于全卷积网络的局部－全局上下文网络结构框图

图4.15 基于全卷积的局部－全局上下文网络的人脸关键点检测方法结果图像

$$K = \frac{2\pi}{5}\sum_{s=1}^{5}(2s-1)^2\,\mathcal{N}_2\left(0,(2s-1)^2\right) \tag{4.13}$$

基于全卷积网络
的局部－全局上
下文网络代码

其中，$\mathcal{N}_2(\mu,\sigma^2)$是均值为$\mu$方差为$\sigma^2$的对称二元正态分布。为了方便计算同时在精度和鲁棒性之间做一个较好的权衡，该网络将核的大小截断到$45\times45\mathrm{px}$。

对于训练数据中标注不完全的数据，该网络使用了加权平方误差函数进行训练，此外还为热力图增加了额外的通道从而保证交叉熵损失的归一化概率和为1。图4.15是该方法的一些检测结果。

此外，结合目标检测领域的思路，Song等人[54]使用多层全卷积网络对不同尺度的人脸图像进行检测，并基于非极大值抑制算法进行改进提出尺度空间计算单元（scale-spatial computation unit，SSCU）作为全卷积网络的掩码将不同尺度的结果进行合并，该方法对于背景中的小尺度人脸具有较好的效果。还有2018年CVPR上Miao等人[55]提出的直推式形状回归网络（direct shape regression networks），使用双重卷积神经网络和傅里叶池化层直接得到人脸关键点位置信息。此外，人脸检测及关键点检测领域还存在一些开放性问题，例如2018年CVPR上Shi等人[56]提出的渐进式校准网络（progressive calibration network）就是针对旋转人脸进行检测。以及Dong等人[57]提出的使用风格聚合网络解决不同风格图像（如彩色图片和灰度图片）人脸关键点检测问题。这些深度学习方法的主要思想都比较类似，即使用深度网络作为非线性映射模块，结合人脸关键点定位中存在的挑战设计专有模块解决位置信息回归困难的问题。

4.6　本章小结

　　本章主要对人脸关键点检测的意义以及一些常见的人脸关键点检测算法进行了介绍，同时阐述了人脸关键点检测的评价标准。分别讲解了几种非深度学习方法和深度学习方法，展示了部分方法的具体实现细节，结合框图表示直观地解释了人脸关键点检测面临的挑战以及解决方法。对于具有代表性的传统方法和深度学习方法进行了较为深入的探究。尽管目前深度学习方法在人脸关键点检测任务上已经获得了较为长足的发展，算法性能也在不断提高，但是该任务仍存在许多亟待解决的关键问题需要科研人员们继续探究。

第5章　人脸活体检测

5

5.1　引言

  人脸识别技术的日趋成熟，使得其逐渐成为金融支付、智能手机访问以及关键地点的边境管制等安全应用场景的首选身份认证方式。然而，由于人脸信息容易被复制及伪造，出现了通过纸质照片、电子屏幕显示人脸照片、视频回放和面具等方式对人脸认证进行攻击的手段，对识别系统造成很大威胁。人脸活体检测（face anti-spoofing）是提高人脸识别系统安全性的重要方法，其根据摄像头捕捉到的人脸判断是真实活体，还是伪造的人脸攻击，为后续身份认证奠定安全基础。

  本章主要介绍人脸活体检测的意义以及一些常见的活体检测算法，并对常用的几种关键评价指标和常见问题进行讨论。活体检测旨在判断目标物是否为真实活体，因此可以看作二分类或多分类问题，现有的算法分为两大类：传统方法和深度学习方法。传统方法通常根据活体与非活体攻击的差异，提取人脸图像的颜色、纹理、运动等特征后，利用机器学习方法进行决策，基于深度学习的方法则主要通过搭建卷积神经网络提取图像高级语义分析进行判别。

5.2　人脸活体检测概述

5.2.1　人脸活体检测的定义

  人脸活体检测，通常是指在完成人脸检测后，判断捕捉到的人脸图像是真实图像还是伪造图像，伪造图像包括使用照片、视频等二次成像方式获得的目标人脸图像以及使用图形图像方法合成的图像或视频。人脸活体检测主要用于确定捕捉到的人脸图像的有效性从而为后续的身份认证工作提供辅助信息，对人脸的安全验证起到了重要作用。

5.2.2　人脸活体检测的意义

随着人脸识别系统的推广与商用，其面临的伪造攻击手段主要分为：人脸照片攻击、人脸视频攻击和三维模型或面具攻击三大类。活体检测技术能够有效地分辨出输入图像的真伪来抵抗欺骗攻击，以确保系统认证安全，已成为人脸识别过程中重要的模块。活体检测目前已应用在以下几个方面。

（1）智能手机、电脑等移动终端的解锁，确保设备安全性。

（2）部分住宅小区与楼宇所配备刷脸认证门禁，避免外来人员闯入。

（3）在金融支付领域，针对用户登录与交易进行中的身份认证。

（4）其他人脸认证核验场景，如边境管制等。

5.2.3　人脸活体检测的分类

现有的活体检测算法根据用户交互方式可以分为配合式和静默式两类。其中配合式活体检测主要是通过眨眼、张嘴、摇头和点头等动作，同时结合人脸关键点定位和人脸追踪技术进行判断；而静默式活体检测则只需要用户自然面对镜头，无须做出配合性动作，因而具有更好的用户体验。相对于交互式人脸活体检测方法，静默式活体检测方法更具有挑战性。根据其发展过程来看，可将人脸活体检测方法分为两类。

传统方法根据活体目标与非活体目标在纹理、颜色与形变等特征的区别，设计与人脸图像相关的色调、饱和度、明度和色彩空间等手工特征，然后将提取到的特征输入分类器中训练决策过程，从而实现活体与非活体的二分类任务。基于单帧图像的人脸活体检测是主要方向。这类方法易实现，但是对于低分辨率图像和视频攻击，其算法鲁棒性和准确率均难以直接用于实际应用。

基于深度学习的方法主要通过搭建卷积神经网络来提取输入图像的高级语义特征，从而判断输入图像是否包含的是活体人脸。近年来，随着深度学习技术的发展，大量的研究者使用深度学习方法在该领域开疆扩土。但是由于缺少大规模的公开数据集，基于深度学习的人脸活体检测方法迟迟难以超越传统方法。直到2018年Liu等人[58]突破性地将活体检测从二分类问题转换成具有目标性的特征监督问题，全面超越了传统方法的性能。自此，深度学习成为活体检测技术的主要使用方法。

5.2.4　人脸活体检测的评价标准

早期的活体检测方法将活体检测问题看成是一个二分类问题，因此直接使用分类错误率、误识率（false accepted rate，FAR）和拒识率（false rejected rate，FRR）作为评价指标。直到2016年，国际标准组织（International Organization for

Standardization，ISO）提出了针对人脸活体检测的标准化评价指标[59]，该指标成为学术界和业界评价人脸活体检测技术的标准。常用指标包括：攻击样本分类错误率（attack presentation classification error rate，APCER）、真实样本分类错误率（attack presentation classification error rate，BPCER）、攻击分类错误率（attack classification error rate，ACER）以及统半错误率（half total error rate，HTER）。其中，APCER表示全部攻击样本中被识别为真实样本的样本数量占全部攻击样本的比例，BPCER表示全部真实样本中被识别为攻击样本的样本数量占全部真实样本的比例，ACER为APCER和BPCER的均值，HTER为误识率FAR和拒识率FRR和的一半。具体计算方法可以参见ISO标准：ISO/IEC 30107-1:2016（en）。

5.2.5　人脸检测常用数据库

1. NUAA

NUAA是2010提出的公开数据库，共12 614张图像，攻击类型为打印的照片。包含对15个对象进行三次地点与光照条件均不相同的拍摄，分为5 105张活体图像和7 509张伪造图像。该数据库选用在前两次拍摄条件下的3 491张照片用作训练，第三次拍摄场景下的9 123张照片用于测试，测试集中的部分对象没有出现在训练集中，具有一定独立性。

2. Replay-Attack

Replay-Attack数据库共有1 300个视频片段，其中真人视频200个，伪造攻击视频1 100个。所有的视频均通过笔记本电脑的内置摄像头（320px×240px）进行采集，包含50个对象在两种不同光照条件下，进行的真人验证和手机攻击、高分辨率屏幕攻击以及打印照片攻击三种伪造过程。该数据库分为训练集、验证集、测试集和被试集4个子集，子集中包含的对象均不重复。

3. CASIA-SURF

CASIA-SURF为目前最大的开源活体检测数据库，其通过A4纸彩印志愿者的人脸，抠去不同的部位（眼睛、鼻子和嘴巴）并结合纸张弯曲提供了6种不同的攻击方式。数据集共包含1 000个年龄范围广泛的对象，具有RGB、深度图和红外图像三种形式的视频21 000个。部分图像示例如图5.1所示。

4. CASIA-FASD

CASIA-FASD数据库包含更多形式的攻击，例如带有打孔眼睛的打印照片，以模拟眨眼，这种手段称为裁剪照片攻击（cut-photo attacks）。该数据集中存在从低分辨率、正常分辨率和高分辨率三种质量的摄像头捕获的打印攻击、裁剪照片攻击和视

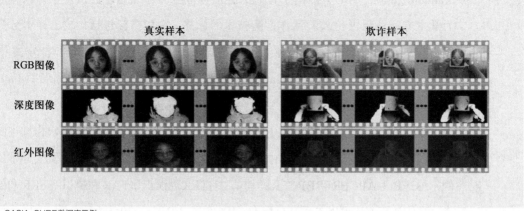

真实样本　　　　　　　　　　　欺诈样本

RGB图像

深度图像

红外图像

图5.1 CASIA-SURF 数据库示例

频回放攻击。数据集总共包括600个视频，其中150个真人验证和450个伪造攻击。训练集和测试集分别包括240个和360个视频。

5. MSU-USSA

MSU-USSA数据库是针对智能手机上的伪造攻击，采用了能够模拟手机解锁输入的摄像头。为了使数据库中活体图像具有更加丰富的质量、背景和拍摄设备，从弱标签面部数据库中直接选取了1 000张名人照片作为真人验证，此外还有8 000张伪造攻击照片。此外针对智能手机的重放作为欺诈数据的数据库还包括MSU-MFSD数据库。

6. Oulu-NPU

Oulu-NPU数据库同样是针对智能手机伪造攻击的场景，包含4 950个真实验证和伪造攻击视频，55个对象。视频由6个移动设备的前置摄像头在3个不同的照明条件和背景场景下录制，采用的攻击类型为打印照片和视频回放。全部视频被分为3个互相独立的子集用于训练、验证和测试，分别包含1 800、1 350和1 800个视频。

7. SiW

SiW数据库的数据更为丰富，包含来自不同种族的165个对象，共4 478支视频，所有的视频均为30帧/秒，全长约15秒，1080P高清分辨率。每位对象有8个真人验证视频和20支伪造攻击视频，其中真人视频具有较为丰富的距离、姿态、表情和光照变化，而攻击视频包含的手段有打印照片和视频回放。

8. 3DMAD

3DMAD数据库让真人带上3D面具作为攻击样本。它包含76 500帧，每个人17帧，使用动作捕捉设备Kinect进行记录。其中每一帧图像都包含深度图像、RGB图像和人工标注的眼部位置信息。

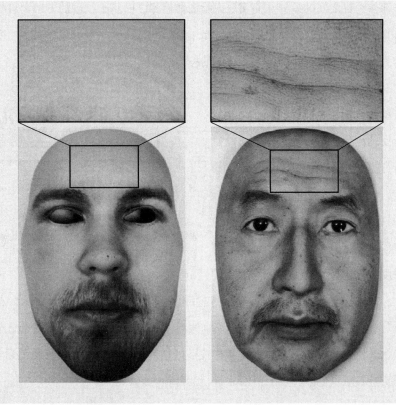

图5.2 3DMAD数据库与RAEL-F数据库示例样本比较

9. REAL-F

REAL-F数据库为3D面具数据库，相比于3DMAD数据库，该数据库的面具更加逼真且细腻，具有更高的研究价值。同时，借助于REAL-F公司独创的3DPF技术，该模型可以惟妙惟肖地复制皮肤纹理、眼睛的血管和虹膜等信息。图5.2比较了3DMAD数据库与REAL-F数据库。

5.3 传统人脸活体检测方法

传统方法主要是指基于非深度学习的人脸活体检测方法，这类方法主要是针对活体于非活体的差异性来人工设计特征。依据特征设计的偏重点不同可以分为基于纹理的方法（texture-based method）、基于时域的方法（temporal-based method）和基于辅助监督的方法（auxiliary supervision based method）。基于辅助监督的方法包括基于脉冲信号（remote photoplethysmography，rPPG）的方法、基于深度信息的方法（depth-based method）等。基于辅助监督的方法主要是使用辅助信息探寻活体与非活体目标之间的差异从而实现人脸活体检测，而基于纹理的方法则着眼于图像特征本身，探索图像纹理信息的不同。基于时域的方法则是通过输入多帧的视频，将时域作为差异性特征进行活体与非活体的检测。

其中基于纹理的方法通过提取人脸的几何特征、纹理特征等再结合支持向量机、逻辑回归等方法进行分类。为了克服光照等因素的影响，会常常将RGB输入空间变换到HSV,YCbCr或傅里叶频谱空间。在深度学习开始发展后，研究者将深度特征直接结合到这类方法中建

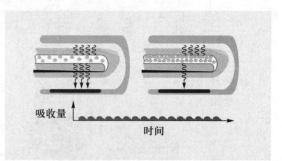

图5.3 PPG工作原理示意图（当光照射到耳垂、手指等裸露的皮肤部位时，表层血管中的血红蛋白会吸收部分光，心脏的搏动会有节奏地改变局部区域内血红蛋白的数量，从而导致上述部位对光的吸收量产生周期性的变化。因此可以利用这一特性进行活体检测）

立一个二分类模型来进行人脸活体检测。基于时域的方法通过执行系统发出的"眨眼""点头""转向"等指令来辨别真假活体，这类方法同样也被称为交互式方法。无接触式生物扫描设备可以在不接触皮肤的情况下获取生物信号（如心跳脉冲等），如图5.3所示，因此可利用rPPG来进行活体检测。

5.3.1 基于纹理的方法

基于图像失真分析的方法[60]是一种典型的基于纹理的方法，该方法针对单帧图像设计了镜面反射特征、模糊特征、色矩特征和色彩多样性特征的图像失真特征提取方法。将这4种特征合并后送入支持向量机进行分类，将每一组的分类结果融合后得到最终的决策结果。图5.4展示了该方法的整体框架。

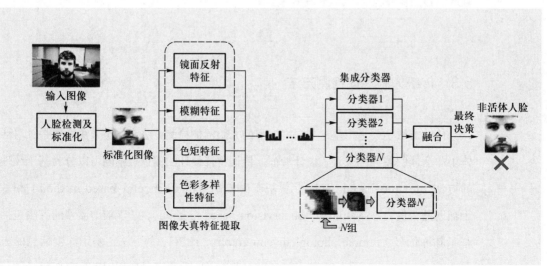

图5.4 基于图像失真分析的人脸活体检测方法

镜面反射特征：在同一成像环境中，真实的人脸图像和欺骗性人脸图像（如打印的照片或电子屏幕上的图像）呈现给摄像头的时候，由于真实人脸图像是一个3D形状，表面是凹凸不平的，而欺骗性人脸图像通常是一个2D纸张或屏幕，其表面是光滑的。根据镜面反射模型，将图像分为镜面反射图像和漫反射图像两部分，则真实人脸图像和欺骗性人脸图像的镜面反射特征存在较大差异。

模糊特征：对于一些近距离的欺骗性攻击，欺骗性图像通常会在相机中散焦，原因是欺骗介质（相纸、手机屏幕等）通常尺寸有限，攻击者必须将其贴近监控摄像头以保证内容图像覆盖整个摄像头区域。但是监控摄像头通常是固定焦距的镜头，因此对于近距离的目标会产生散焦效应，导致捕获到的目标图像较为模糊，因此度量模糊程度也可以用于区分真实人脸图像和欺骗性人脸图像。

色矩特征：与真实面部图像中的颜色相比，二次捕获的面部图像更倾向于显示不同的颜色分布。这是由于印刷或显示介质的颜色还原特性不够理想导致的。绝对的颜色分布取决于照明条件和相机的参数，因此可以采用不变的特征来检测欺骗性面部图像的异常色度。首先将RGB图像转换到HSV色彩空间，然后计算每个通道的均值、偏差和扭曲程度作为色度特征。由于这三个特征等效于每个通道中的三个统计矩，因此他们也被称为色矩特征。除了这三个特征，每个通道的最小和最大直方图中的像素百分比也作为两个附加特征与色矩特征共同判断目标是否为活体。图5.5是颜色失真的示意图，可以看出对于同样的面部区域，HSV三个通道和特征直方图均存在较大差异。

色彩多样性特征：真假面部图像之间的另一个重要区别是色彩多样性。真实的面部图像通常具有更丰富的色彩信息。由于图像或视频二次捕获过程中的色彩还原损失，这种多样性在欺骗性人脸图像样本中会较低。那么如何测量色彩多样性呢？首先对归一化的人脸图像执行色彩量化，分别在红、绿、蓝三个通道中进行32步处理。然后从颜色分布中统计到两个观测值：（1）前100个最高频的颜色的直方图；（2）归一化的面部图像中出现的不同颜色的数量。

最终，将上述4种类型的特征串联在一起，得到一个121维的图像失真分析（image distortion analysis，IDA）特征向量。从面部区域提取的IDA特征有一个特点，即该特征仅与图像失真程度有关而与面部表情等因素无关，因此该特征也可以有效地缓解训练中遇到的由于表情变化引起的数据偏差。

此外，基于纹理的方法还有基于二维傅里叶变换的纹理分析方法、基于高斯差分分析的方法、基于局部二元模式的方法等。

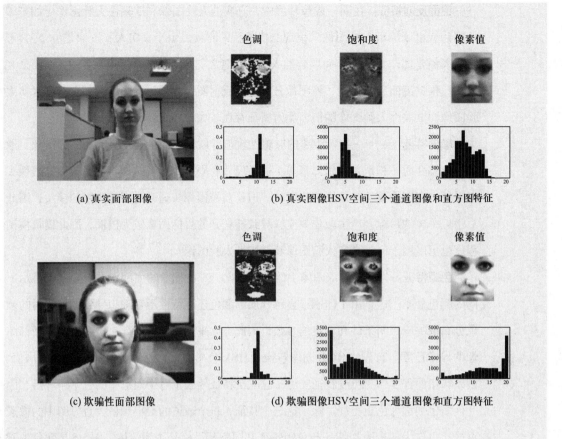

色调　　　　　饱和度　　　　　像素值

(a) 真实面部图像　　　(b) 真实图像HSV空间三个通道图像和直方图特征

色调　　　　　饱和度　　　　　像素值

(c) 欺骗性面部图像　　　(d) 欺骗图像HSV空间三个通道图像和直方图特征

图5.5 颜色失真示意图

5.3.2　基于时域的方法

上述的基于纹理的方法是针对单帧图像的，对于多帧图像，由于多了目标人脸的运动信息，因此可以通过捕捉活体与非活体人脸微动作之间的差异来设计特征实现人脸活体检测[61]。一种典型的方法是使用动态模态分解，从非线性复杂流体流动生成的经验数据中提取相关模式，从而捕获有效面部视频的生命信号来实现活体检测。动态模态分解的原理类似于主成分分析，不同的是动态模态分解包含感兴趣数据的动态信息，而主成分分析方法则无此属性。关于动态模态分解这里不进行赘述，它是流体力学领域一种非常通用的数据分析方法。通过结合基于动态模态分解的运动分析方法与基于局部二元分析的纹理分析方法，可以有效地通过多帧视频对人脸活体进行检测。

5.3.3　基于辅助监督的方法

一种早期的辅助监督方法是使用心率脉冲进行人脸活体检测[62]。这种方法对使用3D面具作为欺骗性人脸的情况具有显著效果。当使用类似于真实皮肤纹理的高度逼真的3D面具作为欺骗性人脸时，基于纹理的方法会表现出明显的局限性。因此使用脉冲信号作为辅助信息，该方法对使用3D模型或面具的欺诈性行为具有很好的防御性，同时该方法对于其他欺诈行为也具有通用性。

该方法首先通过人脸检测算法定位和跟踪一个视频中无遮挡的面部区域：脸颊、鼻子、嘴巴和下巴。额头和眼睛被排除在外，因为这两个部位会被眼睫毛或头发遮挡。然后使用判别响应图拟合方法在面部边界框找到66个面部关键点，使用这些关键点定位9个感兴趣区域（region of interst，ROI），结果如图5.6中a部分所示。对于真人，其颜色值会随心脏脉冲的变化而变化。从每个RGB通道计算3个原始的脉冲信号r_{raw}、g_{raw}和b_{raw}。由于输入是一个视频，整个视频序列的脉冲信号是3个时间序列，即$r_{raw}=[r_1,r_2,\cdots,r_n]$，$g_{raw}=[g_1,g_2,\cdots,g_n]$，$b_{raw}=[b_1,b_2,\cdots,b_n]$，如图5.6中b部分所示。

接下来使用3个时间滤波器进行时域滤波，这些精心设计的滤波器有助于排除与心跳脉冲测量无关的频率。第一个滤波器是基于平滑先验方法的去趋势滤波器，用于减少信号中缓慢的和非平稳的趋势。第二个滤波器是移动平均滤波器，通过对相邻帧进行平均来消除噪声。第三个是截断范围为[0.7，4] Hz的截断滤波器，它覆盖了42min/次到240min/次的正常脉冲范围。

经过上述一系列的处理后，再使用FFT对这些脉冲信号进行预处理将脉冲信号从时域转换到频域。计算功率谱密度（power spectral density，PSD），其中功率e使用频率f进行估算。对于真实样本和欺诈样本，其功率谱密度会出现明显的差异，如图5.7所示。

此外，为了提高模型跨数据库时的表现能力，提高模型鲁棒性，通过计算E和总功率之比作为另一个差异化度量指标：

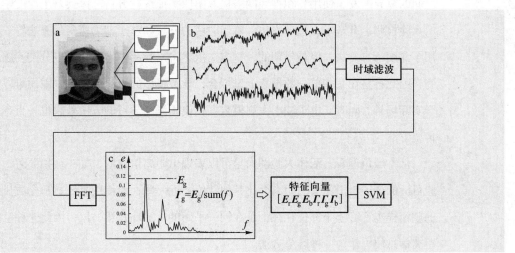

图5.6 基于心率脉冲的人脸活体检测方法框架（图中c部分仅显示了绿色通道的功率谱密度计算方式，红蓝两通道采用相同的计算方式，图中FFT表示快速傅里叶变换算法，SVM表示支持向量机）

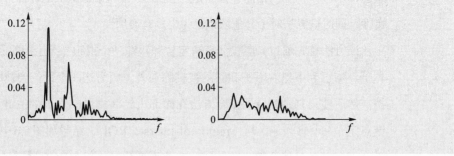

图5.7 典型的真实人脸样本（左侧）和欺诈样本（右侧）功率谱密度差异图

$$\Gamma = \frac{E}{\sum\limits_{\forall f \in [0.7, 4]} e(f)} \tag{5.1}$$

这样，整个输入视频的特征就是一个六维特征向量$\left[E_r E_g E_b \Gamma_r \Gamma_g \Gamma_b\right]$，其中$r$，$g$，$b$分别表示红绿蓝三个色彩通道。之后使用一个二分类器SVM分类器来判断输入的视频包含的是活体人脸还是非活体。

该方法在数据库3DMAD和REAL-F上都进行了测试。3DMAD数据库上该方法不如传统的基于纹理的方法，因为3DMAD数据库假样本效果并不理想（具体可见数据库介绍部分），使用纹理分析即可简单判断攻击样本。

5.4 基于深度学习方法的人脸活体检测

与传统方法类似，基于深度学习的方法也是从真实人脸样本与欺诈性人脸样本之间的差异出发，使用卷积神经网络提取图像特征进行分析。因此基于深度学习方法的人脸检测也有基于纹理的方法、基于时域的方法和基于辅助监督的方法等。尽管使用了深度学习方法，但是早期的一些方法依然将人脸活体检测作为二分类问题进行研究，因此容易在某些单一数据集上过拟合，导致模型的泛化能力差，因而难以直接用于实际场景。同时，由于缺乏大规模数据，使用深度学习的方法效果也一直难以超越传统方法。

从空域角度看，活体人脸图像是可以表现出距离信息的，如正面拍照时，活体人脸目标的鼻子与摄像头的距离会比其他部位要近一些，而使用其他显示介质显示出来的欺诈样本不管哪个部位往往都是在同一平面的（3D面具除外），因此这种空间上的距离信息便可作为一种区分方法。

文章"Learning Deep Models for Face Anti-Spoofing: Binary or Auxiliary

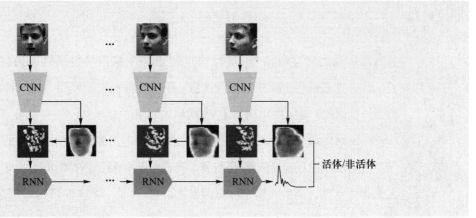

图5.8 基于监督信息的人脸活体检测深度学习方法框架

Supervision"提出一种使用辅助监督信息的方法，使用卷积神经网络提取人脸图像特征然后将特征图和深度图输入到非刚性注册层，再将整合后的特征与rPPG信息输入到循环神经网络进行分类，方法的整体框架如图5.8所示。

从2D人脸图像中估计到的人脸正面的3D信息$S_F \in \boldsymbol{R}^{3 \times Q}$可以表示为身份信息和表情信息的线性组合：

$$S_F = S_0 + \sum_{i=1}^{N_{id}} \boldsymbol{\alpha}_{id}^i S_{id}^i + \sum_{i=1}^{N_{exp}} \boldsymbol{\alpha}_{exp}^i S_{exp}^i \qquad (5.2)$$

其中，$\boldsymbol{\alpha}_{id}^i \in \boldsymbol{R}^{199}$和$\boldsymbol{\alpha}_{exp}^i \in \boldsymbol{R}^{29}$是身份参数和表情参数，用$\boldsymbol{\alpha} = [\boldsymbol{\alpha}_{id}^i, \boldsymbol{\alpha}_{exp}]$可以表示整个面部的形状参数。然后，使用Basel 3D面部模型[63]和facewarehouse方法[64]作为身份和表情的基础模型。假设估计的姿态$P=(s, \boldsymbol{R}, t)$，其中$\boldsymbol{R}$是一个3D旋转矩阵，t表示3D变换，s是缩放系数，那么可以依照下面的公式将一个3D形状与2D人脸图像对齐：

$$\mathbf{S} = s\mathbf{R}\mathbf{S}_F + t \qquad (5.3)$$

由于直接从2D图像中得到3D信息非常具有挑战性，因此这里将S中3D顶点的z标准化在[0, 1]区间内。即最靠近相机的顶点（如鼻子）的深度为1，最远处的顶点深度为0。然后将Z-Buffer算法[65]应用于S，以将归一化的z投影到2D平面上，从而得出估计的人脸图像的2D深度图，这个深度图用来作为训练CNN的真实深度图。

在使用rPPG信息时，传统的rPPG信息容易受到光照条件、面部姿态以及人脸表情等因素的影响而导致结果不够准确。为了避免上述情况，可以使用RNN来学习rPPG。对于跟踪到的人脸区域，首先计算正交色度信号：

$$x_f = 3r_f - 2g_f, \, y_f = 1.5r_f + g_f - 1.5b_f \qquad (5.4)$$

其中，r_f, g_f, b_f是经过具有肤色归一化功能的带通滤波器后的结果。然后，使用色度信号标准差的比例来计算血流信号，具体如以下公式所示：

$$p = 3\left(1 - \frac{\gamma}{2}\right)r_f - 2\left(1 + \frac{\gamma}{2}\right)g_f + \frac{3\gamma}{2}b_f \tag{5.5}$$

之后通过对血流信号 p 进行快速傅里叶变换即可得到维度为 50 的 rPPG 信号 $f \in \boldsymbol{R}^{50}$，它表示每个频率的幅度信息。那么，如何同时利用上述几种信息来实现人脸活体检测呢？这就要用到如图 5.9 所示的网络结构。

该网络由两个深度网络组成。首先使用 CNN 分别计算到每个帧的深度图和特征图。然后使用循环神经网络 RNN 评估整个序列的特征图在时间上的变异性以判断输入是否为活体。其中，用于预测深度图的 CNN 是一个全卷积网络，它有两个输出，第一个是网络通过输入帧 $\boldsymbol{I} \in \boldsymbol{R}^{256 \times 256}$ 预测的深度图，它被下面这个损失函数约束：

$$\boldsymbol{\Theta}_D = \underset{\boldsymbol{\Theta}_D}{\arg\min} \sum_{i=1}^{N_D} \left\| CNN_D\left(\boldsymbol{I}_i; \boldsymbol{\Theta}_D\right) - D_i \right\|_1^2 \tag{5.6}$$

5.4 节所述网络的
CNN 部分代码

其中，$\boldsymbol{\Theta}_D$ 是 CNN 的参数，N_D 是训练图像的数量，D_i 是通过 Z–Buffer 算法得到的输入帧的 2D 深度图。CNN 的第二个输出是输入帧的高维特征图，它被输入进非刚性注册层以进行下一步的操作。非刚性注册层的作用主要是消除面部表情、姿态以及背景对特征图以及深度图的影响，从而能够更准确地使用深度图和特征图的有效信息，以提升活体识别任务的性能。

该网络的 RNN 部分是为了估计输入的 N_f 个帧 $\{\boldsymbol{I}_j\}_{j=1}^{N_f}$ 的 rPPG 信号，对于非刚性注册层输出的特征图和深度图，使用 LSTM 层和一个全连接层提取其高维特征表示，然后使用快速傅里叶变换（FFT）将其变换到频域。这部分 RNN 由下面这个损失函数进行约束：

$$\boldsymbol{\Theta}_R = \underset{\boldsymbol{\Theta}_R}{\arg\min} \sum_{i=1}^{N_s} \left\| RNN_R\left(\left[\{\boldsymbol{F}_j\}_{j=1}^{N_f}\right]_i; \boldsymbol{\Theta}_R\right) - \boldsymbol{f}_i \right\|_1^2 \tag{5.7}$$

其中，$\boldsymbol{\Theta}_R$ 是 RNN 的参数，$\boldsymbol{F}_j \in R^{32 \times 32}$ 是经过非刚性注册层后的正面化特征图，N_s 是序列数量。

5.4 节所述网络的
RNN 部分代码

这个方法首次超越了传统方法，此后深度学习方法逐渐成为人脸活体检测的主流方法，还有一些使用了空间梯度以及时域深度进行活体检测的方法[66]，以及使用多模态判别学习的方法检测人脸活体。同时，也有研究人员将人脸活体检测任务与人脸检测、人脸关键点检测三个任务合并成到一个模型里进行解决，将活体检测任务作为 MTCNN（人脸检测部分已介绍过）框架中的一个任务进行研究[67]。

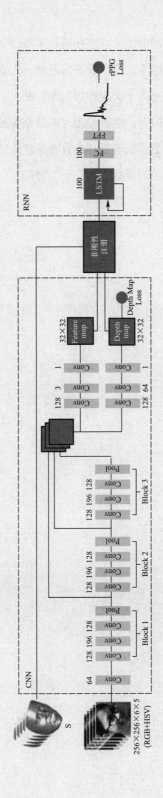

图5.9 CNN-RNN结构图（卷积核的数量显示在每一层的顶部，所有的卷积核大小都为3×3，卷积层的步长为1，池化层的步长为2）

5.5　本章小结

　　本章对人脸活体检测的定义及应用进行了概述，同时介绍了人脸活体检测算法的分类及人脸活体检测数据库、方法和评价准则。大部分研究都将活体检测作为一个二分类问题进行研究，但是由于大规模数据库的缺乏，使用这种方法训练后的模型很容易对几种常见的攻击过拟合。这种模型对新的欺骗类型的泛化能力较弱。因此，面对不断进化的欺诈攻击类型，如何设计出具有强泛化能力的人脸活体检测模型，仍是人脸活体检测在实际应用中需要解决的一个关键问题。

第6章　人脸图像识别

6.1　人脸识别概述

人脸图像识别（face image recognition）是将动态或静态图像中检测出来的人脸图像区域，经过人脸对齐之后，与数据库中的人脸进行对比，进而判断出人脸图像所对应身份的技术。其目的在于，对现实中获得的人脸图像身份进行快速识别与鉴定。人脸图像识别既是生物特征识别的研究范畴，也是人工智能的研究热点方向。

6.1.1　常见的生物特征

生物特征识别是身份认证的方式之一，最早的身份认证可以追溯到先秦时期商鞅推出的手绘照片贴，距今已有两千多年的历史。随着科学技术的革新与发展，身份认证已经从最初的手绘照片贴发展到了如今的生物特征识别的阶段，如图6.1所示。

在生物特征识别领域，常见的生物特征包括：生理特征（人脸、指纹、虹膜和DNA等）和行为特征（步态、声音、签名和笔迹等）。所有的生物特征均具有唯一性的特点，因此可以通过一系列的算法判断特征所有者的身份信息，与传统的身份认证

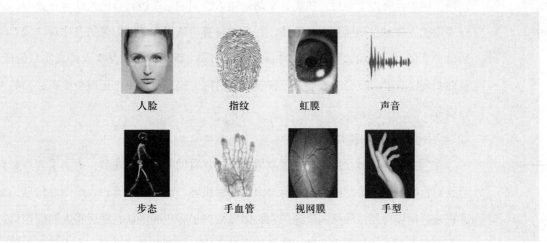

人脸　　　　　指纹　　　　　虹膜　　　　　声音

步态　　　　　手血管　　　　视网膜　　　　手型

图6.1 常见的生物特征

方法相比更加安全、可靠。除了唯一性，生物特征还有如下明显的特性：随身性（人体的固有属性）、安全性（不易伪造，安全性高）、稳定性（特征属性稳定、不易改变）、方便性（特征易于检测）和可接受性（人们对特征的检测不抗拒）。

6.1.2　人脸图像识别的优势

综合考虑生物特征的六大特性，人脸图像识别主要有如下优势：安全性、方便性和可接受性。

安全性：人脸图像特征的可分辨性强，且具有活体判别能力。在实际应用中，人脸图像识别算法的精度已超过人类，而活体判别能力也保证了图片、蜡像等仿人脸物体无法欺骗人脸识别系统。

方便性：人脸图像识别对图像传感器的要求较低，且可以快速、大范围、同时自动识别。考虑到人脸识别的三大优势，在街道、机场等公共场合已广泛布置人脸识别系统，进行身份快速识别与鉴定，保护公共安全。

可接受性：人脸图像识别中，人脸图像的获取不需要被检测者特意的配合，不会造成被检测者的反感和不适，也不容易引起人们的注意且不容易被欺骗，可以达到无感知识别的效果。

6.1.3　人脸图像识别的应用

人脸图像识别系统可以广泛应用于公众安全、金融验证、机场身份验证、海关身份验证等多个对人员身份进行验证识别的重要领域。

应用场景1：人证合一验证

在银行、机场、火车站经常需要对人脸与身份证进行匹配查验，确保人证合一。目前，国内已有多个银行、机场、车站采用人脸识别系统进行自助人证合一查验，通过摄像机无接触自动捕获人脸影像，并自动与身份证里存储的影像信息比对，或者与后台更多的真实身份人脸比对，并返回查验结果，确保持证人是本人持真实身份证。从而实现了自助人证合一查验，不仅节省了时间、提高了效率，还减少了不必要的人力资源。

应用场景2：刷脸办理业务

在公共服务领域，目前已有多家银行提供了自助刷脸办理业务，省去了客户亲自前往银行网点排号等待的麻烦。通过银行的手机客户端，采集客户人脸图像信息，对客户进行活体检测以确认采集到的人脸图像得到了客户的确认，随后将人脸图像信息上传到服务器与数据库中存储的影像信息进行比对，判断是否是客户本人，不仅提高客户办理业务的便捷性，还提高窗口办理业务的效率。

应用场景3：刷脸支付

现有的支付系统依然以银行卡、手机等设备为媒介，由于人脸图像信息与人的身份信息是唯一绑定的，未来可直接将人脸识别系统应用于支付系统。通过图像采集设备获取客户人脸图像信息，根据用户的身份信息确定用户的账户系统，再由用户验证支付密码进行支付，省去了刷卡或扫描支付二维码的过程，可进一步提高支付的便捷性。目前，已有多家公司进行相关方向的尝试。

6.2　人脸识别系统常用框架

一般的人脸识别系统的包括以下4个方面：人脸图像获取、人脸图像检测、人脸图像对齐和人脸图像识别，如图6.2所示。

人脸图像获取：利用摄像头等设备拍摄人脸图像或者从视频中截取一帧包含人脸的图像。

人脸图像检测：从摄像头等设备获取的图像中检测人脸，定位到人脸图像在所获取图像中的位置，并将该位置的图像裁剪下来（详细可参考本书第3章）；

人脸图像对齐：对检测到人脸的图像实施人脸关键点检测，并根据检测到的关键点将人脸图像对应的像素点变换到统一的位置（详细可参考本书第4章）；

人脸图像识别：将对齐好的人脸图像与数据库中的图像进行匹配，进而确定所获取人脸图像对应的身份信息。

根据模式识别原理，人脸图像识别一般包括如图6.3所示的模块。

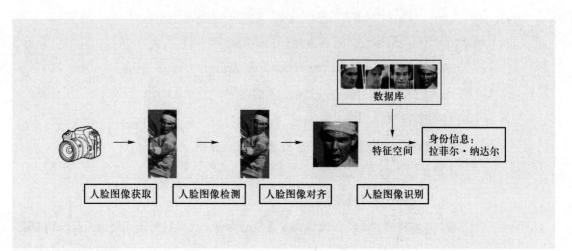

图6.2 人脸识别整体框架示意图

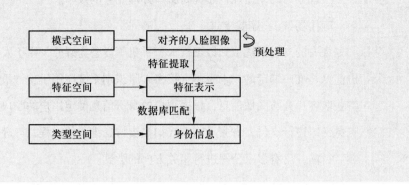

图6.3 人脸识别的主要模块

模式识别是将现实世界中的客观主题用计算机表示出来，并和已知的类别进行匹配的过程。人脸识别过程首先在模式空间对计算机视觉中表示的客观主体进行预处理，包括去均值、归一化等操作；再通过一定的方法提取客观主体特征表示，从而由模式空间映射到特征空间，根据数据库中图像的特征表示再由特征空间映射到类型空间，并确定客观主体的身份信息。

本章后面的内容将主要从人脸图像识别的具体方法入手，对不同种类的方法进行介绍和对比。

6.3 人脸识别方法

近几十年来人脸图像识别领域取得了巨大的进步，各种方法层出不穷，其中最典型的有以下5类方法：

- 基于几何特征（geometry feature analysis）的方法；
- 基于局部特征（local feature）的方法；
- 基于空间映射（space projection）的方法；
- 基于度量学习（metric learning）的方法；
- 基于深度学习（deep learning）的方法。

下面将对这5类方法中常见的方法分别进行介绍。

6.3.1 基于几何特征的方法

基于几何特征的人脸图像识别方法是最简单、直接且易于理解的人脸识别方法。该方法主要由以下3个步骤组成。

（1）以向量的形式提取人脸图像特征；

（2）采用一种或多种距离度量方法（如欧式距离、余弦距离等）将所获取的人脸图像特征与数据库中人脸图像的特征进行比较，计算距离；

（3）根据距离数值，推断人脸图像对应的身份信息。

该方法是最早的人脸图像识别方法之一，由美国Texas大学的Bledsoe[68]于1966年提出。但是，最初基于几何特征的人脸图像方法是一个半自动的识别方法，需要手工选择特征点。Bleclsoe选择眼睛、鼻子、嘴和下颌作为特征点，然后根据这些特征点计算相关特征值，如两瞳孔之间的距离、瞳孔鼻尖之间的距离、鼻尖与两嘴角之间的距离等。最后将这些特征值按照一定的顺序组成特征向量，并对该特征向量进行标准化。此后，贝尔实验室的Harmon、Goldstein[69]，卡耐基·梅隆大学的Kanade[70]，以及伦敦大学学院的Cox等人[71]对几何特征方法进行了改进和提升。

但是，这些方法都要求测试图像与数据库中的图像为无形变和旋转的正面人脸图像，否则会影响识别精度。虽然，哈佛大学的Yuille等人[72]通过引入参数模型及相应的能量函数，可以克服小程度的形变和旋转，但是基于几何特征的人脸图像识别方法依然难以进入实际应用。

基于几何特征的人脸图像识别方法的优点与缺点均十分明显。优点是方法简单、识别速度快。将数据库中的人脸图像特征向量进行离线存储后，只需要计算相应的距离公式即可得出测试图像与数据库中每张图像的相似度。但是，识别精度不高，对人脸形变和旋转的鲁棒性不够好，对测试图像要求过高，因此无法大规模实际应用。近二十年以来，该方法的发展几乎停滞，很少被采用。

6.3.2　基于局部特征的方法

基于局部特征的方法是提取类内人脸图像不变特征的一种方法。所谓类内人脸图像指的是属于同一个个体的不同人脸图像样本，类间人脸图像指的是属于不同个体的人脸图像样本。而类内人脸图像的不变特征应尽可能地去除图像上背景、噪声、形变和旋转等因素的影响。

常见的局部特征描述有局部二值模式（local binary pattern，LBP）特征、尺度不变特征变换（scale-invariant feature transform，SIFT）特征、梯度方向直方图（histogram of oriented gradient，HOG）特征等。

1. LBP特征

LBP特征，由Ojala和Pietikäinen等人[73]于1994年提出，该特征描述子旨在描述图像中局部区域的纹理变化，具有旋转不变性和灰度不变性等优点。随后，还被进

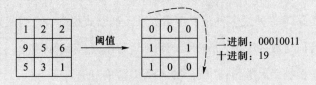

图6.4 LBP特征计算原理

一步扩展为圆形LBP特征、均值模式LBP特征、旋转不变模式LBP特征等。

LBP特征计算简单且对纹理特征的提取非常有效。其计算原理如图6.4所示。

（1）选取某一像素为中心。

（2）将该中心像素邻域的8个像素的灰度值与中心像素的灰度值的数值相减。

（3）上一步计算结果与某一阈值相比较，若大于阈值，则邻域中对应的像素记为1，反之，记为0。

（4）将邻域的这组二值化数，按照一定的方向和顺序转为二进制数。这组二进制数即为该中心像素点的LBP特征值。

LBP计算公式为：

$$LBP(x_c, y_c) = \sum_{p=0}^{P-1} 2^2 s(i_p - i_c) \tag{6.1}$$

其中，$s(x) = \begin{cases} 1, & \text{当} x \geq 0 \\ 0, & \text{其他} \end{cases}$。它将各个像素与其附近的像素进行比较，并把结果保存为二进制数。由于其辨别力强大和计算简单，局部二值模式纹理算子已经在不同的场景下得到应用。LBP最重要的属性是对诸如光照变化等造成的灰度变化的鲁棒性。它的另外一个重要特性是它的计算简单，利用它可以对图像进行实时分析。

对人脸图像的每一个像素进行LBP编码后，按照一定的顺序连接起来，即得到了该人脸图像的LBP特征。有时也会利用统计直方图方法统计LBP特征，得到人脸图像的LBP直方图描述。

基于Python的LBP特征计算代码

2. HOG特征

方向梯度直方图（histogram of oriented gradients，HOG）特征是目前计算机视觉、模式识别领域很常用的一种描述图像局部纹理的特征。HOG特征不再需要像几何特征那样认为指定特征点，而是直接计算图像某一区域中不同方向上的梯度数值，然后进行累积，得到方向梯度直方图，这个方向梯度直方图即为HOG特征。

HOG特征的计算步骤如下。

（1）灰度化，将RGB三通道图像转换为单通道的灰度图像，一般采用加权平均法进行灰度化：

$$Gray = 0.114 \times B + 0.587 \times G + 0.299 \times R \qquad (6.2)$$

（2）采用Gamma校正法对输入图像进行颜色空间的标准化（归一化），调节图像的对比度，降低图像局部的阴影和光照变化所造成的影响，同时可以抑制噪音的干扰。

Gamma压缩公式为：$I(x, y) = I(x, y)^{gamma}$，一般gamma取值为1/2。

（3）计算图像每个像素的梯度（包括大小和方向）。主要是为了捕获轮廓信息，同时进一步弱化光照的干扰。

计算图像横坐标和纵坐标方向的梯度，并据此计算每个像素位置的梯度方向值，图像中像素点(x, y)的梯度为：

$$G_x(x, y) = P(x+1, y) - P(x-1, y) \qquad (6.3)$$

$$G_y(x, y) = P(x, y+1) - P(x, y-1) \qquad (6.4)$$

其中，$P(x, y)$、$G_x(x, y)$、$G_x(x, y)$分别表示像素点(x, y)的像素值、水平方向梯度、垂直方向梯度。像素点(x, y)梯度的幅值和方向可根据下式计算：

$$G(x, y) = \sqrt{G_x(x, y)^2 + G_y(x, y)^2} \qquad (6.5)$$

$$\alpha(x, y) = \tan^{-1}\left(\frac{G_y(x, y)}{G_x(x, y)}\right) \qquad (6.6)$$

（4）将图像划分成若干个图像块（patch），如图6.5所示。

（5）统计每个图像块的方向梯度直方图（统计不同梯度的个数），即可形成每个图像块的特征描述子。

将每个图像块的梯度方向360°分成$2n$个方向块，若像素的梯度方向在$0 \sim \dfrac{\pi}{n}$之间，则直方图第1维特征的计数增加该梯度方向的梯度大小。对图像块内的每个像素用梯度方向在直方图中进行加

图6.5 图像划分为图像块

权投影（映射到固定的角度范围），就可以得到这个图像块的n维梯度方向直方图特征描述子。

（6）将若干个图像块组成一个图像区域（block），一个图像区域内所有图像块的梯度方向直方图特征描述子串联起来便得到该图像区域的HOG特征。

（7）将图像内的所有区域的HOG特征串联起来就可以得到该图像的HOG特征。

该特征即为人脸图像识别中用到的HOG特征。

一般情况下，HOG特征通常被扩展为金字塔方向梯度直方图（pyramid histogram of oriented gradients，PHOG）特征。PHOG特征指的是，对同一幅图像进行不同尺度的分割，然后计算每个尺度中图像块的HOG特征，最后将他们连接成一个很长的一维向量，作为特征。例如，对一幅大小为512×512的图像先做3×3的分割，再做6×6的分割，最后做12×12的分割。接下来对分割出的图像块计算HOG特征，假设为2×12个方向块即12维。那么HOG特征就有9×12+36×12+144×12=2 268维。需要注意的是，在将这些不同尺度上获得的小HOG特征连接起来时，必须先对其做归一化，因为3×3尺度中的HOG特征任意一维的数值很可能比12×12尺度中任意一维的数值大很多，这是因为图像块的大小不同造成的。PHOG特征相对于传统HOG特征，优点是可以检测到不同尺度的特征，表达能力更强，缺点是数据量和计算量都比HOG特征大很多。

在得到LBP、HOG等局部特征之后，便可计算测试图像特征与数据库中图像特征之间的相似度。一般的相似度评价方法有欧式距离、夹角余弦距离等。对于两个n维向量$\boldsymbol{a}=(x_1, x_2, \cdots, x_n)$与$\boldsymbol{b}=(y_1, y_2, \cdots, y_n)$，其欧式距离的计算公式如下：

$$d_{\text{Euclidean}} = \sqrt{\sum_{k=1}^{n}\left(x_k - y_k\right)^2} \tag{6.7}$$

或：

$$d_{\text{Euclidean}} = \sqrt{\left(\boldsymbol{a}-\boldsymbol{b}\right)\left(\boldsymbol{a}-\boldsymbol{b}\right)^{\text{T}}} \tag{6.8}$$

基于Python的
HOG特征代码

其夹角余弦距离的计算公式如下：

$$d_{\cos(\theta)} = 1 - \frac{\sum_{k=1}^{n} x_k y_k}{\sqrt{\sum_{k=1}^{n} x_k^2}\sqrt{\sum_{k=1}^{n} y_k^2}} \tag{6.9}$$

6.3.3　基于空间映射的方法

基于空间映射的人脸图像识别方法中最经典的方法是特征脸（eigenface）方法。特征脸人脸图像识别方法被认为是第一种有效的人脸识别算法，在人脸识别历史上具有里程碑式的意义。1987年Sirovich和Kirby引入主成分分析[3]（principal component analysis，PCA）方法来减少人脸特征的维度。1991年Matthew Turk和Alex Pentland首次将PCA应用于人脸识别[74]。该方法通过将训练集的人脸图像投影

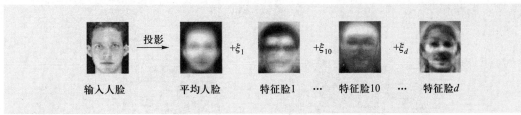

图6.6 特征脸方法

特征脸算法代码
（使用AT&T人
脸数据集）

到人脸图像的特征空间，得到一系列投影后的图像，取其主元表示人脸，由于该人脸表示可视化后是人脸的形状，故被称为"特征脸"。

特征脸方法是一种基于统计特征的方法，特征脸的过程其实就是对人脸图像训练集进行主成分分析的一个过程。首先将人脸图像的特征表示视为随机向量，并利用PCA方法学习这些随机向量的特征向量，这些特征向量即为特征脸。每一个特征向量对应一个特征脸基图像，所有的特征脸基图像构成特征脸子空间。任何一个人脸图像减去平均脸（训练集人脸图像的平均）都可以通过一组取值参数映射到特征脸子空间（如图6.6所示），这组权值参数即为人脸图像的特征脸特征表示。通过计算特征脸特征表示之间的距离，即可得到两张人脸图像之间的相似度。

6.3.4 基于贝叶斯推断的方法

Moghaddamt等人[75]提出了基于贝叶斯推断的人脸识别方法，将两张人脸分别表示为x_1和x_2，H_I表示两张人脸图像属于同一个人，H_E表示两张人脸图像属于不同人。对于两张人脸图像的差异$\Delta=x_1-x_2$，两张图像同属于一个人的概率定义为$P(H_I|\Delta)$，两张人脸图像属于不同人的概率定义为$P(H_E|\Delta)$。根据贝叶斯公式：

$$P(H_I|\Delta) = \frac{P(\Delta|H_I) \times P(H_I)}{P(\Delta)} \quad (6.10)$$

$$P(H_E|\Delta) = \frac{P(\Delta|H_E) \times P(H_E)}{P(\Delta)} \quad (6.11)$$

假设人脸图像是相互独立的，先验概率$P(H_I) = P(H_E)$，判断两个脸是不是同一个人，只需要比较上面两个后验概率的大小。因此：

$$\frac{P(H_I|\Delta)}{P(H_E|\Delta)} = \frac{P(\Delta|H_I)}{P(\Delta|H_E)} \quad (6.12)$$

通过对数似然比确定两张图像的相似度：

$$r(x_1, x_2) = \log \frac{P(\Delta|H_I)}{P(\Delta|H_E)} \quad (6.13)$$

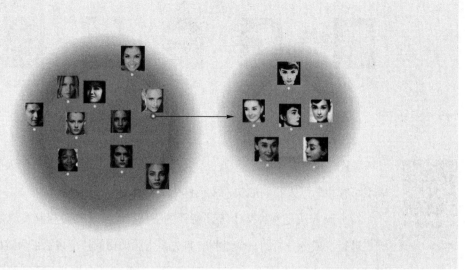

图6.7 人脸表示：身份分布（左）和域内分布（右）均用高斯建模

若$r(x_1, x_2) > 0$则$P(H_I|\Delta)$大于$P(H_E|\Delta)$，可以认为是同一个人。根据实际要求，还可以调节$r(x_1, x_2)$的阈值。这种方法最后只需要求解$P(\Delta|H_I)$和$P(\Delta|H_E)$。

基于贝叶斯推断的人脸识别方法对两张人脸图像的差异进行建模，然而，当训练数据不足或者数据非完全独立时，这种建模方式的可分性会降低。2012年，微软亚洲研究院的孙剑教授等人[76]对基于贝叶斯推断的人脸识别模型进行改进，提出了联合贝叶斯方法。该方法首先将人脸图像作为随机变量，并使用两个独立变量（域间的独立信息和域内的差异变化信息）的和表示这个随机变量，如图6.7所示。

随后，对两张人脸进行联合建模，两张人脸图像属于同一个人的概率可表示为$P(H_I|x_1, x_2)$，两张人脸图像属于不同人的概率可定义为$P(H_E|x_1, x_2)$。根据上面的推导，最终的对数似然比可表示为：

$$r(x_1, x_2) = \log \frac{P(x_1, x_2|H_I)}{P(x_1, x_2|H_E)} \qquad (6.14)$$

联合贝叶斯人脸
识别算法代码

在联合贝叶斯的优化训练过程中，孙剑等人采用LBP特征对人脸图像进行表示，并使用期望最大化（expectation maximum，EM）算法优化模型，该方法的人脸图像识别精度相较于传统的基于贝叶斯推断的方法有了大幅度提升。

6.3.5 基于深度学习的方法

基于深度学习的人脸图像识别方法是指利用卷积神经网络对人脸图像进行深度特征提取，然后直接使用距离度量公式对深度特征表示进行度量的方法。2012年Alex等人提出的基于卷积神经网络的方法AlexNet在ImageNet大规模图像分类任务中取

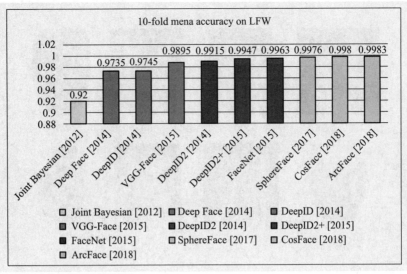

图6.8 现有方法在LFW数据库上的人脸验证精度统计结果

得冠军后，这种结构简单且有效的方法被引入到了人脸识别领域。

现有的基于深度学习的人脸图像识别方法一般可分为两大研究方向：一是在同样的损失函数的约束下，对网络进行改进；二是在相同网络结构的前提下，对损失函数进行改进。在ResNet[13]提出之前，基于深度学习的人脸图像识别方法多是在网络结构上进行改进，如DeepFace、DeepID（DeepID、DeepID2、DeepID2+、DeepID3）、VGG-Face、FaceNet等。2015年何凯明等人提出ResNet之后，这种有效的网络结构被应用于多种图像处理任务上，如图片分类、对象检测、人脸识别等。随后，人脸识别的发展多在此网络的基础上，对损失函数进行改进和创新，如球面损失（sphere loss）函数、CosFace损失函数、ArcFace损失函数等。对现有的方法在LFW数据库上的人脸验证精度进行统计，其结果如图6.8所示。图中，最左边的联合贝叶斯（joint Bayesian）方法是传统人脸识别中人脸验证精度最高的方法之一，之后，深色柱形图对应的方法是基于深度学习的方法，各个方法之间网络的结构和训练所用数据各不相同，浅色柱形图所对应的方法是在固定网络结构的前提下，不同损失函数对应的人脸验证精度。这些方法都是人脸识别发展历程中，里程碑式的工作，建议读者针对原论文进行深入研究，这里仅对每项工作进行简要介绍，着重说明各个方法的创新点和各方法之间的差异。

1. DeepFace

2014年Facebook AI研究院提出了DeepFace方法[77]，在实现时需要使用3D人脸图像对齐技术，具体步骤如下。

（1）利用人脸图像关键点检测技术，检测出人脸的6个基准点，每个眼睛的中心

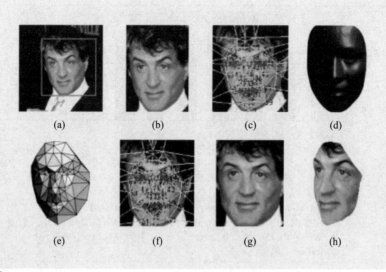

图6.9 3D人脸图像对齐

点（2个）、鼻尖（1个）、两个嘴角（2个）、嘴巴的中心点（1个），如图6.9（a）所示。

（2）通过仿射变换，对图像进行裁剪，得到图6.9（b）。

（3）对仿射变换后的人脸图像重新进行人脸图像的67个关键点检测，并进行三角剖分，得到图6.9（c）。

（4）用3D人脸库USF Human-ID得到平均3D人脸模型（正脸），如图6.9（d）所示。

（5）学习3D人脸模型和原2D人脸之间的映射P，并可视化三角块，如图6.9（e）所示。

（6）通过相关的映射，把原2D人脸中的基准点转换成3D模型产生的基准点，如图6.9（f）所示，最后的正脸如图6.9（g）所示。

图6.9（g）是3D对齐后的结果，可旋转至如图6.9（h）所示的角度。

将对齐的正脸图像输入一个9层网络提取人脸图像的深度表示特征，如图6.10所示。前两个卷积层（C1、C3）共享卷积核参数，M2为最大池化层，后三个局部卷积层（L4、L5、L6）卷积核参数不共享，全连接层F7提取出人脸图像的4 096维深度表示特征，全连接层F8用于计算softmax分类损失。

DeepFace采用了一个较浅的网络（9层）来进行人脸深度表示的提取，在LFW数据集上取得了99.35%的人脸验证精度。但是人脸对齐的方法较复杂，神经网络的参数量也较大。

2. DeepID

DeepID最早于2014年由香港中文大学Sun Yi等人提出，之后Sun Yi等人[78]又

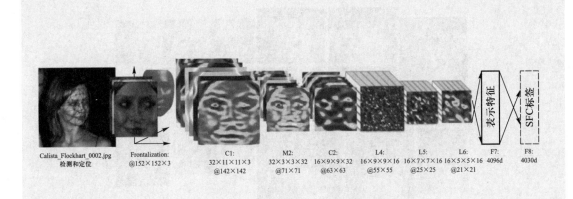

Calista_Flockhart_0002.jpg
检测和定位

Frontalization:
@152×152×3

C1:
32×11×11×3
@142×142

M2:
32×3×3×32
@71×71

C2:
16×9×9×32
@63×63

L4:
16×9×9×16
@55×55

L5:
16×7×7×16
@25×25

L6:
16×5×5×16
@21×21

F7:
4096d

F8:
4030d

表示特征

SFC标签

图6.10 提取人脸深度特征

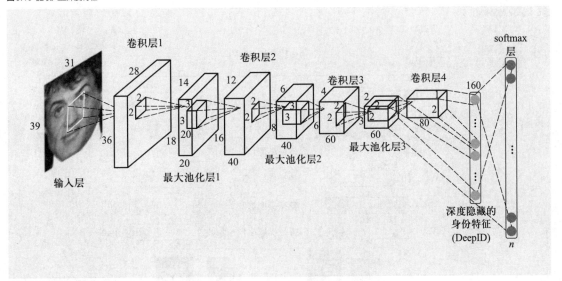

卷积层1

卷积层2

卷积层3

卷积层4

softmax层

输入层

最大池化层1

最大池化层2

最大池化层3

深度隐藏的
身份特征
(DeepID)

图6.11 DeepID网络结构

在DeepID的基础上进行改进,形成了DeepID2、DeepID2+及DeepID3。DeepID网络的结构也是由卷积层和最大池化层组成。与传统神经网络不同的是,该网络在softmax层之前增加了DeepID层(deep hidden identity features),该层将最大池化层(max-pooling layer 3)与卷积层(convolutional layer 4)连接在一起,如图6.11所示。鉴于卷积神经网络层数越高感受野区域越大的特性,这种连接方式能够综合卷积层输出的局部特征和最大池化层输出的全局特征。

为了得到有效的深度表示特征,DeepID还采取了增大数据集的方法。除了引入CelebFaces数据集之外,还对人脸图像进行切分,如图6.12所示。采用3个尺度,10个人脸区域,60个分块,训练60个CNN网络,每个分块分别水平翻转,提取两个

DeepID代码

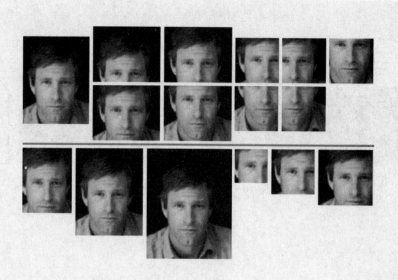

图6.12 对人脸图像进行切分

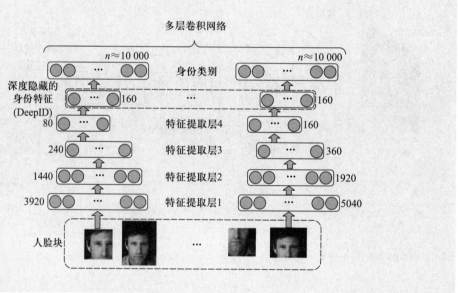

图6.13 DeepID特征提取网络

160维的特征，得到最后一张人脸图像的特征的维度是：$60 \times 2 \times 160 = 19\,200$ 维，如图6.13所示。

DeepID在人脸图像数据库LFW上人脸验证精度达到了97.45%。

3. DeepID2

DeepID2[79]在DeepID的基础上增加了验证信号。DeepID的卷积神经网络最后一层softmax使用的是Logistic Regression作为最终的目标函数，也就是识别信号；但在DeepID2中，目标函数是识别信号和验证信号的加权组合。

DeepID的识别信号公式：

$$Iden\left(f, t, \theta_{id}\right) = \sum_{i=1}^{n} -p_i \log \hat{p}_i = -\log \hat{p}_t \qquad (6.15)$$

DeepID2的验证信号公式：

$$Verif\left(f_i, f_j, y_{ij}, \theta_{ve}\right) = \begin{cases} \dfrac{1}{2}\left\|f_i - f_j\right\|_2^2, & y_{ij} = 1 \\ \dfrac{1}{2}\max\left(0, m - \left\|f_i - f_j\right\|_2\right)^2, & y_{ij} = -1 \end{cases} \qquad (6.16)$$

DeepID2代码

　　由于验证信号的计算需要两个样本，所以整个卷积神经网络的结构也变成了一种孪生网络的形式。迭代时，每次随机抽取两个样本进行训练。

　　DeepID2除了对人脸进行分块外，还采用前向–后向贪心算法选取最有效的25个分块，并将7个联合贝叶斯模型使用SVM进行融合，最终将人脸图像数据库LFW上的人脸验证精度由DeepID的97.45%提升至99.15%。

　　4. DeepID2+

　　DeepID2+在DeepID2的基础上做了以下3点改动。

　　（1）增加人脸图像深度表示特征的维度，将DeepID层从160维提高到512维。

　　（2）进一步扩大数据集，将CelebFaces+和WDRef数据集进行了融合。训练集共拥有12 000人，290 000张图片。

　　（3）改进网络连接结构，将DeepID层与第4个卷积层和所有max-pooling层连接。

DeepID2+代码

　　最后的DeepID2+的网络结构如图6.14所示，其中，Ve表示监督信号（即验证信号和识别信号的加权和）。DeepID2+在LFW人脸图像数据库上的验证率达到了99.47%。然而，DeepID三代算法的发展始终没有实现端到端的训练方式。特征提取与分类模型需要分为两个训练的阶段，增加了训练的时间成本。

　　5. VGG-Face

　　2015年牛津大学的Visual Geometry Group（VGG）小组在大规模图像分类任务VGG16网络取得巨大成功之后，将该网络应用于人脸识别[12]。VGG16网络中，所有的卷积核的大小均采用3×3，在达到相同表达能力的情况下，大大降低的网络的参数量，其具体网络结构如图6.15所示。

　　网络的输入是为224×224×3，所有的卷积核大小为3×3，所有的最大池化层的输出都是其输入的一半，图6.15中所有的白色块都是卷积层，黑色块是最大池化层，细长条块是全连接层和激活层，最后是softmax层。

　　除了VGG16之外，VGG网络还有其他5种网络结构，即VGG-A、VGG-A-

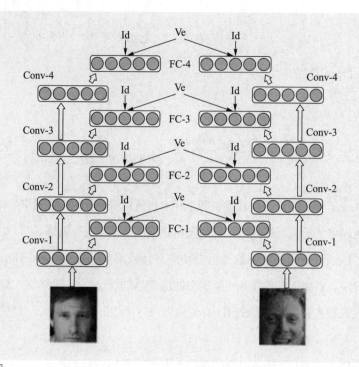

图6.14 DeepID2+网络结构

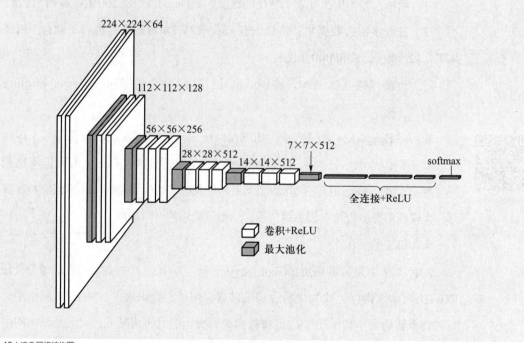

图6.15 VGG网络结构图

LRN、VGG-B、VGG-C、VGG-D、VGG-E，VGG-D网络指的就是VGG16网络，具体的网络结构如表6.1所示。

在VGG-Face人脸图像识别框架中，人脸图像的深度表示特征是4 096维，只需对人脸进行2D对齐，在LFW人脸图像数据库上的验证率就达到了98.95%。虽然

表6.1 VGG网络结构图

卷积网络框架					
A	A-LRN	B	C	D	E
11 weight layers	11 weight layers	13 weight layers	16 weight layers	16 weight layers	19 weight layers
输入（224 × 224 RGB 图像）					
conv3-64	conv3-64 **LRN**	conv3-64 **conv3-64**	conv3-64 conv3-64	conv3-64 conv3-64	conv3-64 conv3-64
maxpool					
conv3-128	conv3-128	conv3-128 **conv3-128**	conv3-128 conv3-128	conv3-128 conv3-128	conv3-128 conv3-128
maxpool					
conv3-256 conv3-256	conv3-256 conv3-256	conv3-256 conv3-256	conv3-256 conv3-256 **conv1-256**	conv3-256 conv3-256 **conv1-256**	conv3-256 conv3-256 conv3-256 **conv1-256**
maxpool					
conv3-512 conv3-512	conv3-512 conv3-512	conv3-512 conv3-512	conv3-512 conv3-512 **conv3-512**	conv3-512 conv3-512 **conv3-512**	conv3-512 conv3-512 conv3-512 **conv3-512**
maxpool					
conv3-512 conv3-512	conv3-512 conv3-512	conv3-512 conv3-512	conv3-512 conv3-512 **conv3-512**	conv3-512 conv3-512 **conv3-512**	conv3-512 conv3-512 conv3-512 **conv3-512**
maxpool					
FC-4096					
FC-4096					
FC-1000					
softmax					

VGG-Face在人脸验证精度上并没有超越前人，但网络结构较易实现，而且提出了一些有很强实践性的工作流程。VGG-Face框架在之后的人脸图像识别的发展中占有重要的地位。

6. FaceNet

FaceNet[80]是目前引用率最高的深度学习人脸识别方法，由Florian Schroff于2015年提出，该方法最大的贡献来自所提出的三元组损失（triplet loss）。三元组由Anchor（A）、Negative（N）、Positive（P）组成，任意一张图片都可以作为一个基点（A），然后与它属于同一人的图片就是它的类内图片（P），与它不属于同一人的图片就是它的类间图片（N）。

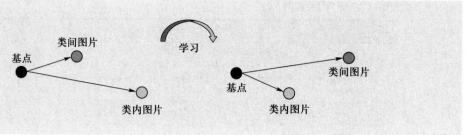

图6.16 三元组损失优化目标

三元组损失的优化目标如图6.16所示。

网络没经过学习之前，A和P的距离可能很大，A和N的欧式距离可能很小，如图6.16左边，在网络的优化过程中，A和P的距离会逐渐减小，而A和N的距离会逐渐拉大。也就是说，FaceNet将度量学习引入到网络的训练过程，直接优化样本特征间的可分性：类内人脸图像的特征之间的距离要尽可能地小，而类间人脸图像的特征之间的距离要尽可能地大。即，使类内距离小于类间距离。

因此，三元组损失的损失函数可以表示为：

$$\sum_{i}^{N}\left[\left\|f\left(x_i^a\right)-f\left(x_i^p\right)\right\|_2^2-\left\|f\left(x_i^a\right)-f\left(x_i^n\right)\right\|_2^2+\alpha\right]_+ \tag{6.17}$$

式（6.17）左边的二范数表示类内距离，右边的二范数表示类间距离，α是一个常量。优化过程使用随机梯度下降法（stochastic gradient descent，SGD）使损失函数值不断下降，即类内样本特征距离不断减小，类间样本特征距离不断增大。

为了保证网络的收敛，Florian Schroff等人还提出了hard positive和hard negative的概念，来选择距离最相近的类间样本和距离最远的类内样本。

FaceNet使用了两种网络结构：Zeiler&Fergus网络结构和GoogLeNet网络结构。两种的网络具体配置如下所示。

Zeiler&Fergus网络结构如表6.2所示。

表6.2 Zeiler&Fergus网络结构

层	输入尺寸	输出尺寸	卷积核	参数量	FLOPs量
conv1	$220\times220\times3$	$110\times110\times64$	$7\times7\times3,2$	9K	115M
pool1	$110\times110\times64$	$55\times55\times64$	$3\times3\times64,2$	0	
ronrm1	$55\times55\times64$	$55\times55\times64$		0	
conv2a	$55\times55\times64$	$55\times55\times64$	$1\times1\times64,1$	4K	13M
conv2	$55\times55\times64$	$55\times55\times192$	$3\times3\times64,1$	111K	335M
rnorm2	$55\times55\times192$	$55\times55\times192$		0	

续表

层	输入尺寸	输出尺寸	卷积核	参数量	FLOPs量
pool2	$55 \times 55 \times 192$	$28 \times 28 \times 192$	$3 \times 3 \times 192, 2$	0	
conv3a	$28 \times 28 \times 192$	$28 \times 28 \times 384$	$1 \times 1 \times 192, 1$	37K	29M
conv3	$28 \times 28 \times 192$	$28 \times 28 \times 384$	$3 \times 3 \times 192, 1$	664K	521M
pool3	$28 \times 28 \times 384$	$14 \times 14 \times 384$	$3 \times 3 \times 384, 2$	0	
conv4a	$14 \times 14 \times 384$	$14 \times 14 \times 384$		148K	92M
conv4	$14 \times 14 \times 384$	$14 \times 14 \times 256$	$3 \times 3 \times 384, 1$	885K	173M
conv5a	$14 \times 14 \times 256$	$14 \times 14 \times 256$	$3 \times 3 \times 256, 1$	66K	13M
conv5	$14 \times 14 \times 256$	$14 \times 14 \times 256$	$1 \times 1 \times 256, 1$	590K	116M
conv6a	$14 \times 14 \times 256$	$14 \times 14 \times 256$	$1 \times 1 \times 256, 1$	66K	13M
conv6	$14 \times 14 \times 256$	$14 \times 14 \times 256$	$3 \times 3 \times 256, 1$	590K	116M
pool4	$14 \times 14 \times 256$	$7 \times 7 \times 256$	$3 \times 3 \times 256, 2$	0	
concat	$7 \times 7 \times 256$	$7 \times 7 \times 256$		0	
fc1	$7 \times 7 \times 256$	$1 \times 32 \times 128$	maxout p=2	103M	103M
fc2	$1 \times 32 \times 128$	$1 \times 32 \times 128$	maxout p=2	34M	34M
fc7128	$1 \times 32 \times 128$	$1 \times 32 \times 128$			
L2	$1 \times 1 \times 128$	$1 \times 1 \times 128$		0	
总计				140M	1.6B

三元组损失代码

GoogLeNet网络结构如表6.3所示。

FaceNet提取的人脸图像深度表示特征的维度是128维，在LFW人脸图像数据库上的验证率就达到了99.63%。但是，FaceNet网络使用了800万人的2亿幅图像进行训练，训练成本过高。

三元组损失本质上是一种基于欧氏距离度量的损失函数。在网络的训练过程中，向网络中加入度量函数的约束，进而使人脸图像的深度表示特征在所提出的距离度量空间被更好地区别开，即类内距离减小，类间距离增大。但是这种方法需要组建三元组，在样本较多时，会产生样本对数量爆炸的问题，极大地增大了时间和计算资源的消耗。传统基于分类的softmax交叉熵损失函数虽然可以避免样本对数量爆炸，但是仅在闭集（close-set）测试时模型性能良好，在开集（open-set）测试时，会出现性能急剧下降的问题。开集与闭集的区别如图6.17所示。

闭集（close-set）：任一个体，在训练集和测试集中，均有与之对应的样本，但是训练集与测试集的样本不一致。

开集（open-set）：任一个体，仅出现训练集中，或者仅出现在测试集中。

表6.3 GoogLeNet网络结构

类型	输出尺寸	深度	#1×1	#3×3 reduce	#3×3	#5×5 reduce	#5×5	pool proj（p）	参数量	FLOPs量
Conv1（7×7×3,2）	112×112×64	1							9K	119M
max pool+norm	56×56×64	0						M 3×3,2		
Inception（2）	56×56×192	2								
Norm +max pool	28×28×192	0						M 3×3,2		
Inception（3a）	28×28×256	2	64	96	128	16	32	M,32p	164K	128M
Inception（3b）	28×28×320	2	64	96	128	32	64	L_2,64p	228K	179M
Inception（3c）	14×14×640	2	0	128	256,2	32	64,2	M,3×3,2	398K	108M
Inception（4a）	14×14×640	2	256	96	192	32	64	L_2,128p	545K	107M
Inception（4b）	14×14×640	2	224	112	224	32	64	L_2,128p	595K	117M
Inception（4c）	14×14×640	2	192	128	256	32	64	L_2,128p	654K	128M
Inception（4d）	14×14×640	2	160	144	228	32	64	L_2,128p	722K	142M
Inception（4e）	7×7×1024	2	0	160	256,2	64	128,2	m 3×3,2	717K	67M
Inception（5a）	7×7×1024	2	384	192	384	48	128	L_2,128p	1.6M	78M
Inception（5b）	7×7×1024	1	384	192	384	48	128	m,128p	1.6M	78M
平均池化	1×1×1024	1								
全连接	1×1×128	1							131K	0.1M
L2正则化	1×1×128	0								
总计									7.5M	1.6B

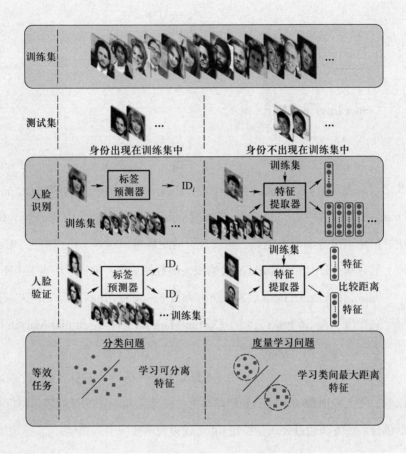

图6.17 开集与闭集人脸识别对比

在度量学习中，度量（metric）函数是指定义集合中元素之间距离的函数。一个具有度量的集合称为度量空间。基于度量学习（distance metric learning，DML）的人脸图像识别方法是在获取人脸图像的特征之后，将这些特征组成的空间视为度量空间，并探索一个合适的距离函数，对这些特征之间的距离进行衡量的过程，该距离函数应当使这些特征的类内距离小于类间距离。

为避免三元组损失中出现的样本对数量爆炸的问题和softmax交叉熵损失函数对开集测试性能下降的问题，研究者们提出了基于度量学习设计的损失函数Center Loss、A-Softmax Loss、Cosine Margin Loss、Angular Margin Loss等。

1. Center Loss

在ECCV 16上，Wen等人[81]结合softmax交叉熵损失函数提出了Center Loss函数。这项工作通过传统的softmax交叉熵损失函数减小样本间的类间距离，通过引入Center Loss减小样本间的类内距离，极大地提高了样本在开集测试中的性能。传统的softmax交叉熵损失函数如下：

$$L_S = -\sum_{i=1}^{m} \log \frac{e^{W_{y_i}^{\mathrm{T}} x_i + b_{y_i}}}{\sum_{j=1}^{n} e^{W_j^{\mathrm{T}} x_i + b_j}} \tag{6.18}$$

Center Loss 函数如下：

$$L_c = \frac{1}{2}\sum_{i=1}^{m} \left\| x_i - c_{y_i} \right\|_2^2 \tag{6.19}$$

Center Loss
代码

其中，c_{y_i} 表示第 y_i 个类别的特征中心，x_i 表示全连接层之前的特征，m 表示小批次（mini-batch）的大小。该损失函数的目标是希望一个批次中的每个样本特征离特征中心的距离平方和越小越好，也就是类内距离越小越好。可以看出，Center Loss 本质上是在基于分类的 softmax 交叉熵损失函数的基础上增加了样本类内距离的约束。

随后，受 Center Loss 启发，研究人员继续对 softmax 交叉熵损失函数进行改进，又分别提出了 A-Softmax Loss、Cosine Margin Loss 和 Angular Margin Loss。

2. A-Softmax Loss

2017 年，Liu 等人[82] 以 softmax 交叉熵损失函数为基础，提出 A-Softmax Loss 函数。将人脸图像样本映射到超球面上，使得人脸图像的深度表示特征分布高内聚、低耦合。该方法通过公式变换在 softmax 损失函数中引入角度：

$$
\begin{aligned}
L_i &= -\log\left(\frac{\exp\left(W_{yi}^{\mathrm{T}} x_i + b_{yi}\right)}{\sum_j \exp\left(W_j^{\mathrm{T}} x_i + b_j\right)}\right) \\
&= -\log\left(\frac{\exp\left(\left\|W_{yi}^{\mathrm{T}}\right\| \cdot \|x_i\| \cdot \cos\left(\theta_{yi,i}\right) + b_{yi}\right)}{\sum_j \exp\left(\left\|W_j^{\mathrm{T}}\right\| \cdot \|x_i\| \cos\left(\theta_{j,i}\right) + b_j\right)}\right)
\end{aligned}
\tag{6.20}
$$

并进一步对权重项 W 和偏置项 b 进行限制，得到下面的变形：

$$L_{\text{modified}} = \frac{1}{N}\sum_i -\log\left(\frac{\exp\left(\|x_i\|\cos\left(\theta_{yi,i}\right)\right)}{\sum_j \exp\left(\|x_i\|\cos\left(\theta_{j,i}\right)\right)}\right) \tag{6.21}$$

该方法在 L_{modified} 中约束了 $\|W\|=1$ 并且令 $b_j=0$。引入上述两个条件后，分类决策边界变成了 $\|x\|\left(\cos(\theta_1) - \cos(\theta_2)\right) = 0$，此时决策边界只与角度相关，可以使得学习到的特征具有更明显的角分布。

在二分类问题中，当 $\cos(\theta_1) > \cos(\theta_2)$ 时，可以确定样本属于类别 1，但类别 1 与类别 2 的决策面是同一平面，说明类别 1 与类别 2 之间的间隔（margin）相当小，直观上分类不明显。为了更明显的分类结果，需要考虑如何使类间距离足够大，类内距离足够小。通过添加超参数m，使$\cos(m\theta_1)>\cos(\theta_2)$时才判为类别1，既可以使得$\cos(m\theta_1)$尽可能大于$\cos(\theta_2)$又可以控制$\theta_1$的取值范围使类内距离更小。此时，类别1的决策平面为$\cos(m\theta_1)=\cos(\theta_2)$，类别2的决策平面为$\cos(\theta_1)=\cos(m\theta_2)$，如图6.18所示。从上述的说明与$L_{\text{modified}}$可以直接得到A–Softmax损失：

$$L_{\text{ang}}=\frac{1}{N}\sum_i -\log\left(\frac{\exp\left(\|\boldsymbol{x}_i\|\cos\left(m\theta_{yi,i}\right)\right)}{\exp\left(\|\boldsymbol{x}_i\|\cos\left(m\theta_{yi,i}\right)\right)+\sum_{j\neq y_i}\exp\left(\|\boldsymbol{x}_i\|\cos\left(\theta_{j,i}\right)\right)}\right) \quad (6.22)$$

A-Softmax
Loss 代码

其中，$\theta_{yi,i}\in\left[0,\dfrac{\pi}{m}\right]$，当$\cos\left(m\theta_{yi,i}\right)$在$[0,\pi]$的取值范围时，其单调递减有上界，故此时$\theta_{yi,i}$的定义域为$\left[0,\dfrac{\pi}{m}\right]$，值域为$[-1,1]$。为了解除值域限制，可以构造一个函数来替代$\cos\left(m\theta_{yi,i}\right)$，定义$\varphi=(-1)^k\cos\left(m\theta_{yi,i}\right)-2k$，其中$\theta_{yi,i}\in\left[\dfrac{k\pi}{m},\dfrac{(k+1)\pi}{m}\right]$，且$k\in[0,m-1]$。

这个函数的定义可以使得$\varPsi$随$\theta_{yi,i}$单调递减，如果$m\theta_{yi,i}>\theta_{j,i}$，$j\neq y_i$，那么必有$\varPsi\left(\theta_{yi,i}\right)<\cos\left(\theta_{j,i}\right)$，反而亦然，这样可以避免上述的问题，所以有：

$$L_{\text{ang}}=\frac{1}{N}\sum_i -\log\left(\frac{\exp\left(\|\boldsymbol{x}_i\|\varPsi\left(\theta_{yi,i}\right)\right)}{\exp\left(\|\boldsymbol{x}_i\|\varPsi\left(\theta_{yi,i}\right)\right)+\sum_{j\neq y_i}\exp\left(\|\boldsymbol{x}_i\|\cos\left(\theta_{j,i}\right)\right)}\right) \quad (6.23)$$

三种损失函数的改进可以总结为表6.4和图6.19。

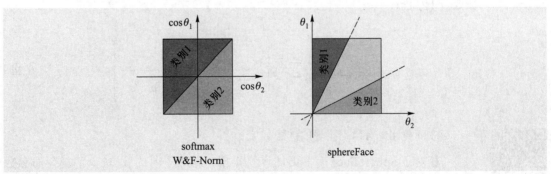

图6.18 softmax与sphereFace决策面示意图

表6.4 三种损失函数对比

损失函数	决策边界
softmax 损失函数	$(\boldsymbol{W}_1-\boldsymbol{W}_2)\boldsymbol{x}+\boldsymbol{b}_1-\boldsymbol{b}_2=0$
优化后的softmax损失函数	$\|\boldsymbol{x}\|(\cos\theta_1-\cos\theta_2)=0$
A-Softmax Loss函数	类别1：$\|\boldsymbol{x}\|\left(\cos m\theta_1-\cos\theta_2\right)=0$ 类别2：$\|\boldsymbol{x}\|\left(\cos\theta_1-\cos m\theta_2\right)=0$

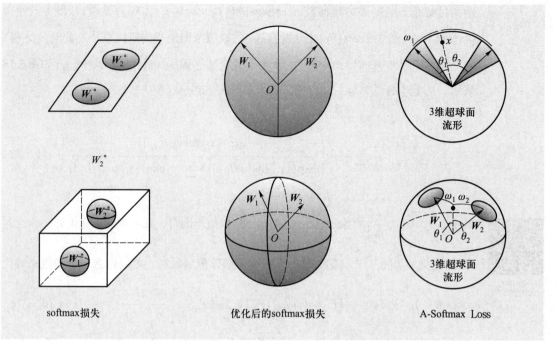

图6.19 softmax损失、优化后的softmax损失以及A-Softmax Loss的几何解释

A-Softmax Loss在多个人脸图像数据集上均有非常不错的性能表现，但是计算的复杂度依旧很高，训练过程较复杂，不易实现收敛。Cosine Margin Loss和Angular Margin Loss分别对A-Softmax Loss进行了改进。

3. Cosine Margin Loss

与SphereFace相比，CosineFace[83]最明显的变化就是将$\cos\left(t\cdot\theta_{yi}\right)$中的$t$提取出来变成$\cos\left(\theta_{yi}\right)-t$：

$$L_{\text{Cosine}} = -\frac{1}{m}\sum_{i=1}^{m}\log\left(\frac{e^{s\cdot\left(\cos\left(\theta_{yi}\right)-t\right)}}{e^{s\cdot\left(\cos\left(\theta_{yi}\right)-t\right)}+\sum_{j=1,\,j\neq y_i}^{n}e^{s\cdot\cos\theta_j}}\right) \quad (6.24)$$

Cosine Margin
Loss 代码

与之前相比，有以下明显的优势。

• 相对于SphereFace而言更加容易实现，移除了$\varphi\left(\theta_{yi}\right)$，减少了复杂的参数计算。

• 去除了softmax监督约束，使训练过程变得简洁，同时也能够实现收敛。

• 模型性能有明显的改善。

4. Angular Margin Loss

尽管从余弦范围到角度范围的映射具有一对一的关系，但他们之间仍有不同之处，事实上，实现角度空间内最大化分类界限相对于余弦空间而言具有更加清晰的几何解释性，角度空间中的边缘差距也相当于超球面上的弧距，如图6.20所示。

基于此，研究人员提出了Angular Margin Loss[18]，将角度边缘t置于$\cos(\theta)$函数内部，使得$\cos(\theta+t)$在$\theta\in[0,\pi-t]$的范围内要小于$\cos(\theta)$，这一约束使得整个分类任务的要求变得更加苛刻。对于L_{ArcFace}，其损失计算公式为：

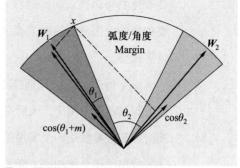

图6.20 超球面对Margin Loss解释

$$L_{\text{ArcFace}} = -\frac{1}{m}\sum_{i=1}^{m}\log\left(\frac{e^{s\cdot\left(\cos\left(\theta_{yi}+t\right)\right)}}{e^{s\cdot\left(\cos\left(\theta_{yi}+t\right)\right)}+\sum_{j=1,\,j\neq y_i}^{n}e^{s\cdot\cos\theta_j}}\right) \quad（6.25）$$

对于$\cos(\theta+t)$可以得到$\cos(\theta+t)=\cos\theta\cos t-\sin\theta\sin t$，对比CosineFace的$\cos(\theta)-t$，ArcFace中的$\cos(\theta+t)$不仅形式简单，并且还动态依赖于$\sin\theta$，使得网络能够学习到更多的角度特性。ArcFace也是目前开源的人脸图像识别代码中，性能表现最好的工作之一。

6.4　本章小结

人脸识别受到很多因素的影响，例如背景、面部表情、光照条件、姿态等因素，这些因素的变化，都会导致人脸图像的明显不同，目前还没有有效的识别算法能够解决这些因素的影响，很多识别算法都选择忽略光照、姿态等因素的影响。为了消除这些因素对识别效果的影响，通常的做法是选取更大的目标物体，收集各种光照和姿态下的样本。在识别判断时，综合考虑在各种条件下测试图像与样本之间的差异，然后进行对比分析原因。另一种做法是根据科研人员的传统经验，结合多种识别方法，进行图像处理，改进面部的对比度和亮度。还可以通过建立人脸3D模型，对光照的影响进行估计，跟踪面部关键特征点的变化，估计姿态参数，以及利用弹性图匹配的方法改变姿态影响等。总体来说，姿态和光照变化的影响仍是人脸识别研究所遇到的巨大难题。

目前，非理想采集条件下识别性能的快速下降是人脸识别实用化的主要障碍，产生这种问题的原因主要包括数据信号获取本身的稳定性，人脸描述特征对采集条件变化的鲁棒性，而同时核心识别算法的泛化能力也对识别性能的快速下降产生重要的影响。因此，这就需要从信号、特征和符号等不同层面来探讨人脸识别的本质计算模型。

综上所述，人脸识别技术不仅是一个交叉性的技术，更是一个富有挑战性的难题。与其他对象相比，人脸有着丰富的形变，个体间的差异较大。此外，识别算法的实时性和鲁棒性是一个实用的识别系统必须要考虑到的，算法复杂不仅会导致识别时间的增加，还会增加样本学习的难度。尽管人脸图像识别技术是人工智能领域近几年来发展最快的方向之一，目前仍有很多的问题需要解决。

第7章 异质人脸图像识别

7

7.1 异质人脸识别概述

随着人工智能技术的发展，传统人脸识别已经应用到人们生活中的方方面面，在日常生活中也起到了越来越重要的作用。从手机的解锁到移动业务办理的授权，再到机场、高铁的安检，人脸识别技术正在一点一滴地改变人们的生活方式。然而，受限于传统人脸识别技术对光线、分辨率的需求，在很多场景下无法应用这项技术，如光线较暗或全黑的场景、图像分辨率过低的场景、无法获取人脸图像的场景等。因此，在这些特殊场景下应用异质人脸图像识别技术进行身份鉴定，具有重要的研究意义和巨大的社会价值。同时，异质人脸图像识别技术也是人工智能发展进程中亟待解决的重要课题之一。

异质人脸识别（heterogeneous face recognition，HFR）是指利用计算机对异质人脸图像（heterogeneous face image）进行自动识别匹配的技术。异质人脸图像是指以不同方式、不同来源获得的不同质量的人脸图像。现有技术可以获得可见光人脸图像、近红外人脸图像、热红外人脸图像、素面描人脸图像以及低分辨率人脸图像等异质人脸图像，如图7.1所示。异质人脸识别在公共安全领域具有重要的研究意义与广阔的应用前景。

7.1.1 异质人脸图像识别优势与难点

异质人脸图像识别相对于传统的人脸图像识别具有明显的优势与难点。异质人脸图像识别的优势在于，当环境光线不充足时，可以利用近红外相机或者热红外相机采集近红外图像或热红外图像，通过比对人脸图像，进行身份鉴别；同时，当无法获取人脸图像或者无法获得清晰的人脸图像时，无法使用传统的人脸图像识别技术直接确定身份信息，此时，可借助画家根据人们的描述或者不清晰图像进行推断，画出对应的素描人脸画像，通过比对素描人脸画像与可见光人脸图像之间的相似度，进而确定

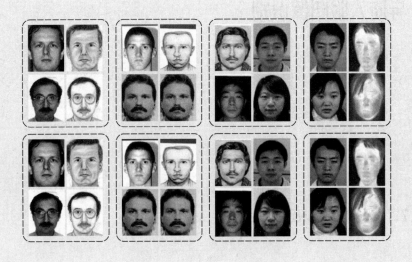

图7.1 异质人脸图像

人脸图像对应的身份信息。

然而，异质人脸图像识别相比传统的人脸图像识别也有着明显的难点：第一，异质人脸图像识别是为了解决不同模态人脸图像间的识别问题，不同模态间的差异很大，利用传统的人脸识别方法很难克服这些巨大的差异；第二，异质人脸图像训练样本获取难度大，很难获得足够数量的异质人脸图像训练样本，因此，很难学习出足够鲁棒的识别模型。

7.1.2　异质人脸图像识别应用

根据异质人脸图像成像原理的不同，异质人脸图像识别技术可以应用在不同的领域。

1. 素描画像－可见光人脸图像识别

在刑事案件调查中，通常情况下很难获取犯罪嫌疑人清晰的人脸图像，此时可根据目击者描述或者监控摄像头中模糊的人脸图像，由法医绘制犯罪嫌疑人的素描人脸图像，通过比对人脸图像，确定犯罪嫌疑人的身份，如图7.2所示。

2. 近红外－可见光人脸图像识别

在光线较弱或者无光的环境中，传统的可见光成相机很难拍摄清晰的人脸图像，因此，可以用近红外相机拍摄近红外人脸图像。近红外相机发出红外波并采集人脸反射的红外波，利用收集到的红外波进行成像。根据其成像机理，近红外人脸图像不需要可见光线，可以在光线环境极弱甚至无光的环境中拍摄人脸图像。近红外－可见光人脸图像识别目前多用于手机解锁、安全监控等无法时刻满足光线要求的场景中。

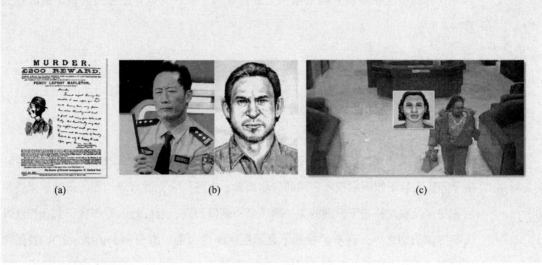

图7.2 素描画像-可见光人脸图像识别

3. 热红外-可见光人脸图像识别

尽管近红外人脸图像可以满足弱光甚至无光场景中的人脸识别问题，但依然无法解决遮挡的问题。热红外相机通过采集物体自身发出的热红外线进行成像，不同温度的物体发射的热红外线能量不同，而人脸伪装的饰品相较人脸来说一般有较大的温度差。因此，可以通过采集人脸发出的热红外线进行成像，解决人们装扮的饰品遮挡人脸的问题和安全验证场景中故意伪装的问题。

4. 低分辨-高分辨人脸图像识别

日常生活中经常会验证身份证与身份证携带者是否人证合一的情况。受限于身份证存储芯片容量的限制，我国二代身份证中存储的人脸图像分辨率很低，无法满足传统的人脸识别对分辨率的要求。通过研究异质人脸图像识别中跨分辨率识别的问题可以有效地解决这一问题。

7.2 异质人脸图像识别常用框架

异质人脸图像识别的一般框架与传统的人脸识别框架类似，也包括以下4个步骤：人脸图像获取、人脸图像检测、人脸图像对齐和人脸图像识别。然而，由于异质人脸图像样本获取困难，无法单独用异质人脸图像训练有效的异质人脸检测算法、异质人脸对齐（关键点检测）算法。因此，通常情况下，研究者采用迁移学习的方法，使用易获得的可见光人脸图像预训练异质人脸检测模型和异质人脸对齐模型，再将获得的模型在异质人脸数据库上进行微调。本章着重介绍异质人脸识别的相关算法。

7.3 异质人脸图像识别方法

面向异质图像的人脸识别技术最早由香港中文大学汤晓鸥教授于 2002 年提出。由于异质人脸图像识别技术广阔的应用前景，近些年来，针对该问题的研究越来越受到关注，异质人脸图像识别的类型除了素描画像识别、近红外人脸图像识别和热红外人脸图像识别之外，逐步扩展到了真实法医画像识别、跨分辨率识别、2D-3D 图像识别等。现有的异质人脸图像识别方法主要分为 4 类，分别为基于人脸伪图像合成的异质人脸图像识别方法、基于共同空间投影的异质人脸图像识别方法、基于跨模态不变特征的异质人脸图像识别方法和基于深度学习的异质人脸图像识别方法。

7.3.1 基于人脸伪图像合成的异质人脸图像识别方法

基于人脸伪图像合成的异质人脸图像识别方法是指利用人脸图像合成的技术，将异质人脸图像在像素上由不同种模态转换到同一种模态。例如，在人脸画像–照片识别中，通常将画像转换为伪照片，再将伪照片与真实照片进行识别，确定人脸画像对应的身份信息。现有的方法可分为两大类：基于数据驱动的人脸伪图像合成方法和基于模型驱动的人脸伪图像合成方法。

基于数据驱动的人脸伪图像合成方法是指在合成测试集异质人脸伪图像时，需要用到训练集中的数据，因此称为"数据驱动"。最早的基于数据驱动的人脸伪图像合成方法由香港中文大学汤晓鸥教授等人在基于特征变化（eigen-transformation）的论文中提出。该方法提出了基于线性变化的人脸图像合成技术，利用主成分分析（PCA）方法，首先将输入照片投影到训练照片集上，利用得到的投影系数对训练画像集进行线性组合得到合成画像。考虑到异质人脸图像的变化应当结合人脸的空间结构信息进行建模，高新波教授等人[22]提出了基于嵌入式隐马尔科夫（embedded hidden Markov model，E-HMM）模型的人脸图像合成方法。该方法根据人脸中的额头、眼睛、鼻子、嘴巴和下巴，将人脸图像划分为五个"超状态"（superstate）。每个"超状态"被进一步分解为多个嵌入式子状态并提取人脸特征。最后，利用选择性集成的方法合成人脸伪图像进行识别。王晓刚教授等人[23]借助马尔科夫随机场（Markov random field，MRF）模型将人脸图像块之间的空间约束考虑进来，并提出一种多尺度MRF的方法进行人脸画像–照片合成，该方法也被Li等人[84]应用到热红外人脸图像合成问题当中。基于MRF的方法在近邻选择阶段只选择最相似的一个图像块进行合成，导致当训练样本集较小时最终的合成结果易产生形变和失真。这是由于人脸图像变化范围广而训练集有限，有时很难找到令人满意的相似图像块。为弥补上述不足，Zhou等人[24]通过马尔科夫权重场（Markov weight field，MWF）寻找训练集中多个最相似的图像块，并通过学习它们之间的线性组合权重以合成出训练集中没有的新的图像块。王楠楠等人[25]将测试样本结合到学习过程中，提出了一种基于直推式学习的人脸画像–照片合成方法（transductive face sketch–photo synthesis，TFSPS），提高了合成图像的质量。以上是基于数据驱动的人脸伪图像合成方法。

基于模型驱动的人脸伪图像合成方法是指在合成测试集异质人脸伪图像时，不需要用到训练集中的数据，只需要由训练集学习一个生成模型，由生成模型直接转换测试集中的异质人脸图像，因此称为"模型驱动"。高新波教授团队率先将岭回归应用于人脸素描画像合成，首先根据训练集学习一个照片到画像的回归模型，再根据该回归模型直接将测试集中人脸照片转为画像；在深度学习领域，现有的人脸伪图像合成算法大都是基于模型驱动的方法，如cGAN[85]、CycleGAN[86]等。这些方法将生成对抗模型应用于人脸伪图像合成，利用训练集训练GAN网络中的生成模型，再利用训练好的模型生成人脸伪图像。基于模型驱动的人脸伪图像合成方法，生成的人脸伪图像有较好的主观质量，但是细节信息会出现丢失和变形。这主要是由于生成模型难以准确拟合出不同模态之间的映射关系，同时，训练集的规模也限制了模型的复杂度。

基于人脸伪图像合成的异质人脸图像识别方法具有广泛的适用性，对几乎所有的异质人脸图像识别问题均有效，但是合成的过程容易造成判别信息损失，对识别精度产生一定的影响。

7.3.2 基于共同空间投影的异质人脸图像识别方法

基于共同空间投影的方法主要目的是将处于不同模态的人脸图像投影到一个共同的子空间当中，使得模态间的差异最小。Lin等人[87]于2006年率先提出一种基于共同判别特征提取（common discriminant feature extraction，CDFE）的方法，将异质人脸图像特征投影到一个共同的特征空间进行比对。Yi等人[88]随后将典型相关分析（canonical correlation analysis，CCA）应用到近红外图像与可见光图像之间的识别当中。Lei等人[89]提出了一种基于对称谱回归（coupled spectral regression，CSR）的子空间学习框架实现异质人脸图像的识别，并随后对该方法进行了进一步的改进。Sharma等人[90]借助偏最小二乘法（partial least squares，PLS）将不同模态下的图像投影到共同的子空间下进行识别。Mignon 等人[91]设计了一种跨模态矩阵学习（cross modal metric learning，CMML）框架，通过将正负约束考虑进来从而学习到一个具有判别性的潜在空间。Kan 等人[92]通过同时考虑类内相关性和类间相关性，提出了一种多视判别分析（multi-view discriminant analysis，MvDA）方法。Gong 等人[93]提出一种基于共同空间特征编码的方法提取异质人脸图像之间的判别性信息，在人脸画像–照片识别和近红外–可见光图像识别上均取得一定的效果。Lin 等人[94]将已有方法中的线性投影改进为仿射变换，同时通过数据驱动的方式将马氏距离与欧氏距离进行融合，在多种异质人脸图像识别场景下均取得更好的实验结果。受近些年来无监督深度学习算法的启发，Yi 等人[95]利用受限玻尔兹曼机（restricted boltzmann machine，RBM）学习出一个共同的子空间特征以实现异质人脸图像识别。

多视判别分析

在异质人脸图像识别中经典的基于共同空间的投影的方法是Hotelling 于1936年提出的典型相关分析法（canoical correlation analysis，CCA），该方法将异质人脸图像投影到一个共同的子空间中，在这个共同子空间中，异质人脸图像的表观差异被去除，可以直接进行比对。这一过程可以形象化为图7.3所示关系式。

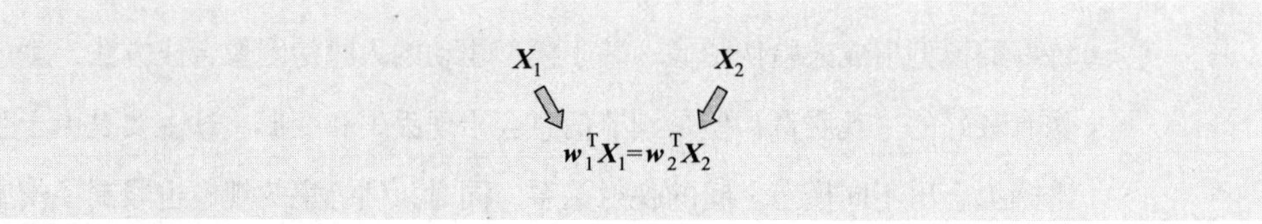

图7.3 共同子空间投影

其中，X_1 与 X_2 分别代表同一个体处于不同模态的两个样本。通过映射矩阵 w_1 和 w_2，将X_1和X_2分别投影到一个共同的子空间中。在这个子空间中，希望二者尽可能相似，因此使用下式进行约束。

$$\max corr\left(w_1^{\mathrm{T}}X_1, w_2^{\mathrm{T}}X_2\right) \tag{7.1}$$

但是该方法只能处理两种模态，在多个模态的情况下，根据CCA的形式，很容易就能想到，可以在两两模态间分别建立联系，如图7.4所示。

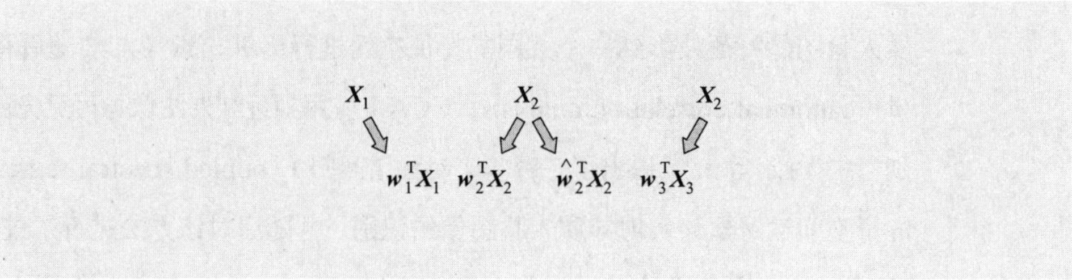

图7.4 两两模态间分别建立关系

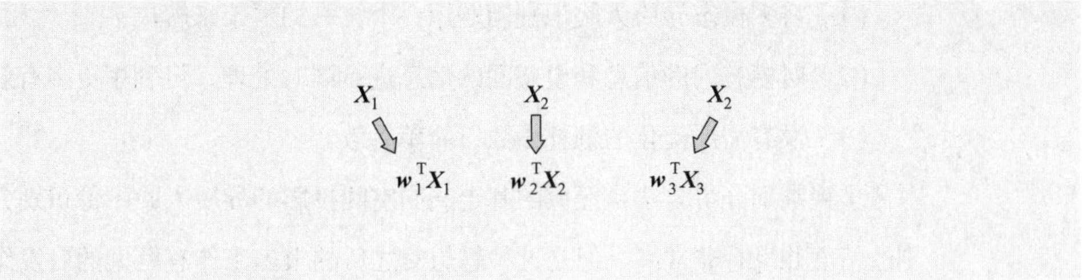

图7.5 将不同模态投影到共同子空间

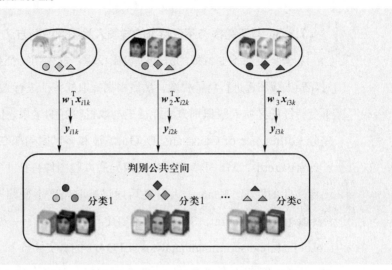

图7.6 判别公共空间

这样，在三种模态的情况下，需要建立三个共同子空间，且与不同模态比对时需要不同的投影矩阵，因此，还需要对模态进行判断。这不是一个很好的解决方案。如果可以将不同的模态投影到一个共同的子空间的话，会更加方便有效，如图7.5所示。

这里，不同的模态投影到共同子空间的投影矩阵只有一个。假设有三种模态的样本，对每一个模态建立一个投影矩阵，将对应模态的样本投影到共同子空间。在共同子空间中，不再区分投影后的样本来自何种模态。也就是说，不再区分模态间与模态内的差异。因此，相当于将所有的样本同处于一种模态，只需要根据样本的个体进行类内与类间的区分，如图7.6所示。形式化的目标函数如下：

$$\left(w_1^*, w_2^*, \cdots, w_v^*\right) = \arg \max_{w_1, \cdots, w_v} \frac{Tr\left(S_B^y\right)}{Tr\left(S_W^y\right)} \tag{7.2}$$

其中，$Tr\left(S_B^y\right)$表示类间散度（这里指所有类间样本的距离之和），$Tr\left(S_W^y\right)$表示类内散度（这里指所有类内样本的距离之和）。通过优化目标函数，就可以得到对应的投影矩阵。

多视判别分析有如下优点：

（1）将多模态异质人脸识别问题用一个统一的框架来解决；

（2）对模态内的信息和模态间的信息进行同时处理，可利用更多有效的信息；

（3）没有需要优化的额外参数，简单有效。

多视判别分析方法是经典的基于共同空间投影的异质人脸图像识别方法，虽然识别的精度并没有非常高，但是这种思想对之后的很多工作有巨大的启发作用。

7.3.3 基于跨模态不变特征的异质人脸图像识别方法

基于跨模态不变特征的方法一般流程为：首先用特征描述子或者深度神经网络对异质人脸图像进行特征提取，然后根据提取的特征进行人脸比对。近些年来，基于不变特征的异质人脸识别方法往往更易取得较好的结果。Liao等人[96]率先利用高斯差分（difference of Gaussian，DoG）滤波和多尺度局部二值模式（multiscale local binary patterns，MLBP）特征来提取异质人脸图像特征，实现近红外图像和可见光图像之间的匹配。Klare等人[97]随后通过提取尺度不变归一化特征（scale invariant feature transformation，SIFT）和MLBP特征，提出了一种基于局部特征判别分析（local feature discriminant analysis，LFDA）的真实场景下法医素描画像的识别框架。Zhang等人[98]提出了基于对称信息论编码（coupled information-theoretic encoding，CITE）的方法进行素描画像和照片之间的识别。随后，他们改进了局部二值模式（local binary patterns，LBP）特征，即局部拉东变换二值模式（local radon binary pattern，LRBP）特征，局部高斯差分二值模式（local difference of Gaussian binary pattern，LDoGBP）特征也被设计出来并应用于异质人脸图像识别。为了对模拟素描画像识别与法医画像识别之间的差异性进行探索，Bhatt等人[99]引入了半法医画像数据集。素描人脸画像完全参考人脸照片绘制而来，法医画像由法医根据目击者描述绘制而来，与这两者不同，半法医画像通过画家对目标照片短时间的观察，然后将照片移开后凭借画家对照片中样貌的记忆绘制画像。半法医画像识别研究有利于理解真实场景下法医画像的识别机制。Bhatt等人还同时提出多尺度环形韦伯局部特征（multiscale circular Weber's local descriptor，MCWLD）进行异质人脸图像识别。Klare 等人[100]提出一种基于原型随机子空间（prototype random subspace，P-RS）的框架，并在四种异质人脸识别场景（素描画像–照片、法医画像–照片、近红外–可见光图像和热红外–可见光图像）下进行验证。随着深度学习算法的发展，Mittal等人[101]提出一种基于深度学习的画像识别方法，Liu等人[102]也将深度学习应用于人脸近红外–可见光图像识别。为了更好地模拟画家在画像绘制过程中的记忆模式，Ouyang等人[103]提出了一个基于记忆偏差模拟的画像识别方法并构建了存在记忆差异的人脸画像数据库。在该数据库中每张照片对应有两张画像，分别为一小时后绘制和二十四小时后根据回忆绘制而成，该数据库可以更好地辅助研究人类对样貌记忆的偏差对画像–照片识别的影响。He等人[104]提出了一种基于深度学习的不变特征提取方法，对人脸识别神经网络进行迁移学习，并将该方法用于提取近红外–可见光图像的特征。在近红外–可见光人脸图像识别场景中取得了很好的效果。高新波教授[105]于2017年提出了基于几何表示的异质人脸识别方法，将人脸伪图像合成中的回归系数作为异质人脸图像的跨模态不变特征，下面重点介绍此方法。

考虑到现有的基于跨模态不变特征的异质人脸图像识别方法，在对人脸图像进行表示的过程中忽略了图像的空间结构约束。高新波等人[105]在2017年提出了基于几何表示的异质人脸识别方法，该方法结合了概率图模型和特征提取的思想，下面主要以人脸画像–照片识别为例详细介绍该方法。

首先构建一个包含M组画像–照片对的图模型表示数据集$\left(\boldsymbol{p}^1, \boldsymbol{s}^1\right), \cdots, \left(\boldsymbol{p}^M, \boldsymbol{s}^M\right)$，用于对测试画像$\boldsymbol{x}$和待识别照片集$\left\{\boldsymbol{g}^1, \cdots, \boldsymbol{g}^{L_g}\right\}$提取概率图模型表示特征，其中$L_g$为待识别照片集中的照片个数。首先将图模型表示数据集中图像划分成互相重叠的N个图像块，测试画像和待识别照片也进行相同的图像块划分。对于一个测试画像块$\boldsymbol{x}_i$，从图模型表示数据集的所有画像中搜索K个近邻画像块$\left\{\boldsymbol{x}_{i,1}, \cdots, \boldsymbol{x}_{i,K}\right\}$，搜索策略与第3章中介绍的概率图模型近邻搜索策略相同。此时该测试画像块$\boldsymbol{x}_i$可以看作这K个近邻画像块的线性组合表示，其中组合权值为$\boldsymbol{w}_{\boldsymbol{x}_i} = \left(w_{\boldsymbol{x}_{i,1}}, \cdots, w_{\boldsymbol{x}_{i,K}}\right)$。因此可把组合权值$\boldsymbol{w}_{\boldsymbol{x}_i}$看作该测试画像块$\boldsymbol{x}_i$的概率图模型表示特征。类似地，对于待识别照片集中的任意一张照片$\boldsymbol{g}^l$，首先也进行图像块划分。对于得到的每个待识别照片块$\boldsymbol{g}_i^l$，从图模型表示数据集的所有照片中搜索K个近邻照片块。此时该待识别照片块$\boldsymbol{g}_i^l$可以看作近邻照片块的线性组合表示，并将对应的组合权值作为该测试照片块的概率图模型表示特征。该方法主要基于的假设是，当一组画像–照片对属于相同身份时，它们同一位置的画像/照片块往往会从图模型表示数据集中相同身份的图像上选取画像/照片块进行线性组合表示，即提取的概率图模型表示特征具有较高的相似度。

这里的组合权值可以简单地利用一些子空间学习方法进行求解，如PCA[106]和LLE[107]。但是这些方法在计算组合权值时，忽略了人脸图像的空间结构约束。因此，该方法提出利用概率图模型求解组合权值，从而可以将相邻图像块的空间兼容性约束考虑进来。受概率图模型在图像合成领域的方法[22][108]启发，首先定义测试画像块和组合权值的联合概率为：

$$p\left(\boldsymbol{w}_{\boldsymbol{x}_1}, \cdots, \boldsymbol{w}_{\boldsymbol{x}_N}, \boldsymbol{x}, \cdots, \boldsymbol{x}_N\right) = \prod_i \varPhi\left(\boldsymbol{f}\left(\boldsymbol{x}_i\right), \boldsymbol{f}\left(\boldsymbol{w}_{\boldsymbol{x}_i}\right)\right) \prod_{(i,j)\in\Xi} \varPsi\left(\boldsymbol{w}_{\boldsymbol{x}_i}, \boldsymbol{w}_{\boldsymbol{x}_j}\right) \qquad (7.3)$$

其中$(i, j) \in \Xi$表示两个测试画像块$\boldsymbol{x}_i$和$\boldsymbol{x}_j$相邻，$\boldsymbol{f}(\boldsymbol{x}_i)$表示从测试画像块$\boldsymbol{x}_i$上提取的局部特征，$\boldsymbol{f}(\boldsymbol{w}_{x_i})$表示$K$近邻画像块的特征组合权值，即$\boldsymbol{f}(\boldsymbol{w}_{x_i}) = \sum\limits_{k=1}^{K} \boldsymbol{w}_{x_{i,k}} \boldsymbol{f}(\boldsymbol{x}_{i,k})$。这里

为了提高识别算法的鲁棒性，在上面的联合概率中用图像的局部特征代替原概率图模型中的像素值对图像块进行初步表示，可选用的局部特征包括尺度不变归一化特征（SIFT）、快速鲁棒特征（SURF）、方向梯度直方图特征（HOG）等。

相似性约束$\varPhi\big(\boldsymbol{f}(\boldsymbol{x}_i), \boldsymbol{f}(\boldsymbol{w}_{x_i})\big)$定义为：

$$\varPhi\big(\boldsymbol{f}(\boldsymbol{x}_i), \boldsymbol{f}(\boldsymbol{w}_{x_i})\big) \propto \exp\left\{-\left\|\boldsymbol{f}(\boldsymbol{x}_i) - \sum_{k=1}^{K} \boldsymbol{w}_{x_{i,k}} \boldsymbol{f}(\boldsymbol{x}_{i,k})\right\|^2 \bigg/ 2\delta_{\varPhi}^2\right\} \tag{7.4}$$

这里的潜在假设为$\sum\limits_{k=1}^{K} \boldsymbol{w}_{x_{i,k}} \boldsymbol{f}(\boldsymbol{x}_{i,k})$和$\boldsymbol{f}(\boldsymbol{x}_i)$相似，此时$\boldsymbol{w}_{x_i}$可看作$\boldsymbol{x}_i$的概率图模型表示。

兼容性约束$\varPsi\big(\boldsymbol{w}_{x_i}, \boldsymbol{w}_{x_j}\big)$定义为：

$$\varPsi\big(\boldsymbol{w}_{x_i}, \boldsymbol{w}_{x_j}\big) \propto \exp\left\{-\left\|\sum_{k=1}^{K} \boldsymbol{w}_{x_{i,k}} \boldsymbol{o}_{i,k}^j - \sum_{k=1}^{K} \boldsymbol{w}_{x_{j,k}} \boldsymbol{o}_{j,k}^i\right\|^2 \bigg/ 2\delta_{\varPsi}^2\right\} \tag{7.5}$$

其中，$\boldsymbol{o}_{i,k}^j$含义与第3章介绍的模型中的含义相同。这里，兼容性约束的潜在假设为在计算概率图模型表示的时候，要确保相邻图像块之间重叠区域的相似性，从而可以将人脸图像的空间结构约束考虑进来。

将式（7.4）和式（7.5）代入到式（7.3）当中，可以等价于最小化下面的目标函数：

$$\min_{\boldsymbol{w}} \frac{1}{2\delta_{\varPsi}^2} \sum_{(i,j) \in \Xi} \left\|\sum_{k=1}^{K} \boldsymbol{w}_{x_{i,k}} \boldsymbol{o}_{i,k}^j - \sum_{k=1}^{K} \boldsymbol{w}_{x_{j,k}} \boldsymbol{o}_{j,k}^i\right\|^2 + \frac{1}{2\delta_{\varPhi}^2} \sum_{i=1}^{N} \left\|\boldsymbol{f}(\boldsymbol{x}_i) - \sum_{k=1}^{K} \boldsymbol{w}_{x_{i,k}} \boldsymbol{f}(\boldsymbol{x}_{i,k})\right\|^2 \tag{7.6}$$

$$\text{s.t.} \sum_{k=1}^{K} \boldsymbol{w}_{x_{i,k}} = 1, 0 \le \boldsymbol{w}_{x_{i,k}} \le 1, i = 1, 2, \cdots, N, k = 1, 2, \cdots, K$$

式（7.6）可进一步化简为：

$$\min_{\boldsymbol{w}} \alpha \sum_{(i,j) \in \Xi} \left\|\boldsymbol{O}_i^j \boldsymbol{w}_{x_i} - \boldsymbol{O}_j^i \boldsymbol{w}_{x_j}\right\|^2 + \sum_{i=1}^{N} \left\|\boldsymbol{f}(\boldsymbol{x}_i) - \boldsymbol{F}_i \boldsymbol{w}_{x_i}\right\|^2 \tag{7.7}$$

其中，$\alpha = \delta_{\varPhi}^2 / \delta_{\varPsi}^2$，$\boldsymbol{F}_i$和$\boldsymbol{O}_i^j$为两个矩阵，其中第$k$列分别为$\boldsymbol{f}(\boldsymbol{y}_{i,k})$和$\boldsymbol{o}_{i,k}^j$。式（7.7）可等价为：

$$\min_{\boldsymbol{w}} \boldsymbol{w}^{\mathrm{T}} \boldsymbol{Q} \boldsymbol{w} + \boldsymbol{w}^{\mathrm{T}} \boldsymbol{c} + \boldsymbol{b} \tag{7.8}$$

$$\text{s.t.} \sum_{k=1}^{K} \boldsymbol{w}_{x_{i,k}} = 1, 0 \le \boldsymbol{w}_{x_{i,k}} \le 1, i = 1, 2, \cdots, N, k = 1, 2, \cdots, K$$

其中：

$$Q = \alpha \sum_{(i,j)\in\Xi} \left(\boldsymbol{O}_i^j - \boldsymbol{O}_j^i\right)^{\mathrm{T}} \left(\boldsymbol{O}_i^j - \boldsymbol{O}_j^i\right) + \sum_{i=1}^{N} \boldsymbol{F}_i^{\mathrm{T}} \boldsymbol{F}_i \qquad (7.9)$$

$$c = -2\sum_{i=1}^{N} \boldsymbol{F}_i^{\mathrm{T}} \boldsymbol{f}\left(\boldsymbol{x}_i\right) \qquad (7.10)$$

$$b = \sum_{i=1}^{N} \boldsymbol{f}^{\mathrm{T}}\left(\boldsymbol{x}_i\right) \boldsymbol{f}\left(\boldsymbol{x}_i\right) \qquad (7.11)$$

该问题可以利用层次分解算法（CDM）进行求解，并最终得到所有测试画像块的组合权值矩阵$\boldsymbol{W}_x = \left[\boldsymbol{w}_{x_1}, \cdots, \boldsymbol{w}_{x_N}\right]$作为测试画像的概率图模型表示。类似地，任意一张待识别照片$\boldsymbol{g}^l$也可以计算出其概率图模型表示。为了便于接下来进行的相似度计算，这里将每个图像块的概率图表示特征$\boldsymbol{w}_{x_i}$从原本的K维向量变形为M维向量，其中每个M维向量只有K个位置非零。这里的非零位置对应于选择的K个近邻画像块所在画像在图模型表示数据集中所处的排序位置。例如，若图模型表述数据集中第z张画像的对应画像块被选作$\boldsymbol{x}_i$的K个近邻画像块之一，$\boldsymbol{w}_{y_{i,z}}$为该近邻块的权值，$z=1, 2, \cdots, M$。基于几何表示的异质人脸图像识别算法框图如图7.7所示。

7.3.4 基于深度学习的异质人脸图像识别方法

基于深度学习的异质人脸图像识别方法，是目前识别精度最高的异质人脸图像

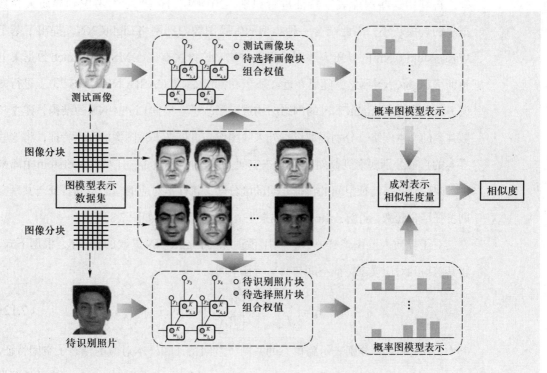

图7.7 基于几何表示的异质人脸图像识别算法框图

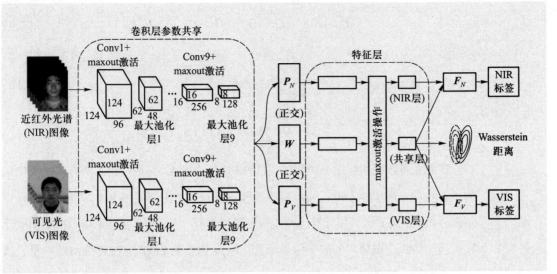

图7.8 Wasserstein CNN算法框架

识别方法。这类方法结合了在传统人脸图像识别中取得巨大成功的卷积神经网络。受限于异质人脸图像数据库的规模，该方法首先使用大量的可见光人脸图像训练识别网络，随后使用迁移学习的方法，在小型的异质人脸图像数据集上进行微调，以提高异质人脸图像识别的精度。

传统的人脸识别中，卷积神经网络一般用于对输入的人脸图像提取深度表示特征，再利用这些深度表示特征进行识别。2018年，He等人[104]考虑到异质人脸数据集的规模较小，因此结合一种小型的人脸图像识别网络LightCNN，提出了基于Wasserstein CNN的异质人脸图像识别方法。该方法首先在MS–1m–celeb数据集上预训练LightCNN网络，随后在近红外–可见光数据集CASIA NIR–VIS 2.0上进行微调。该工作也对LightCNN的网络结构进行了改进。根据LightCNN的结构，建立参数共享的孪生网络，分别提取近红外人脸图像与可见光人脸图像的深度特征，将这些样本的特征分别映射到其对应的模态空间及共享特征空间。引入Wasserstein距离来度量映射到共享特征空间的特征之间的区分度，将样本对应的模态空间特征与共享空间特征结合起来，计算softmax分类损失。具体算法框架如图7.8所示。

对于异质人脸图像样本X_i，利用预训练的LightCNN提取的特征f_i，根据下式，将其映射到对应模态特征空间与共享特征空间：

$$f_i = \begin{bmatrix} f_{\text{shared}} \\ f_{\text{unique}} \end{bmatrix} = \begin{bmatrix} WX_i \\ P_iX_i \end{bmatrix} (i \in \{N, V\}) \tag{7.12}$$

其中，WX_i和P_iX_i分别表示跨模态的共同子空间特征和样本对应的模态子空间特征。这里，W和P分别是两个子空间的映射矩阵。为了减少参数和训练时过拟合的情况发生，并使两个空间的相关性进一步下降，加入正则项：

$$\boldsymbol{P}_i^{\mathrm{T}}\boldsymbol{W} = 0\left(i \in \left\{N, V\right\}\right) \tag{7.13}$$

$\boldsymbol{P}_N$将近红外样本的深度表示特征$\boldsymbol{f}_N$映射到NIR子空间，并使用softmax交叉熵损失函数进行约束，$\boldsymbol{P}_V$将可见光样本的深度表示特征$\boldsymbol{f}_V$映射到VIS子空间，也使用softmax交叉熵损失函数进行约束。$\boldsymbol{W}$将$\boldsymbol{f}_N$与$\boldsymbol{f}_V$投影到共同子空间，并引入Wasserstein距离进行约束。在训练中，当Wasserstein距离为零时，就得到了共同子空间的投影矩阵$\boldsymbol{W}$。

测试时，使用该网络分别提取近红外人脸图像和可见光人脸图像的深度特征，再由共同空间投影矩阵投影到共同空间，即可得到对应样本的不变特征，并计算相似度。

Light CNN代码

与传统的异质人脸图像识别方法不同，该方法将基于共同子空间映射的方法与不变特征提取的方法结合起来，用一个端到端的框架进行训练，在近红外数据集上取得了很高的识别精度。随后，Song等人[109]将该框架与生成对抗网络结合，提出了对抗判别异质人脸图像识别方法，该方法将基于模型驱动的异质人脸图像合成方法、基于共同子空间投影的方法和基于不变特征的方法综合起来，在近红外数据集上取得了不错的结果。

7.4　本章小结

异质人脸图像主要指来自不同成像环境或不同传感器的人脸图像，如人脸画像－照片、人脸近红外－可见光图像或人脸热红外－可见光图像等。异质人脸图像识别在生物特征识别领域具有重要的研究价值和意义。目前，异质人脸图像识别已取得一定的进展，但现有方法仍存在一些亟须解决的问题与挑战。

（1）软件制作的人脸部件画像识别问题。软件制作的人脸部件画像由于缺乏纹理信息，已有的异质人脸图像识别方法往往很难取得较好的识别效果。考虑到人脸部件画像的生成机制，以及其五官和轮廓特征明显的特点，可考虑借助人脸关键点检测算法对图像中的人脸五官与下巴轮廓进行定位，进而提取图像中人脸五官和下巴轮廓的局部特征，通过只聚焦于图像中的人脸部件特征，将会在一定程度上提高人脸部件画像的识别率。

（2）素描－部件画像混合场景下异质人脸图像识别问题。在素描－部件画像混合识别场景中，由于手绘素描画像以丰富的纹理信息为主，而人脸部件画像以五官和轮廓特征为主，如果分别结合两类画像的优点，即对于手绘素描画像以提取纹理特征为主，而人脸部件画像以提取轮廓特征为主，进而在得分级别或排序级别进行自适应融合，将有望改善上述场景中的识别性能。

（3）结合属性检测的异质人脸图像识别问题。现有异质人脸图像识别方法并未充分利用到人脸图像的属性信息，如性别、年龄段、人种肤色、是否佩戴眼镜等。通过对异质人脸图像首先进行属性检测与分类，可以大大减少识别阶段的干扰项。例如，经过性别检测后，只需在同性别的子数据集上进行匹配识别即可。该问题的难点在于尽管现有的人脸照片属性检测方法已经趋于成熟，但异质人脸图像（画像、人脸近红外图像和人脸热红外图像）的属性检测研究领域仍是一片空白，也是未来值得探索的领域之一。

（4）异质人脸图像的同步合成与识别问题。在现有研究当中，通常将异质人脸图像的合成问题与识别问题完全独立起来分别进行研究，但实际上二者存在一定的共性。例如，无论合成问题还是识别问题，均需要对异质人脸图像进行特征提取和解决跨模态的问题。如果借助卷积神经网络对异质人脸图像进行处理，并将图像合成和图像识别同时作为网络优化目标，有望实现异质人脸图像的同步合成与识别。此外，近期热门的生成对抗网络也是一个可能的解决思路。

（5）卡通人脸图像识别问题。目前已有的异质人脸图像识别研究当中，尽管异质人脸图像之间存在模态差异，但大多并没有严重的夸张和形变差别。但在实际场景中，对于一张夸张的卡通人脸图像人们仍然可以很快识别出它所代表的人物。由于卡通人脸图像与人脸照片无法严格对齐，现有的异质人脸图像识别方法在卡通人脸图像识别问题上基本失效。研究卡通人脸图像识别问题，将有助于探索人类进行人脸识别的潜在机制，也可为数字娱乐提供一定的参考。

第8章　人脸超分辨率重建

8

8.1　图像超分辨率重建概述

8.1.1　分辨率的概念

图像分辨率指图像中存储的信息量,是成像系统对输出图像细节分辨能力的一种度量,它表示了图像质量的高低,是图像非常重要的细节指标之一。分辨率具体体现在图像中所包含像素点个数和图像的细微程度。因此,对图像细节的解释就是对图像分辨率的不同表达。而图像分辨率又可以分为不同的种类,如空间分辨率、时间分辨率、光谱分辨率、辐射分辨率等。

空间分辨率表示像素所代表目标的实际范围大小,具体体现在画面的清晰程度,即对细微结构的分辨率。在遥感影像中,空间分辨率是指能够识别的两个相邻地面物体的最小距离或是地面物体能分辨的最小单元。时间分辨率决定了视频输出的帧率,即实时效果。遥感图像的时间分辨率则是对同一目标进行重复探测时,相邻两次探测的时间间隔。光谱分辨率为探测光谱辐射能量的最小波长间隔,是对光谱探测能力的衡量。辐射分辨率则是指传感器接收波谱信号时能分辨的最小辐射度差,它描述了系统记录能量值差异的能力。

分辨率是一幅图像的核心,在图像相关的任务中广泛提及。而在实际应用中更多考虑的是对图像空间分辨率的研究,超分辨重建技术也是针对图像空间分辨率而言的。因此,本书中主要讨论的是空间分辨率。在后面的章节中,如不加以说明,分辨率即指空间分辨率。

8.1.2　人脸图像超分辨率重建

在图像的采集过程中,获取的图像可能由于各种因素的影响,存在噪声、模糊和分辨率低等问题。然而通过改变成像系统来提高系统的信息获取能力会受到工艺水平和硬件成本等因素的限制,在实际应用中受到制约。因此,超分辨率重建技术应运而生。图像超分辨率重建方法是在保留现有硬件设备的基础上，通过软件的方法达到提高图像分辨率的目的，是一种经济实用且切实可行的方案，在医学图像处理、遥感图像处理以及视频监控等依赖图像高频信息的领域中有广泛应用。本章主要讨论视频监控领域中的人脸图像超分辨率重建问题。

在人脸识别、取证等应用中，人脸的准确识别和跟踪技术是必不可少的。在过去的几年里，提高这类应用分辨率的必要性引起了更多的关注。图像超分辨率（SR）算法有助于将捕获的低分辨率图像放大或超分辨为高分辨率的图像帧，从而提高了待识别图像的视觉质量。本章后续主要讨论人脸超分辨率（FaceSR）的一些经典方法，基于学习的 SR 方法是目前广泛使用的技术。

8.2 人脸超分辨率重建的技术背景

8.2.1 图像观测模型

受到硬件系统的限制，数字成像系统所采集的图像具有各种退化现象。例如，有限的光圈大小导致光学模糊效应；有限的曝光时间导致运动模糊，这在视频中很常见；有限的传感器感光单元尺寸导致传感器的模糊。以上种种原因均限制了图像空间分辨率的不足。

图 8.1 展示了一个典型的将 HR 图像与 LR 视频帧相关联的观测模型。图像采集系统的输入是连续的自然场景下的人脸图像，近似为有限带宽信号。这些信号在到达成像系统之前可能受到大气湍流的污染。通过对高过奈奎斯特速率的连续信号进行采样，可以得到高分辨率数字图像（a）。在图像采集的环境中，摄像机和场景之间通常存在某种运动关系，即输入到相机的多帧图像之间可能在空间上存在局部或全局变化，即图像序列（b）。通过摄像机，这些运动相关的高分辨率帧会产生不同的模糊效果，如光学模糊和运动模糊。然后，这些模糊图像（c）在图像传感器（如 CCD 传感器）下采样成像素，通过图像的积分下降到每个传感器区域，进一步受到传感器噪声和颜色滤波噪声的影响，得到最终的低分辨率图像（d）。

设真实场景下的高分辨率图像为 X，即带限的连续场景中奈奎斯特采样率以上的数字图像。Y_k 为摄像机第 k 次所观测到的低分辨率图像。图像观测模型可被定义为：

$$Y_k = D_k H_k F_k X + V_k \tag{8.1}$$

其中，F_k 为几何运动矩阵，H_k 为模糊矩阵，D_k 为下采样矩阵，V_k 为附加噪声。该线性方程组可以重新排列成一个大的线性系统：

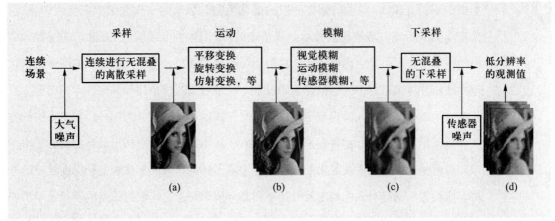

图8.1 图像观测模型

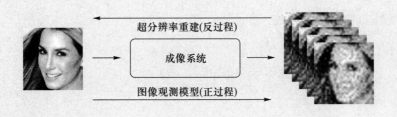

图8.2 图像观测模型与图像超分辨率重建

$$\begin{bmatrix} Y_1 \\ Y_2 \\ \vdots \\ Y_K \end{bmatrix} = \begin{bmatrix} D_1 H_1 F_1 \\ D_2 H_2 F_2 \\ \vdots \\ D_k H_k F_k \end{bmatrix} X + V \qquad (8.2)$$

为表达方便，模型可等同为：

$$Y = MX + V \qquad (8.3)$$

其中，M_k 为 D_k，H_k，F_k 的乘积。考虑到矩阵 M 以及矩阵 D，H，F 均过于稀疏，因此该线性系统为一个典型的病态问题。此外，在实际成像系统中，这些矩阵需要根据现有的LR观测结果进行估计，也使得该问题更加病态。因此，对高分辨率图像进行适当的先验正则化总是可取的，甚至是至关重要的。

8.2.2 图像重建原理

图像的观测模型描述了从理想的高分辨率图像到观测图像的正过程，而图像超分辨率重建则是逆过程，即利用观测得到的多帧低分辨率图像重建出高质量的高分辨率图像。如图8.2所示。

超分辨率重建方法早期研究的工作主要集中在频域中进行（由于方法时间较早，

本书中不再介绍），但考虑到更一般的退化模型，后期的工作都集中在空域中进行。最基本的人脸超分辨率重建技术是将给定的LR图像插值到所需的HR图像维数。插值的一个主要亮点是它能够完整地保留图像的低频细节，然而插值得到的图像质量较差。在超分辨率过程中，插值作为子过程，经常与学习和重建等其他技术相结合。目前在空间域中实现的人脸超分辨率重建的最新技术可以大致分为两种：基于重构的方法和基于学习的方法。前者多采用多帧输入，从不同的帧中重构出最终的高分辨率图像。后者是近十年内发展起来的，可再分为基于样例学习的方法和基于深度学习的方法。该类方法通过对训练集中低分辨率和高分辨率图像之间映射关系的学习，导出映射函数并将其应用于输入的低分辨率图像以生成相应的高分辨率图像。基于学习的重建方法不仅克服了基于重构的方法在提高分辨率倍数方面的局限性，而且可以实现单帧图像的超分辨率重建。

8.2.3　常用数据库与评价指标

常用数据库如下。

1. Face Recognition Grand Challenge Dataset（FRGC）

FRGC包括人脸的三维扫描、高分辨率静止图像以及同一目标的多张图像，这些图像是在受控和不受控的条件下拍摄的。数据库共包含有50 000张图像，其中的正面人脸照片是在两种不同的光照条件下拍摄的，并拥有两种面部表情（微笑和自然）。

2. Celebfaces Attributes Dataset（Celeba）[110]

Celeba是香港中文大学的开放数据库，包含有10 177个名人身份的202 599张图片。该数据集中的图像包含有复杂的姿态和背景，其中每张图片包含有5个landmark标记以及40个人脸属性特征。

3. Helen Dataset[111]

Helen Dataset首先通过在Klickr搜索收集大量候选照片，并逐步通过机器和手工的过滤及筛选，最终获取包含人脸原始图像的裁剪版本，如图8.3所示。其中，trainset目录为训练样本集，包括了2 000张人脸图片，同时被标注了68个特征点，

图8.3　Helen数据集样本示例

testset为测试样本集，包括了330张人脸图片，同时被标注了68个特征点。

常用评价指标如下。

1. 峰值信噪比

峰值信噪比（peak signal to noise ratio，PSNR）是一种客观的评价图像的标准。一般用于最大值信号和背景噪声之间差异的衡量。它是原图像与被处理图像之间的均方误差相对于$(2^n-1)^2$的对数值（信号最大值的平方，n是每个采样值的比特数），PSNR越高，失真越小，单位是dB。计算公式如下：

PSNR代码

$$PSNR = 10 \times \log_{10}\left(\frac{\left(MAX^2\right)}{MSE}\right) \tag{8.4}$$

这里的MAX是指图像的灰度级，一般为255。

2. 结构相似性（structural similarity index，SSIM）[112]

SSIM代码

结构相似性是一种衡量两幅图像相似度的指标。该指标首先由德州大学奥斯丁分校的图像和视频工程实验室（Laboratory for Image and Video Engineering）提出。其值可以较好地反映人眼主观感受。公式如下：

$$SSIM(x,y) = \frac{\left(2\mu_x\mu_y + C_1\right)\left(2\sigma_{xy} + C_2\right)}{\left(\mu_x^2 + \mu_y^2 + C_1\right)\left(\sigma_x^2 + \sigma_y^2 + C_2\right)} \tag{8.5}$$

其中，μ_x是x的平均值，μ_y是y的平均值，σ_x^2是x的方差，σ_y^2是y的方差，σ_{xy}是x和y的协方差。$C_1 = (k_1 L)^2$，$C_2 = (k_2 L)^2$是用来维持稳定的常数。L是像素值的动态范围，k_1=0.01，k_2=0.03。结构相似性的范围为0到1。当两张图像完全相同时，SSIM的值等于1。

8.3　基于插值的人脸超分辨率重建方法

8.3.1　邻域插值

邻域插值是一种最简单的插值方法，又称为零阶插值。该方法通过反向变换得到一个浮点坐标，对其进行简单的取整，得到一个整数型坐标，这个整数型坐标对应的像素值就是目标像素的像素值，即令输出像素的像素值等于它所映射到的位置最近的输入像素的像素值。插值过程如图8.4所示。

邻域插值代码

邻域插值计算十分简单，在许多情况下，其结果具有明显的马赛克。当图像中包含像素值及灰度级别有变化的细微结构时，邻域插值法会在图像中产生人工的痕迹。

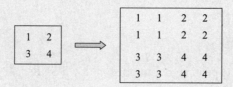

图8.4 邻域插值示意图

8.3.2 线性插值及双线性插值

线性插值是以距离为权重的一种插值方式，可简单理解为在A，B两点连线之间插入第三个点C。例如，已知数据(x_0, y_0)与(x_1, y_1)，要计算$[x_0, x_1]$区间内某一位置x在直线上的y值：

$$\frac{y - y_0}{x - x_0} = \frac{y_1 - y_0}{x_1 - x_0} \tag{8.6}$$

$$y = \frac{x_1 - x}{x_1 - x_0} y_0 + \frac{x - x_0}{x_1 - x_0} y_1 \tag{8.7}$$

双线性插值代码

其中，x和x_0，x_1的距离作为一个权重，用于y_0和y_1的加权。但是考虑到实际情况中C不在AB线上的情况，就有了双线性插值。图像的双线性插值是基于与其相邻的四个端点的像素值来确定的。如图8.5所示，已知Q_{12}，Q_{22}，Q_{11}，Q_{21}，但是要插值的点为P点，P点不在任意两点的连线上，这就要用双线性插值了。

已知Q_{11}，Q_{21}，Q_{12}，Q_{22}，计算P点的值时，需要先由Q_{11}和Q_{21}插值得到R_1，由Q_{12}和Q_{22}

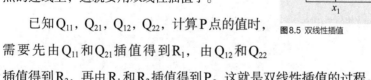

图8.5 双线性插值

插值得到R_2，再由R_1和R_2插值得到P。这就是双线性插值的过程。

8.3.3 双三次插值

双三次插值是一种更加复杂的插值方式，它能创造出比双线性插值更平滑的图像边缘。在这种方法中，函数f在点(x, y)的值可以通过矩形网格中最近的十六个采样点的加权平均得到，在这里需要使用两个多项式插值三次函数，每个方向使用一个。

假设原图像A大小为$m \times n$，缩放后的目标图像B的大小为$M \times N$。在双线性插值法中，选取$A(x, y)$的最近4个点。而双三次插值法选取的是最近的16个像素点作为计算目标，计算图像B(x, y)处像素值的参数，如图8.6所示。

P00代表目标插值图中的某像素点(x, y)在原图中最接近的映射点。假设映射到原图中的坐标为(1.1, 1.1)，那么P00就是(1, 1)，而最终插值后的图像在(x, y)处的值即为以上16个像素点的权重卷积之和。

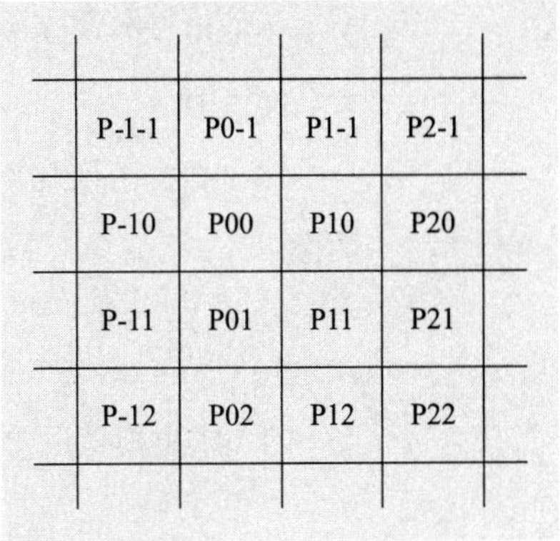

P-1-1	P0-1	P1-1	P2-1
P-10	P00	P10	P20
P-11	P01	P11	P21
P-12	P02	P12	P22

图8.6 双三次插值

权重卷积求和的公式如下：

$$Pix(a, b) = \sum_{i=0}^{3} \sum_{j=0}^{3} a_{ij} Pix(x_i, y_j) \tag{8.8}$$

双三次插值代码

该求解过程需要先通过插值数据的特性来计算加权系数a_{ij}，再代入16个点的像素值即可求得坐标(a, b)点所对应的像素值。

8.4 基于重构的人脸超分辨率重建方法

在过去的几十年，基于重构的图像超分辨率重建方法被广泛研究。这类方法的原理是利用前向观测模型对输入的多帧低分辨率图像进行一致性约束，并结合一定的图像先验信息（通常是平滑性约束）进行求解。运动估计和先验信息选择是该类方法中十分重要的两个步骤。比较典型的图像超分辨率重建方法包括迭代方向投影方法（IBP）、凸集投影方法（POCS）和最大后验概率方法（MAP）等。

8.4.1 迭代反向投影方法

Irain和Peleg[113]等人于1991年提出了一种基于迭代反向投影的图像超分辨率重建方法。该方法首先用待求高分辨率图像的一个初始估计作为当前结果，并把这个当前结果通过观测模型投影到低分辨率观测图像上以获得低分辨率的模拟图像，然后求得低分辨率模拟图像与实际观测图像的差值，称为模拟误差，再根据模拟误差更新当前估计，如此循环迭代得到最终结果。其主要步骤分为以下5步。

（1）图像配准和模糊函数辨识。采用一定的方法，求出非参考图像与参考图像之间的运动参数，并求出系统中的模糊函数，这样就可以构建观测模型式$\boldsymbol{Y} = \boldsymbol{M}_k \boldsymbol{X} + \boldsymbol{V}$中的系数矩阵$\boldsymbol{M}_k$。

（2）图像初始化。可以使用比较简单的单幅图像内插的方法，如双线性插值、双三次插值等对参考图像进行初始化，这样就得到迭代次数 $n=0$ 时的高分辨率图像估计 $\hat{z}^n\,(n=0)$。

（3）根据图像观测模型和当前的超分辨率图像 $\hat{z}^n$，计算对应的各幅低分辨率模拟图像：

$$\hat{g}_k^n = M_k \hat{z}^n \tag{8.9}$$

（4）求出模拟误差，并利用投影矩阵 M_k^{BP} 进行反向投影，更新高分辨率图像：

$$\hat{z}^{n+1} = \hat{z}^n + \sum_{k=1}^{K} M_k^{\mathrm{BP}}\left(g_k - \hat{g}_k^n\right) \tag{8.10}$$

（5）循环执行（3）和（4），直至满足某一收敛条件，终止迭代过程。

在求解过程中，M_k^{BP} 的选择是任意的，所以，不同的 M_k^{BP} 就会得到不同的处理结果。一个比较简单的方式是让 $M_k^{\mathrm{BP}} = M_k^{\mathrm{T}}$。随后也有学者分别对上述算法进行改进，但他们的改进主要体现在图像配准方面。

IBP 方法的优点是容易理解，容易实现。缺点是由于问题的不适定性导致其解不唯一，严重依赖于投影矩阵 M_k^{BP}，而且 M_k^{BP} 的选择并不容易，并且难以引入图像的先验信息进行重建约束。

8.4.2　凸集投影方法

凸集投影（projection onto convex sets，POCS）算法[114]首先在单帧图像复原中得到了具体的应用，后来被 Stark 和 Oskoui 等人[115]引入到图像超分辨率重建领域中。其基本原理是：高分辨率图像的每一个约束条件都可以定义为向量空间的一个凸集集合，所求的高分辨率图像包含于这些集合中，取这些集合的交集，就可以得到超分辨率图像的解。约束条件主要包括观测数据的一致性、能量的有界性、正定性以及光滑性等。如果对图像的 m 个约束集都分别定义一个投影算子，即 $P_1, P_2, \cdots, P_{m-1}, P_m$，高分辨率图像可以通过以下迭代过程求解：

$$\hat{z}^{n+1} = P_m P_{m-1} \cdots P_2 P_1 \hat{z}^n \tag{8.11}$$

很明显，该方法取决于投影算子的选择。在可能的约束条件中，数据的一致性约束 $g_k = M_k z$ 应该是最重要的，因为它直接描述了低分辨率观测图像与所求高分辨率图像之间的映射关系，但是该投影算子却忽略了观测模型中噪声的影响。

Patti 等人[116]于 1997 年在其提出的基于 POCS 的超分辨率重建算法中同时考虑混叠、传感器模糊、运动模糊和加性噪声的 POCS 方法。Eren 等人[117]于 1997 又对 Patti 等人的算法进行了扩展，通过引入分割图的概念对包含多运动目标的图像进行超分辨率重建。

　　IBP方法可以看作是POCS方法在只考虑数据一致性约束条件时的特殊情况。POCS方法的优点是可以方便地加入先验信息，可以很好地保持高分辨率图像上的边缘和细节。缺点是解依赖于初始估计，收敛慢、运算量大和收敛稳定性不高。

8.4.3　最大后验概率方法

　　最大后验估计（maximum a posterior，MAP）超分辨率重建的含义是在已知低分辨率观测图像序列的前提下，使高分辨率图像出现的后验概率达到最大。Schulz和Stevenson等人[118]于1996年提出了基于MAP的图像超分辨率重建方法。基于最大后验概率理论的图像超分辨率重建问题可以表示为：

$$\hat{z} = \arg \max_z \left\{ p(z|g) \right\} \tag{8.12}$$

其中，$g = \{g_1, g_2, \cdots, g_K\}$为$K$帧低分辨率观测图像。使用条件概率对上式进行变形、取负对数并舍弃常数项，可得：

$$\hat{z} = \arg \min_z \left\{ -\log p(g|z) - \log p(z) \right\} \tag{8.13}$$

其中，$p(g|z)$即高分辨率图像存在时低分辨率图像的概率密度函数，由系统的噪声统计量来确定，通常默认为均值是0，方差是σ^2的高斯类型噪声。高分辨率图像的先验模型$p(z)$可以由图像的先验知识确定，一般为MRF模型，该模型能够使图像的局部在光滑性和边缘保持上同时获得比较好的效果。

　　Hardie等人于1997年考虑了图像配准参数和HR图像的联合MAP估计问题。该方法可以看作没有先验知识的特殊MAP估计，但由于SR问题本身是病态的，通常应优先选择MAP估计。Schultz和Stevenson等人[119]于1995年最早将MAP优化与投影约束相结合。Elad和Feuer于1997年提出了一种通用的最大似然估计/凸集投影（ML/POCS）超分辨率方法等。混合方法结合了各自的优点，能够充分利用先验知识，并且收敛的稳定性也有改善。

　　MAP方法的优点在于有唯一解，如果有合理的先验假设可以获得较好的图像边缘效果，并且对于多种噪声模型以及图像先验模型具有很好的适应性，通常能够与其他相关参量联合求解。但是其显著的缺点在于计算量比较大。

8.5　基于样例学习的人脸超分辨率重建方法

　　样例学习（example-based）方法是较早提出的使用学习的方法实现超分辨率，

相对于之前的基于插值和基于重建的方法，这种方法可以获取丰富的高频信息，在放大4倍时，仍能获得较高的图像质量。但缺点也比较明显，训练样本的选择要求比较高，并且对图像中的噪声极为敏感。本节主要介绍样例学习中最具代表性的邻域嵌入方法和稀疏字典学习方法。

8.5.1 最近邻方法与邻域嵌入方法

基于样例学习的方法即是采用学习机制获取到LR图像块和其对应的HR图像块之间的映射关系。其中最为经典的方法即最近邻搜索算法，其基本思路是从样本库中穷举找出与输入低分辨率图像块y_j^l最相似的图像块p_i^h，并将其对应的p_i^h作为y_j^l的高频分量，这种方法相当于最大似然估计问题。假设图像块满足正态分布，$P(y^l) \sim N(\mu^l, \sigma^2)$，$P(y^l|x^h) \sim N(\mu^h, \sigma^2)$则从低分辨率输入图像中提取的图像块$\{y_j^l\}$，其最大似然估计$\mu_j^l$可表示为下列目标函数的最小化问题：

$$\mu_j^{l*} = \arg \min_{\mu_j^l \in \{p_i^l\}_{i=1,\cdots,N}} \left\| y_j^l - \mu_j^l \right\| \tag{8.14}$$

该方法简单、直接，但只考虑到样本图像块本身的局部特征信息，对特征的选择以及邻域数目都比较敏感，稳定性较差。

Chang等人[120]在近邻搜索算法的基础上提出了基于邻域嵌入的（neighbor embedding，NE）超分辨率重建法。相较于最近邻搜索方法，邻域嵌入方法不需要学习大量的训练样本，在重建质量与计算复杂度方面能保持一定的平衡。该方法假设低分辨图像块与高分辨图像块组成的两个流形具有相似的局部几何结构。并基于以上假设将低分辨输入图像块与训练集中的K近邻之间的重构关系，映射到对应的高分辨图像块上，合成需要的高分辨图像。邻域嵌入方法图像重建过程简要描述如下。

（1）将训练数据集中的LR和HR图像划分为固定大小的图像块。

（2）对于给定的输入LR图像，将其与LR训练集对齐，然后将其划分为与（1）中大小相等的图像块。

（3）每次处理一个LR块，先采用欧氏距离找到它的k个最近邻图像块。然后利用减小重建误差的约束，计算出由该k个近邻图像块线性加权组合成输入图像块所需的权重。

（4）利用k个近邻图像块所对应的HR图像块和（3）中所得到的重构权重，计算出与输入LR图像块所对应的最终的HR图像块。

（5）重复（3）（4）步骤得到所有的最终HR图像块，并根据它们的位置线性组合得到HR图像。

8.5.2　稀疏字典学习方法

传统的基于学习的方法（如邻域嵌入等）通常都直接工作在从训练LR及其相应的HR图像中采样的图像块上。而基于稀疏字典学习的方法则可以为图像构造一个更紧凑的表示形式，即图像的稀疏表示。该算法理论包含两个阶段：字典构建阶段（dictionary generate）和利用字典（稀疏的）表示样本阶段（sparse coding with a precomputed dictionary）。

图像的稀疏表示需要在一组基本的信号上进行，这组基本的信号即被称为字典，字典中的每一组信号也被称为原子。当字典的原子能够张成整个信号空间（这个信号空间的信号能够完全由这个字典里的原子来表示），则称这个字典是完备的。而当原子之间存在有信息冗余时，则称该字典是过完备的。稀疏表示模型是将信号表示为一个过完备字典上的少数原子的线性组合，即图像块可以很好地表示为过完备字典中部分原子的稀疏线性组合。

根据稀疏信号的表示理论，Yang等人[121]提出了基于稀疏表示的图像超分辨率重建方法。该方法首先利用样本图像产生LR/HR图像对，提取一阶和二阶梯度作为图像LR块特征，因为大梯度代表着重要的视觉信息。随后提取HR图像和LR图像的双三次插值图像的差值作为HR块特征。从大量的LR/HR图像块对的训练集中，优化出一对共享相同系数并能产生最小重建误差的稀疏字典（低分辨率字典DL和高分辨率字典DH）。因此训练字典的过程实际上就是找到从LR特征到HR特征的复杂的非线性映射函数。

图8.7展示了基于稀疏表示的人脸超分辨率重建方法的基本框架。其处理步骤如下。

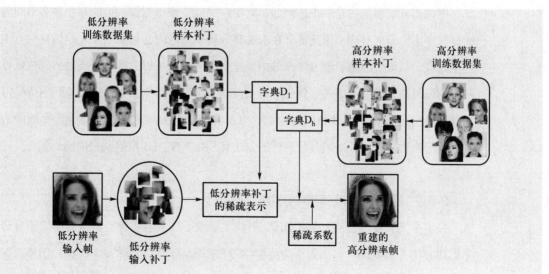

图8.7 基于稀疏表示的人脸超分辨率重建方法的基本框架

（1）对8.2.1节介绍的图像观测模型所得到的LR图像X进行分块处理，通常为避免图像重建导致的块效应，会采用重叠分块的方式。

（2）构建字典$\boldsymbol{\Phi}$，并令每个输入的LR图像块均满足下列稀疏表示公式：

$$\hat{\boldsymbol{\alpha}} = \arg \min \|\boldsymbol{\alpha}\|_p \quad \text{s.t.} \|\boldsymbol{y} - \boldsymbol{H\Phi\alpha}\|_2^2 \leq \epsilon \tag{8.15}$$

其中，$\boldsymbol{H}$是降质矩阵，不同方法下的降质矩阵均不相同。根据优化算法的不同，对应的p范数可选择为$0 \leq p \leq 1$。

（3）重建每个图像块$\hat{\boldsymbol{x}} = \boldsymbol{\Phi}\hat{\boldsymbol{\alpha}}$。

（4）将重建块对应到图像中相应的位置并平均重叠区域得到重建图像X。

在以上重建过程中，构建的字典常常包括$\boldsymbol{\Phi}_\mathrm{L}$和$\boldsymbol{\Phi}_\mathrm{H}$，分别是由LR图像块和对应的HR图像块得到，图像重建时先找到LR图像在$\boldsymbol{\Phi}_\mathrm{L}$上的稀疏表示系数，再将该系数结合到$\boldsymbol{\Phi}_\mathrm{H}$上得到HR图像块。高分辨率字典$\boldsymbol{\Phi}_\mathrm{H}$如图8.8所示。

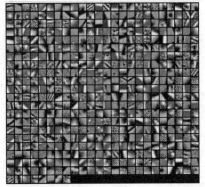

图8.8 高分辨率字典

该字典由100 000个LR/HR图像块训练而成，整个字典含有512个原子，每个原子矩阵大小为9×9。提升字典原子大小能够有效提升图像重建结果，但计算复杂度也随之上升。

8.6 基于深度学习的人脸超分辨率重建方法

图像超分辨率重建是一个逆问题，对于一个低分辨率图像，可能存在许多不同的高分辨率图像与之对应，因此通常在求解高分辨率图像时会增加一个先验信息进行规范化约束。在传统的基于学习的方法中，这个先验信息可以通过若干成对出现的低分辨率图像与高分辨率图像的实例中学到。而基于深度学习方法则是通过神经网络学习LR图像到HR图像的非线性映射函数，直接完成从低分辨率图像到高分辨率图像的端到端的映射过程。其中最具代表性的方法有SRCNN、GLN以及FSRNet等。

8.6.1 基于卷积神经网络的方法

香港中文大学的汤晓鸥教授团队[122]首次提出了基于卷积神经网络的图像超分辨率重建方法（SRCNN），该方法为深度学习在图像超分辨领域的首次应用。SRCNN学习低分辨率图像与高分辨率图像之间的非线性映射过程，并将该映射过程表示为一

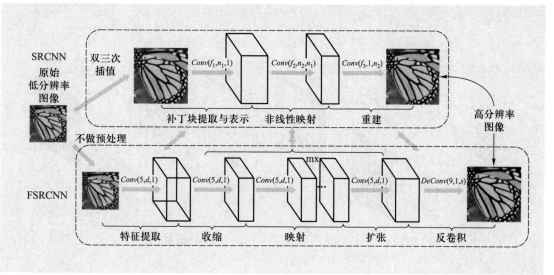

图8.9 SRCNN网络结构

个以低分辨率图像为输入、高分辨率图像为输出的卷积神经网络（CNN）。汤晓鸥教授团队于2016年在此工作的基础上提出了SRCNN的快速版本（FSRCNN）[123]，网络结构如图8.9所示。

SRCNN将图像超分辨率重建的过程分为了三个阶段：图像特征提取、特征的非线性映射以及图像重建。

（1）对于给定的输入图像，首先对其进行图像特征的提取，公式如下：

$$F_1 = \max\left(0, W_1 \otimes I_\mathrm{L} + B_1\right) \tag{8.16}$$

I_L为网络的输入图像，W_1和B_1分别表示卷积核参数和偏差，$\otimes$表示卷积运算，F_1为该卷积层输出的特征图，其中W_1的大小为9×9，特征通道数量为64。

（2）图像特征的非线性映射过程：

$$F_2 = \max\left(0, W_2 \otimes F_1 + B_2\right) \tag{8.17}$$

这里，F_1为步骤（1）中所提取的图像特征，F_2为经过非线性映射后的图像特征，其中W_2的大小为1×1，特征通道数量为32。

（3）在传统的方法中，预测的重叠高分辨率图像块往往是通过求取平均值的方式产生最终的完整高分辨率图像。在深度网络中，取平均操作可以看作是一组特征映射上的预定义滤波器，公式如下：

$$I_\mathrm{H} = \max\left(0, W_3 \times F_2 + B_3\right) \tag{8.18}$$

其中，F_2为步骤（2）中经过非线性映射后的图像特征，I_H为网络最终输出的高分辨率图像，其中W_2的大小5×5，特征通道数量为1。

SRCNN算法代码

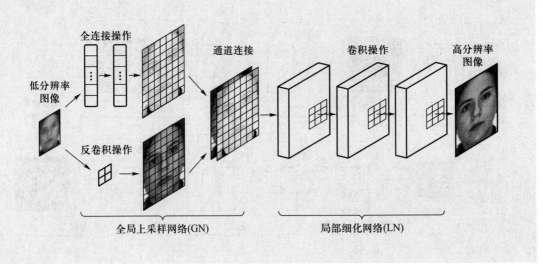

图8.10 GLN网络结构

8.6.2　基于人脸局部−全局特征的深度学习方法

Tuzel等人[124]于2016年提出了用于人脸图像超分辨率重建的GLN网络。GLN将人脸的全局和局部约束信息具体地建模并嵌入到一个端对端的网络中。根据两类约束信息的不同，GLN的网络结构可以划分为两个子网络：global upsampling network（GN）以及local refinement network（LN），GN根据人脸全局约束信息来实现人脸整体图像的重构，LN根据统计人脸局部特征的映射特性，在人脸整体图像的基础上增强人脸细节信息。网络结构如图8.10所示。

GN的参数设置会随着图像放大倍数的改变而改变，目前主流的放大倍数为4倍放大和8倍放大，参数设置总结在表8.1中。GN是一个具有两个网络分支的并行双流网络，可细分为由转置卷积层所组成的上采样网络分支以及由三个全连接层所组成的全局细节生成网络分支。其中上采样网络分支使用双线性矩阵初始化其权值，但允许权值在训练期间改变。

表8.1 GN网络参数设置

4×GN		8×GN	
deconv4	fc-512 fc-256 fc-512 fc-（128 × 128）	deconv8	fc-256 fc-256 fc-256 fc-（128 × 128）
连接		连接	

与GN不同，LN的参数设置在不同的放大倍数下是固定的。LN的参数设置总结在表8.2中。该方法提供了三种具有不同层数的完全卷积神经网络结构。实验证明，LN的层数越深，网络取得的效果越好，但是网络的参数数量和计算复杂度也会随之上升。LN的主要任务是融合GN所生成的人脸特征来增强脸部的局部细节，并产生最终的高分辨率人脸图像。

表8.2 LN网络参数设置

4 Layer LN（LN4）	6 Layer LN（LN6）	8 Layer LN（LN8）
conv5-16 conv7-64 conv5-16	conv5-16 conv7-32 conv7-64 conv7-32 conv5-16	conv5-16 conv7-32 conv7-64 conv7-64 conv7-64 conv7-32 conv5-16
conv5-1	conv5-1	conv5-1

8.6.3 基于小波变换的深度学习方法

中科院自动化研究所的谭铁牛院士团队[125]于2017年提出了基于小波变换网络的人脸图像超分辨方法。与标准的直接推断高分辨率图像的其他深度学习方法不同，该方法首先学习预测高分辨率小波系数的对应序列，然后再根据小波系数重建高分辨率图像。为了同时捕获人脸的全局拓扑信息和局部纹理细节，该方法提出了一种灵活的、可扩展的卷积神经网络，以及三种不同的损失函数：小波预测损失、图像纹理损失和全图像的均方差损失。网络结构如图8.11所示。

在图8.11中所有卷积层都有相同的3×3滤波器，它们下面的每个数字定义了各

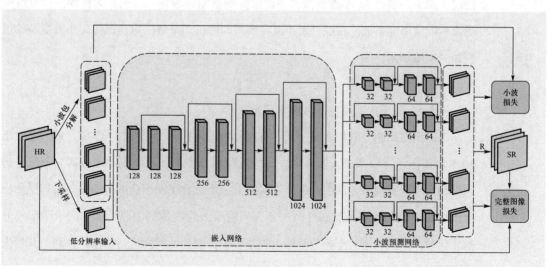

图8.11 基于小波变换网络的人脸图像超分辨网络结构

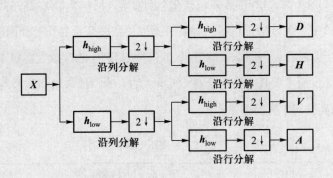

图 8.12 小波变换

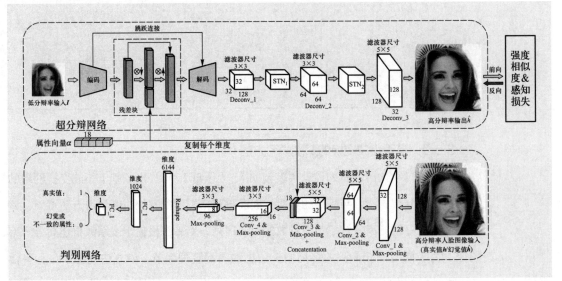

图 8.13 基于人脸属性嵌入的人脸超分辨率网络

自的通道大小。在嵌入网络和小波预测网络中，每两个卷积层之间均存在一个跳跃连接层（除第一层外）。小波变换网络以低分辨率图像为输入，输出为重建的高分辨率图像对应的小波系数，在经过逆小波变换后即可得到最终的重建图像。小波变换的过程如图 8.12 所示。

8.6.4 基于人脸属性的深度学习方法

考虑到图像超分辨任务是一个不可逆的病态问题，悉尼科技大学的 Yu 等人[126]于 2018 年提出了一种基于人脸属性嵌入的人脸超分辨率网络。该网络包括一个超分辨网络和一个判别网络。其中，超分辨网络由一个带有跳跃连接的自动编码器和反卷积层组成，该编码器将人脸属性向量整合到输入人脸图像的编码特征中用于图像超分辨。同时，判别网络对于超分辨的人脸是否包含期望的属性进行检测，并利用其损失来更新超分辨网络。网络结构如图 8.13 所示。

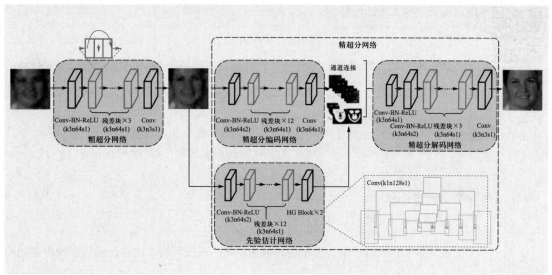

图8.14 FSRNet网络结构

8.6.5 基于人脸结构先验的深度学习方法

腾讯优图公司的邵颖等人[127]于2018年提出了一种深度端到端可训练的人脸超分辨率网络（FSRNet），该网络充分地利用了人脸标记热图和解析图等几何先验信息，在不需要良好对齐的情况下，对LR人脸图像进行超分辨率重建。FSRNet首先构造一个前端的粗超分辨网络来恢复一幅粗糙的HR图像。然后，将粗糙的HR图像发送到两个分支：细超分辨编码器和先验信息估计网络，提取图像特征，并分别估计脸标记热图以及解析图。图像特征和先验信息都被发送到细超分辨解码器以恢复HR图像。网络结构如图8.14所示。

FSRNet由4个子网络组成：粗超分网络、细超分编码网络、先验信息估计网络以及细超分解码网络。由于非常低分辨率的输入图像过于模糊而难以直接进行人脸先验估计，FSRNet将人脸的重建过程分为粗超分和细超分两个阶段。其中，x表示为低分辨率输入图像，y和p表示恢复的高分辨率图像和先验信息估计网络所估计的先验信息。

$$y_c = C(x) \qquad (8.19)$$

FSRNet构造了粗超分网络，先恢复一张粗糙的高分辨率图像y_c，这里C为粗超分网络的映射函数，接着将y_c分别输入后续的细超分编码网络和先验信息估计网络中。

$$p = P(y_c) \qquad (8.20)$$

$$f = F(y_c) \qquad (8.21)$$

其中，P和F为先验信息估计网络和细超分编码网络的映射函数，f是通过细超分编码

FSRNet算法
代码

网络所提取的人脸图像特征。

$$y = D(\boldsymbol{f}, \boldsymbol{p}) \tag{8.22}$$

经过编码后，细超分解码网络 D 通过结合图像特征 $\boldsymbol{f}$ 和先验信息 $\boldsymbol{p}$ 来恢复最终的高分辨率的人脸图像。当前，借助人脸的先验信息进行人脸图像超分辨率重建已然成为一种常态化的方法。

8.7   本章小结

在图像采集的过程中，由于受到成像系统、成像环境、图像传输等各种因素的制约，会导致获取的图像质量较低，分辨率不高。通过改变成像系统来提高系统的信息获取能力，受到工艺水平和硬件成本因素的限制，在实际应用中受到制约。图像超分辨率重建方法是在保留现有的硬件设备的基础上，通过软件的方法达到提高图像分辨率的目的，是一种经济实用且切实可行的方案，具有重要的应用价值和广阔的应用前景，例如在视频监控领域中对人脸的准确识别和跟踪。

本章主要介绍了在空域中进行的超分辨率重建的工作进展，可分为：基于插值的方法、基于重构的方法以及基于学习的方法。插值方法的主要特点是能够完整地保留图像的低频细节，但是视觉效果较差。因此在近期的图像超分辨研究中，往往将插值作为子过程，与基于重构的方法和基于学习的方法相结合，以取得更好的视觉效果。基于重构的人脸超分辨率重建方法利用前向观测模型对输入的多帧低分辨率图像进行一致性约束，并结合一定的图像先验信息进行求解。基于学习的超分辨率重建方法可再分为基于样例学习的方法和深度学习的方法。样例学习方法较早提出使用学习的方法实现超分辨率重建，通过学习机制获取训练样本中低分辨图像块和对应的高分辨图像块之间的映射关系。相对于之前的基于插值和基于重构的方法，这种方法可以获取丰富的高频信息，在放大4倍时，仍能获得较高的图像质量。随着深度学习的发展，可以通过神经网络学习低分辨率图像到高分辨率图像的非线性映射函数，直接完成从低分辨率图像到高分辨率图像的端到端映射过程。针对人脸图像的超分辨率重建工作中通过加入人脸属性、人脸结构等先验信息，进一步提升了人脸图像超分辨率重建算法的视觉效果。随着计算设备和算法的成熟，基于深度学习的超分辨率重建方法已经逐渐取代早期的插值、重构等方法成为图像超分辨率的主流技术。

第9章 多视角人脸合成

9

9.1 多视角人脸合成概述

9.1.1 多视角人脸合成的概念与意义

随着人脸识别技术的不断更新迭代，该领域研究课题的背景也不断地向非受控环境所靠拢。所谓非受控环境是指在人脸识别过程中系统不需要被识别人的合作，即被识别人可以处于任何自由状态。而在实际应用中，识别技术需要满足对环境光照的鲁棒性、对被识别人的视角和表情的鲁棒性。这就对人脸识别提出了很高的要求，成为限制人脸识别技术顺利走向商业化的瓶颈。在非受控环境的应用需求下，人们希望通过图像变换技术来实现非受控环境与现有成熟识别技术的衔接。因而，如何从一张任意光照、任意姿态、任意表情的人脸图像中准确地合成出正常光照、正脸和正常表情的图像成为一个热门而又富有挑战的研究课题。其中，又以从任意侧脸到正脸的合成最为典型。本章将主要介绍正常光照、正常表情下正脸图像合成的研究进展。

多视角人脸图像合成在各种领域有着广泛的应用，包括姿态不变人脸识别、虚拟增强现实和计算机图形学等。当人类看到一张脸时，很容易就能想象出不同视角的图像，但让计算机具备这种想象能力是一项长期存在的挑战。一般来说，人脸合成是利用一个或多个视角的人脸图像合成出所需视角的人脸图像。该问题可划分为两类：一是由一张正面的人脸图像合成其他侧面的人脸图像；二是由一个或几个侧面视角的人脸图像合成其正面的人脸图像。对于第一类问题，由于侧脸图像可以看成正脸图像经过形变压缩后的图像，因而是正向问题，通过线性或非线性的几何变换等即可实现合成。而对于第二类问题，由于从侧面图像合成正面图像是一个逆向问题，在此过程中，需要恢复经形变压缩后的人脸纹理以及由于人脸自遮挡而不可见的纹理，因此实现起来相对困难，且其困难程度也会随着侧脸视角的加大而增加。可以看出这两类问题在本质上是截然相反的，因此第一类问题的解决方案一般无法用来解决第二类合成问题，而第二类的合成方法往往可以用于第一类的合成问题。

正面人脸合成是一项极具挑战的任务。首先，合成的正脸图像中人脸的局部纹理不能有不自然的形变等；其次，合成的正脸图像要尽可能地与真实人脸相像，也就是说由于人脸的特殊性要求这个逆向问题得到准确求解。本章对现有的正面人脸合成方法进行对比研究，简要介绍各方法的优点以及局限性，进而对每一类方法的合成效果进行评估，并指出未来的研究可能值得进行探索的方向。

现有的正面人脸图像合成方法按其基本原理大概可以分为以下3类。

（1）图形学方法。通过图形学和几何变换的方法来还原由3D人脸到2D图像投影而产生的纹理形变。但是由于从侧脸到正脸的还原是逆问题，因而简单的二维几何线性或非线性仿射变换难以实现。而三维图形由于可以直接获取人脸的三维数据，因而能够顺利得到正面图像。但是三维人脸数据的合成一般需要很大的运算量，实现也相对困难。

（2）统计学习方法。这类方法不具体地描述由转动带来的人脸纹理形变，而希望用某种线性或非线性的模型来描述相应侧脸和正脸之间的映射关系。然后，通过样本学习来寻找最合适的模型。按学习策略的不同，又可分为横向学习和纵向学习方法。

（3）深度学习方法。近几年来，基于深度学习的图像重建方法在多视点生成方面取得了令人印象深刻的成果。该类方法建立在黑匣子模型上，不依赖于3D人脸形状，而是在离线代码的控制下产生输出。例如，如果在离线代码中将视角设置为30°，则网络将自动旋转任意姿态的输入图像为30°。

9.1.2 常用数据库与评价指标

1. 数据库

（1）Multi-PIE[128]

由CMU提出的Multi-PIE数据库时推进人脸识别、姿态识别、光照识别等方面的研究具有重要意义。该数据库在CMU先前提出的PIE数据库的基础上进行了扩展，包含337名受试者，在15个观测点以及19种光照条件下进行了4次拍摄。

（2）IJB-A

IJB-A是一个公开的真实场景下的人脸数据库，包含手动定位后的500名受试者的人脸图像。IJB-数据集的主要特点是：① 全姿态变化；② 支持人脸识别和人脸检测基准的联合使用；③ 支持图像和视频的混合；④ 图像背景具有更广泛的地理差异；⑤ 支持开放集识别（1∶n搜索）和验证（1∶1比较）的协议；⑥ 允许对图库对象建模的可选协议；⑦ 在眼睛和鼻子的位置进行注释。

（3）CASIA-WebFaces[128]

考虑到现有的公开的人脸数据集规模相对较小。中国科学院自动化研究所提出了CASIA-WebFaces数据库。该数据库通过半自动的方法从互联网上采集人脸图像，并建立了一个包含约1万人和50万张图像的大规模数据集。

2. 方法性能评估

全面而合理地评估正面人脸图像合成方法的性能，需要同时考虑合成的方法和合成图像的效果。人脸识别率在一定程度上反映了合成图像的质量，但是识别率毕竟还受识别方法、数据库等因素影响。因此仅用识别率来评价合成效果是不完备的。

对于合成方法，首先要评价的是对输入侧脸张数和视角范围的要求，越少的张数和越大的视角范围，则说明合成方法有更好的鲁棒性。另外，合成一张正脸图像所需的时间越少越好。

对于合成图像的效果，首先要评价的是合成的人脸是否自然，其次要评价的是合成人脸与真实人脸的相像程度。自然而相像的合成人脸图像是所希望得到的结果。

综合以上参数，一个全面的方法性能评估需要从输入人脸的张数、输入侧脸视角范围、合成速度、合成图像质量、与真实人脸相像程度以及平均识别率这几个方面，对多视角人脸重建方法进行客观的比较。

9.2 基于图形学的重建方法

侧脸与正脸图像的不同，本质上是不同二维投影造成的纹理压缩形变和自遮挡。因而通过图形学方法来对这些形变建模，进而恢复这些形变，是最直接最有效的方法。这些形变模型，如线性仿射变换，在由正脸到侧脸图像的合成中也的确十分成功。然而，由侧脸合成正脸图像是一个逆过程，其中需要恢复由形变和自遮挡导致的在侧脸图像中不存在的纹理，而二维图形学的方法难以完成这一任务。如果强行利用线性仿射变换由侧脸合成正脸，那么必然造成合成图像的非自然扭曲，如图9.1所示。因此，用三维图形学的方法来解决这一问题是必然的选择。因为侧脸图像和正脸图像仅仅是同一个三维人脸的不同投影，如果能够由侧脸图像获取到人脸的三维数据，那么自然就可以获得正脸图像。

三维人脸数据的获取一般有两种方式：一是利用已有的三维人脸模型，通过优化模型参数来匹配被合成人的侧脸图像，进而获取被合成的三维人脸数据；二是由多张侧脸图像和三维到二维的投影模型，通过求解投影矩阵，得到三维人脸数据。这两种方法获取的三维数据性质是不同的，第一种方式获取的三维数据包含人脸纹理每一个像素的三维坐标以及颜色值，是完备的三维数据；而第二种方式得到的是合成三维数据，它一般只包含形状（特征点）的三维坐标而没有纹理信息。下面将分别介绍这两种方式下的正脸图像合成方法。

9.2.1　基于三维可变模型的重建方法

三维可变模型（3DMM）[130][131]最早由Blanz等人提出，模型的构建需要使用大量三维人脸数据的样本。3DMM中形状和纹理是分别进行建模的。大致思路是利用一个人脸数据库构造一个平均人脸形变模型，在给出新的人脸图像后，将人脸图像与模型进行匹配结合，修改模型相应的参数，将模型进行形变，直到模型与人脸图像的差异减到最小，这时对纹理进行优化调整，即可完成人脸建模，如图9.1所示。3DMM的人脸重构方法主要有两个步骤，首先是从人脸数据库中构建出一个平均的脸部模型，其次完成形变模型与照片的匹配。这两个步骤中，都涉及人脸与人脸之间的每一个点的对应关系，因此能否准确找到这种对应关系并完成点与点之间的配准，是该方法的主要难题。

该方法将人脸分为了两种向量：一种是形状向量 $\boldsymbol{S} = (X_1, Y_1, Z_1, X_2, \cdots, Y_n, Z_n)$，包含了 X，Y，Z 的坐标信息；另一种则是纹理向量 $\boldsymbol{T} = (R_1, G_1, B_1, R_2, \cdots, G_n, B_n)$，表示图像R，G，B三个通道的颜色信息。用上述表示方法建立由 m 个脸部子模型组成的三维形变脸部模型，其中每一个都包含相应的 $\boldsymbol{S}_i$，$\boldsymbol{T}_i$ 两种向量。对所有人脸的形状

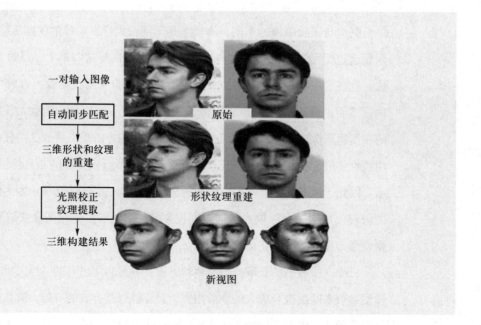

图9.1　3DMM人脸重构

和纹理分别做主成分分析（PCA），算法流程如下。

（1）计算人脸形状的均值$\overline{S}$以及纹理均值$\overline{T}$。

（2）中心化人脸数据，求得$\Delta S = S_i - \overline{S}$，$\Delta T = T_i - \overline{T}$。

（3）分别计算协方差矩阵C_S以及C_T。

（4）求得相应协方差矩阵C_S以及C_T的特征值和特征向量α，s，β，t。

经过以上步骤，即可得到3DMM的形状和纹理模型：

$$S_{\text{NewModel}} = \overline{S} + \sum_{i=1}^{m-1} \alpha_i s_i \tag{9.1}$$

$$T_{\text{NewModel}} = \overline{T} + \sum_{i=1}^{m-1} \beta_i t_i \tag{9.2}$$

其中，$\overline{S}$是人脸形状的均值，s_i是正交的基向量，用于描述由训练样本可产生的形变，α_i是形状子空间中形状的参数；同样的，$\overline{T}$是纹理均值，t_i是正交的基向量，用于描述由训练样本可产生的纹理的变化，β_i是纹理子空间中纹理的参数。

构建完3DMM后，合成正面人脸图像就转换成了模型参数的优化问题[132]。Blanz等人提出了用3DMM匹配二维人脸图像的方法来获取人脸的三维形状和纹理参数。将3DMM匹配二维图像的过程可以归结为最小化方程：

$$E_I = \sum_{x,y} \left\| I_{\text{input}}(x,y) - I_{\text{model}}(x,y) \right\|^2 \tag{9.3}$$

其中，E_I表示欧几里得距离。从图9.1中可看出，由3DMM得到的正面人脸图像，主观效果十分理想，整体而言其合成结果非常接近真实情况，且在局部的细节特征上也非常地自然。在此工作的基础上，Blanz等人提出了基于3DMM的视角鲁棒的人脸识别，进行了丰富的实验来验证此方法的识别性能，结果在CMU-PIE和FERET数据库上都得到超过95%的识别率。可以说3DMM很好地利用了3D数据天然的优势，实现了由侧面到正面人脸图像的合成。不过，3D数据虽然信息丰富完备，但是其数据量相当大，因而训练和优化过程十分耗时。另一方面，3D数据的获取需要三维扫描仪，相对2D图像而言要复杂得多。

针对上述问题，不少研究者提出了改进3DMM的办法。Romdhani等人[133]扩展了AAM匹配的改进算法，即逆组合的图像配准算法[134]，并将其用于3DMM对2D图像的配准中，从而实现了更优的效率和准确性。在3DMM的基础上，Haar等人[135]提出了用3DMM匹配到的新实例来自动更新3DMM模型的方法，从而使得3DMM得到更强的描述能力。Zhang等人[136]结合球谐函数基和3DMM提出了三维球谐函数可变模型，实现了对任何光照下人脸图像的匹配。而Chai等人[137]简化了3DMM的模型参数，实现了快速匹配。

9.2.2 基于2D+3D AAM的重建方法

在描述2D+3D AAM[138]方法之前，先简单介绍一下经典的AAM[139]方法。AAM方法中窗口的形状是由三角剖分的掩膜来描述的，在数学模型中，用掩膜的顶点坐标构成的向量来定义形状s：

$$s = (x_1, x_2, \ldots, x_n; y_1, y_2, \ldots, y_n) \tag{9.4}$$

AAM的纹理g是用基准掩膜内每一个像素点的颜色值来描述的，需要注意的是对于每一张人脸都需要将其掩膜内的纹理变形到基准掩膜内，来保证每一张人脸都有同样数目的像素点和相同物理意义的纹理。AAM的形状和纹理都能够线性变化：

$$s = s_0 + \sum_{i=1}^{m} p_i s_i \tag{9.5}$$

$$g = g_0 + \sum_{i=1}^{m} \lambda_i g_i \tag{9.6}$$

同3DMM一样，AAM的形状和纹理也可以通过PCA而得到。式（9.5）中，p_i是形状参数，s_0是基准形状或称为均值形状，s_i是特征值最大的m个形状基向量；式（9.6）中，λ_i是纹理参数，g_0是纹理均值，g_i是特征值最大的m个纹理基向量。

AAM与3DMM在很多方面都十分相似，都包含线性的形状模型和线性的纹理模型。其中最主要的区别在于AAM的描述是二维的，而3DMM是三维的。由于3DMM天然的三维优势，3DMM可以处理视角鲁棒、遮挡等AAM无法处理的问题。

考虑到3D模型在AAM匹配过程中的优势，受3DMM的启发，Xiao等人[138]提出了2D+3D AAM方法。他们证明了AAM的2D形状模型可以描述3D形状模型能够描述的任何形状，并且2D形状模型还可能会描述出一些不合理的非人脸形状。因此，在原AAM的匹配方程基础上加入了3D形状的约束项：

$$\sum_{\mu \in s_0} \left[g_0 + \sum_{i=1}^{l} \lambda_i g_i - I\left(W(u; p; q)\right) \right]^2 + K \left\| N\left(s_0 + \sum_{i=1}^{m} p_i s_i; q\right) - P\left(\bar{s}_0 + \sum_{i=1}^{\bar{m}} \bar{p}_i \bar{s}_i\right) \right\| \tag{9.7}$$

其中，前半部分是AAM匹配物体2D形状的目标方程；后半部分是3D形状模型对2D形状的约束，K是约束的权值或者称为惩罚系数。2D+3D的AAM结合了2D AAM匹配更有效率的优点和3D模型匹配对视角鲁棒的优点。

由上式匹配人脸获取的3D人脸参数$\bar{p}$，结合不同视角的投影矩阵P，就可以生成所需视角的AAM实例。生成新视角下的AAM实例需要分以下两步进行。

（1）对被匹配人脸的3D形状模型用投影矩阵P进行投影，得到新视角下人脸的

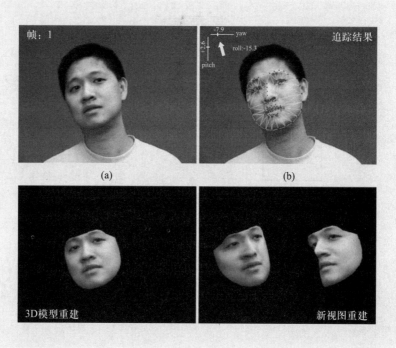

图9.2 2D+3D AAM生成新视角下的人脸实例

2D形状。

（2）对上式匹配到的人脸的纹理进行仿射变换，将纹理形变到新视角2D形状下。由2D+3D AAM生成的新视角下的人脸实例如图9.2所示。从图9.2中可以看出新视角下的人脸自然、纹理平滑，与被合成人十分相像，因此合成效果也是比较理想的。

在由侧面合成正面图像的过程中，2D+3D AAM方法通过3D形状可以很好地生成正脸的2D形状，但是获取正脸形状的每个三角区域内的纹理依然是逆过程。因此，2D + 3D的AAM模型无法像3DMM一样理想地实现正面人脸图像的合成。

9.3　基于统计学习的重建方法

与图形学方法不同，统计学习方法希望通过对大量样本的学习，找到人脸图像由侧脸到正脸的变化规律。进而在输入某幅未知人脸的侧脸图像时，运用学习到的规律合成出其正脸图像。一般而言，基于统计学习的正脸合成有两种学习策略：一种学习策略希望直接寻找出人脸图像从某一侧面视角转到正面的变化规律；另一种学习策略则回避了直接学习规律，而假设人脸纹理的相似性在不同视角间是类似的，因而其学习目的是寻找相像的人脸并求解相像的程度。这两种学习策略分别称为纵向学习和横

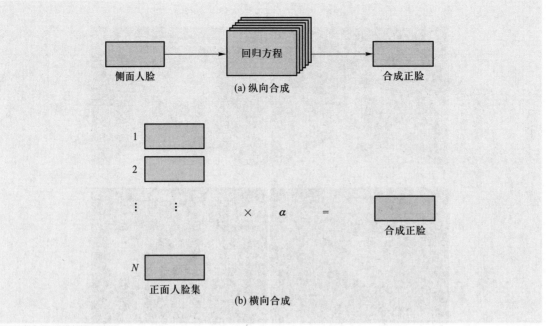

图9.3 纵向学习和横向学习示意图

向学习。图9.3给出了基于这两种学习策略的正脸合成示意图。

基于统计学习的方法还存在预处理方式的不同，简单可以分为使用AAM的和未使用AAM的。二者的本质区别在于是否对不同视角间的图像进行严格对齐。另外，还存在全局合成与局部合成的不同，全局的合成立足于整个正面人脸作为整体一次性的合成，而局部的合成着重于人脸各局部的分别合成，再拼接成完整的正面人脸图像。下面按预处理方式的不同来分别介绍不同的合成方法，说明学习策略和合成策略，并讨论其优缺点。

9.3.1 未使用AAM的方法

这类方法一般对不同视角的人脸图像间的配准要求不高，只需要人脸大小基本一致和人眼位置大概在同一水平线上。因而，一般通过手动的方式进行粗糙对齐。

Chai等人[140]使用了线性回归模型来学习不同视角的人脸图像间存在的规律，根据光照模型和圆柱模型推导出不同视角的人脸图像间的关系可以用线性模型来逼近：

$$\min_{A_P} \sum_{i=1}^{N} \left\| I_0^i - A_P I_P^i \right\| \tag{9.8}$$

其中，$I_0^i, (i=1,2,\cdots,N)$为正面人脸图像，$I_P^i, (i=1,2,\cdots,N)$为侧面人脸图像。A_p是要求解的线性变换矩阵。上式可由最小二乘回归进行求解。得到A_p后，输入对应视角的测试人脸图像I_p，则合成的正脸图像为$I_0 = A_P I_P$

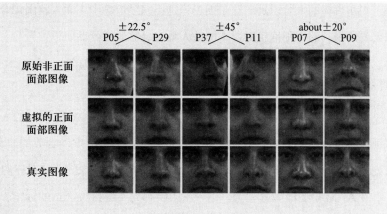

图9.4 LLR合成正脸图像

　　然而这种全局的线性回归方法要求人脸严格对齐，而这对于手动的粗糙对齐是不可能满足的。因此，Chai等人又提出了局部线性回归的方法（LLR），将图像划分为许多有重叠的大小相等的矩形块，希望用局部的线性来逼近全局的非线性。由LLR合成的正脸图像效果如图9.4所示。图中输入侧脸的视角分别为正脸向左右各偏转22.5°、45°和20°，所有图像都经过了手动的裁剪，将人脸区域限定在眼睛和嘴巴之间。

　　从图9.4中可以看出，这种方法合成的图像自然、平滑，而且较接近真实值。在合成正脸图像的基础上，Chai等人[140]又做了基于PCA +LDA的多视角人脸识别实验，结果也比较理想。但是，这种矩形分块的方法需要去除脸颊的纹理来尽量保持视角间对应纹理块的物理意义一致性。因而，其合成的正脸图像是不完整的，只包含人脸正面中心区域。

　　类似地，Kim等人[141]提出了子空间回归方法（SR）。他们同样认为不同视角的人脸图像间存在线性关系，与LLR不同的是，SR在图像经PCA降维后的数据上做线性的回归。这样提高了回归的效率，但是由于这是一种全局的回归方法，其合成图像的效果不如LLR。

　　此外，Prince等人[142]提出了一种基于概率框架的学习方法。他们认为同一个人的不同视角的图像间存在共有的隐含信息，即人的身份。使用EM算法[143]来学习隐含的身份信息，由身份信息结合视角信息，从而合成出对应视角的人脸图像。但是由于这里求解的身份变量只是一种大概的估计，因此其合成的图像效果不是很理想。然而在基于后验概率估计的视角鲁棒的人脸识别实验中，该方法取得了成功。

　　以上总结了在统计学习框架下未使用AAM进行预处理，而实现正面人脸图像合成的方法。总的来说，这些方法合成正面人脸图像的效果一般，但是它们都较好地实现了视角鲁棒的人脸识别。这是因为识别不完全依赖于正面人脸图像合成的结果，而只需要所用到的识别信息对于不同的人具有足够的区分性。

9.3.2 使用AAM的方法

使用AAM对人脸图像进行预处理，主要是因为经AAM抠取的人脸图像，可以保证严格的配准和对齐。这一特性是保证人脸图像可以准确合成的非常重要的前提。首先介绍一下AAM是如何实现同一视角内不同人脸图像的严格对齐的。

在AAM模型训练过程中，每一张人脸都先要进行特征点的标定，目前已经有方法可以较好地实现特征点的自动标定[144]和人脸的自动对齐[145][146]，并且每一张人脸的特征点个数必须是完全相等的，每一个特征点的位置也需要基本对应，训练人脸的标点如图9.5（a）所示。这些特征点就构成了每一张人脸的形状，然而AAM并不是按每张人脸自有的形状进行抠图的。AAM使用普鲁克分析（Procrustes analysis）[43]对所有人脸形状进行标准化，消除所有形状的大小比例、角度和偏移量的不同，进而计算出均值形状，也就是参考形状，最后对参考形状进行三角剖分（delaunay triangulation），并生成参考形状的抠图表（warptable），参考形状的三角剖分示例如图9.5（b）所示。这样，所有人脸纹理的抠取就全都按照参考形状的抠图表进行，而每一个特征点会在人脸纹理获取时对应到其在图像中的实际位置中去。因而，每一张人脸的像素点个数是完全相同的，每一个像素点的物理意义也是完全一致的。所以，经AAM抠取的人脸图像是完全对齐的。当然，这仅限于同一视角的人脸图像，因为

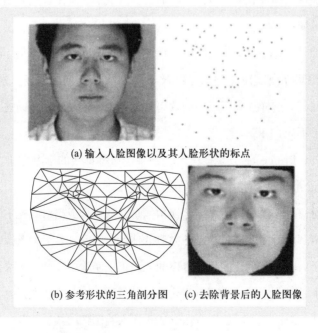

(a) 输入人脸图像以及其人脸形状的标点

(b) 参考形状的三角剖分图　　(c) 去除背景后的人脸图像

图9.5 AAM模型训练

只有同一视角的人脸图像才能使用同样的参考形状。

在使用AAM对训练集中所有人脸图像进行预处理的基础上，Huang等人[147]用实验表明，同一个人不同视角的人脸在一个统一的特征空间中可以构成一个平滑的流形，并且不同流形的差异是相互分开的。进而，他们认为训练集外的人脸的流形可以由训练集内人脸的流形来合成。最后，结合特征空间就可以重构出输入人的其他视角的人脸图像。使用线性模型来求解合成的系数：

$$\arg\min \left\| \boldsymbol{\mu}^p - \sum_{i=1}^{k} \boldsymbol{\pi}_i \boldsymbol{x}_i^p \right\|_2, \quad \mathrm{s.t.} \sum_{i=1}^{k} \boldsymbol{\pi}_i = 1 \tag{9.9}$$

式中，$\boldsymbol{\mu}^p$ 是输入的第 p 个视角的人脸图像的 AAM 纹理模型参数，$\boldsymbol{x}^p = \left(\boldsymbol{x}_1^p, \cdots, \boldsymbol{x}_k^p \right)$ 是训练集中第 p 个视角的人脸的 AAM 纹理模型参数，$\boldsymbol{\pi} = \left(\boldsymbol{\pi}_1, \cdots, \boldsymbol{\pi}_k \right)$ 是要求解的合成系数。在求得第 p 个视角下的合成系数 $\boldsymbol{\pi}$ 后，Huang等人认为重构系数 $\boldsymbol{\pi}$ 在视角间是保持一致的。

由上述流形预测的方法（ME）合成的人脸图像如图9.6所示，白色框内为输入的侧脸图像。可以看出，合成人脸图像质量较好，图像比较平滑、自然。这与使用AAM对图像进行预处理是密不可分的。但是，合成人脸无论是在哪个视角都并不是很像被合成人。其主要原因在于全局合成策略天然的缺陷。基于横向学习的合成在使用AAM对人脸图像进行配准后，其视角间人脸相似一致性的假设，在一般情况下是合理可行的。但是，人脸的相似性主要体现于某些局部的相像，而即使十分像的两张人脸，也存在不相像的局部。那么，全局的合成策略在合成人脸时，必然会带入不相像的局部，而影响总体合成的效果。

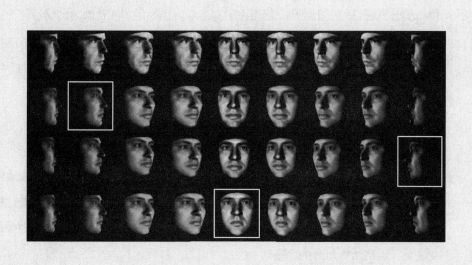

图9.6 ME方法合成人脸图像

Lee等人[148]基于张量子空间提出了另一种合成正面人脸图像的策略。他们构建了张量主动表观模型（TAAM），实现了对人脸视角、表情、光照鲁棒的匹配。在正确匹配的基础上，Lee等人认为，所有的人脸在不同视角下的形状差异是类似的，另一方面，纹理的比率也是类似的。因此，合成正面人脸图像只需修正对应侧面人脸的形状和纹理即可。这种修正方法不需要大量样本来求解回归模型，实现相对简单。但是，该方法只适用于较小的视角、表情和光照的变化情况，因此其应用的局限性较大。

还有其他一些方法也使用了AAM来进行人脸图像的合成，如Cootes等人[149]使用了多个AAM模型来匹配多视角的人脸，每个AAM模型适用于对一定视角范围内的人脸图像进行匹配。他们认为，在不同视角的AAM模型中同一个人的形状和纹理参数是相同的。因此使用某一侧面的AAM模型对侧面人脸图像进行匹配，得到AAM参数后，可以直接由正面AAM模型重构出对应的正面人脸图像。实验结果表明了这种合成方法有一定的可行性。这种方法本质上与流形预测的方法[147]是类似的，在流形预测的方法中，不同视角间保持一致的是输入人脸的AAM模型参数的重构系数，而这里直接假设了模型参数的一致性。这种假设虽然有一定的合理性，但是并不能证明为普遍的规律，因而也存在一定的局限性。

9.4 基于深度学习的重建方法

与统计学习方法类似，基于深度学习的方法同样是通过大量的样本来学习人脸图像由侧脸到正脸的变化规律。然而由于深度学习强大的非线性映射的学习能力，目前基于深度学习的方法取得了最好的重建效果以及最便捷的实现途径。该类方法根据网络损失函数的不同亦可分为两大类：深度网络以及生成对抗网络。下面分别介绍两类不同的合成方法。

9.4.1 基于面部身份保持特征的方法

香港中文大学的汤晓鸥教授团队[150]于2013年提出了一种用于多视角人脸图像重建的面部身份保持特征。该方法首先由一个深度网络对输入的人脸图像进行特征提取，得到一组具有身份保持特性的深度特征，随后在该组特征上进行人脸图像的正面化重建，网络结构如图9.7所示。

该方法的图像处理过程可大致分为两个阶段：特征的提取阶段和图像的重建阶

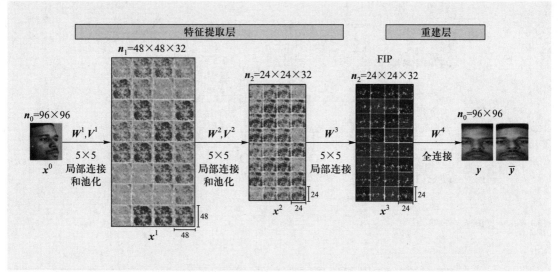

图9.7 基于面部身份保持特征的多视角人脸图像重建网络结构示意图

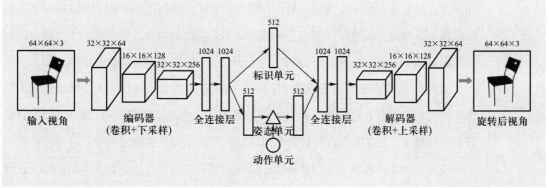

图9.8 Yang等人所提网络结构示意图

段。对于输入网络的人脸图像，首先对其进行连续的特征提取并得到面部身份保持特征（即FIP特征），该部分网络含有三个局部连接层W^1，W^2以及W^3和两个池化层V^1以及V^2。其中局部连接层为稀疏权重矩阵，大小分别为$96 \times 96 \times 32$，$48 \times 48 \times 32$，$24 \times 24 \times 32$。接下来对得到的FIP特征，通过一组大小为24×96的全连接层W^4重建正面人脸图像。

9.4.2 基于深度卷积编解码网络的方法

Shepard和Metzler在他们的心理旋转实验[151]中发现，人类从两个不同视角匹配3D物体所需的时间随着它们之间的角度旋转差异而成正比地增加。就好像人类在以稳定的速度旋转他们的心理形象。受这种心理旋转现象的启发，Yang等人[152]于2015年提出了一种带有动作单元的递归卷积编解码器网络来模拟姿态变换的过程。该项工作在人脸图像以及3D椅子图像上均取得良好表现。网络结构如图9.8所示。

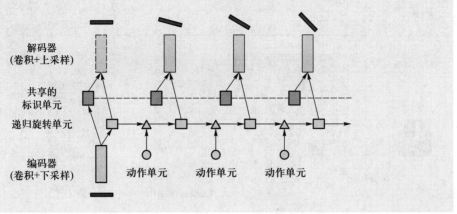

图9.9 网络旋转3D图像的递归过程

其中，编码器网络采用5×5卷积中继层，步长为2，特征图经过每个卷积层后尺寸减半。然后是两个全连接层，对卷积得到的特征图进行编码。随后将编码得到的特征向量分为两组，一组单元表示在转换期间不会更改的内容，即图像的本质信息，称为标识单元（上）。另一组单元来表示姿态（下），即图像姿态的旋转变换。

变换自动编码器[153]介绍了深层网络中的胶囊的概念，可较为完整地表示输入图像中视觉特征的存在和位置。因此，该类模型广泛应用于图像进行仿射变换和3D旋转等的领域中。Yan等人在此基础上使用卷积网络结构代替胶囊部分，并结合动作输入和递归结构来处理重复的旋转步骤。即该模型可以通过在递归的每个时间步骤设置控制信号来探索物体图像的旋转空间。网络旋转3D图像的递归过程如图9.9所示。

其中，动作单元采用了一种1-3的编码模式。其中1-0-0代表图像顺时针旋转，0-1-0代表一个空操作，0-0-1代表图像逆时针旋转。三角形代表张量相乘的操作，即动作单元将输入姿态单元转换为输出姿态单元的变换矩阵。

9.4.3　基于双路径生成对抗网络的方法

考虑到人类进行多视角人脸图像的推断过程。中科院的Huang等人[154]提出了一种双路径的GAN模型。该模型首先根据人脸的先验信息和观察到的轮廓来推断正面的整体结构，然后对人脸局部区域进行细节填充，其中的两个路径分别是全局结构的推理和局部纹理的变换。然后，将它们的相应特征图融合用于进一步处理。网络结构如图9.10所示。

首先，根据人脸的标记数据抠选出图像中的局部区域（眼镜，鼻子和嘴），然后输入到网络的LP（local pathway）分支中并得到经过重建后的清晰局部纹理。另外一个分支则是将整张侧面照片作为输入，输出为正面的人脸轮廓图像。随后将人脸轮

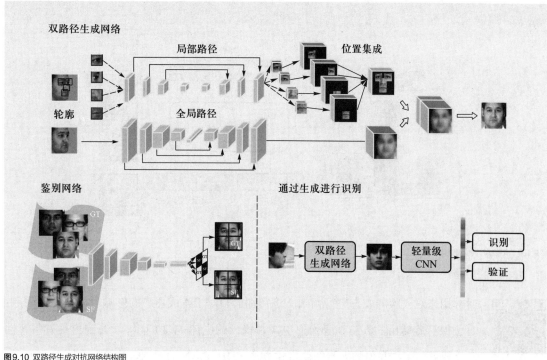

图9.10 双路径生成对抗网络结构图

廓和局部纹理进行结合并重建出最终的正面人脸图像。为了更进一步的确保图像的重建效果，Huang等人在此基础上引入了对抗损失、对称损失以及身份保持损失。

9.4.4 基于解表征学习的生成对抗网络的方法

通常的多视角人脸合成方法通常是单方面的将侧面合成为正面，或将正面合成为侧面。密歇根州立大学的Liu等人[155]提出了一种解表征学习的生成对抗网络（DR-GAN），该网络将这两项任务合并为一个任务，以一帧或多帧图像作为输入，生成任意数量的图像从而实现一个人脸的统一表示。网络结构如图9.11所示。

图中，G_{enc}的输入可以是任意姿态的人脸图像，G_{dec}输出的则是目标姿态的人脸图像。与此同时，当图像生成器G实现了面部旋转的功能后，图像判别器D不仅仅被用来区分真实和合成图像，同

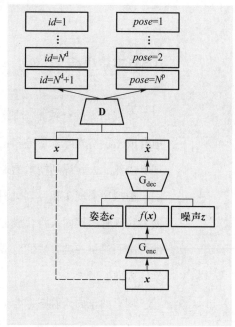

图9.11 DR-GAN网络结构

156

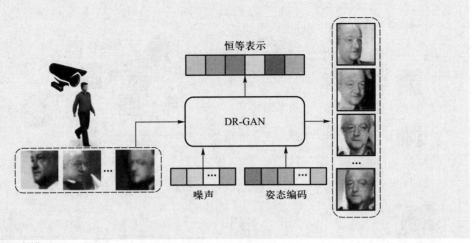

图9.12　DR–GAN图像重建结构

基于解表征学习
的生成对抗网
络的方法DR–
GAN代码

时被用来对人脸的姿态进行判别。该判别器D对于生成器G的影响可以概括为两点：
（1）保持旋转后的人脸在身份上更像是输入的主体；（2）能够学习到更具有包容性
和生成性的保持身份的人脸图像重建方法。DR–GAN的图像重建结构如图9.12所示。

　　借鉴于经典GAN模型基于噪声的图像生成过程，DR–GAN中的G_{enc}首先学习从
输入图像到特征表示的映射，并随后将该表示与姿态码和噪声矢量级联，馈送到G_{dec}
以进行脸部旋转。其中，噪声模型模拟的是面部外观变化而不影响人脸的姿态和身
份。同时，DR–GAN还可以学习一种独立的身份表示，该表示能够在面部外观和姿
态的变换下仍然保持不变。

9.5　本章小结

　　多视角人脸合成是指从一张任意光照、任意姿态、任意表情的人脸图像中准确
地合成出正常光照、正脸和正常表情的图像。多视角人脸合成能够实现非受控环境与
现有成熟的人脸识别技术的衔接，在各种领域有着广泛的应用，包括姿态不变人脸识
别、虚拟增强现实和计算机图形学等。本章主要介绍了多视角人脸合成的相关研究进
展，对现有的正面人脸合成方法进行了对比研究，简要介绍了各方法的优点以及局限
性，进而对每一类方法的合成效果进行了评估，并指出了未来的研究可能值得进行探
索的方向。

　　现有的正面人脸图像合成方法可以分为三类：图形学方法、统计学习方法，以及
深度学习方法。图形学方法通过图形学和几何变换的方法进行三维人脸重建。三维图

形由于可以直接获取人脸的三维数据，因而能够顺利得到正面图像。但是三维人脸数据的合成一般需要很大的运算量，实现也相对困难。基于统计学习的方法通过用某种线性或非线性的模型来描述相应侧脸和正脸之间的映射关系。然后，通过样本学习来寻找最合适的模型。近几年随着深度学习的发展，基于深度学习的方法取得了最好的重建效果以及最便捷的实现途径。此类方法主要针对二维人脸图像，而如何利用深度学习方法提升三维人脸图像重建的效果是未来需要继续研究的重点方向。

第10章 人脸表情合成与识别

10

10.1 人脸表情合成与识别概述

人脸作为人类最重要的外部特征,在人与人的交流中起着十分重要的作用,传递着人类的情感和精神状态。基于人脸特征的变化,可以判断人们的表情变化和情绪状态。心理学研究表明,人类大部分的表达与交流都是通过表情进行的。随着情感计算等领域研究的深入,利用计算机对人脸表情进行分析和处理日益成为研究者们关注的热点。作为人机交互的一个重要课题,利用计算机进行人脸表情识别在计算机视觉领域催生了大量研究成果。此外,研究人员也提出采用视觉语音等多模态方法进行表情识别,能够进一步提高识别的准确性和鲁棒性。在计算机图形学领域,许多学者针对合成具有真实感的人脸表情也进行了很多研究。人脸表情合成与识别已成为计算机视觉、模式识别和计算机图形学等多学科交叉的研究方向,在视频会议、虚拟现实、人机交互、基于内容的图像检索、医疗等方面都有着广阔的应用前景。

对于人脸表情识别(facial expression recognition,FER)问题,由于人脸表情十分丰富,分类较为困难。并且由于人脸图像受光照等环境影响较大,很难提取稳定的表情特征,从而影响表情识别的准确性和鲁棒性。对于人脸表情合成(facial expression synthesis,FES)问题,由于人脸的生理结构十分复杂,一个表情的产生需要皮肤、肌肉、骨骼三层组织的共同运动,因此要合成具有高度真实感的人脸表情是很有挑战性的问题。

人们对人脸表情的研究,最早可以追溯到19世纪70年代,英国生物学家查尔斯·罗伯特·达尔文在其著作《人类与动物的情感表达》[156]中,对人类和动物的面部表情进行了研究。随着计算机以及人工智能技术的发展,20世纪70年代以来,人们开展了对人类表情建模、自动识别人脸表情的研究。美国心理学家Paul Ekman首次提出人的情绪大体可以分为六种[157],包括高兴、沮丧、害怕、厌恶、吃惊以及生气,一般称这六种为基本情绪。Ekman研究了不同的脸部肌肉动作和不同表情的对应关系，进而开发了面部动作编码系统（FACS）[158]，根据人脸的解剖学特点，将其划分成若干个既相互独立又相互联系的运动单元。FACS以及六种"基本表情"是目前人脸表情肌肉运动的参照标准，被心理学家、动画师广泛使用。

10.2　人脸表情数据库

　　传统的人脸表情研究对象主要是二维静态图像或二维视频序列。人脸表情识别的传统方法重点在于提取能够描述人脸变化的表情特征及数据，如FACS中定义的运动单元，虽然在计算机视觉领域、机器学习领域取得了一定的研究成果，但是当出现头部姿态变化、细微的皮肤变化以及光照条件变化时，会影响人脸表情识别的准确率和鲁棒性。

10.2.1　二维人脸表情数据库

1. 静态图像数据集

（1）The Japanese Female Facial Expression（JAFFE）Database[159]

　　日本女性人脸表情数据库，该数据库为实验室环境的人脸表情数据库，一共有213张图像。采集自10位日本女性。每个人需要做出6种基本表情（生气、厌恶、害怕、喜悦、悲伤以及惊讶）和中性表情。每种表情都有3～4张图像。该数据库由于每个个体和每种表情的数据量都较小，挑战性较强。

（2）KDEF[160]

　　KDEF为实验室环境下人脸表情数据库，该数据库最初主要用于心理和医学研究。该数据集使用比较均匀、柔和的光照，被采集者身着颜色统一的上衣。KDEF一共含有4 900张彩色图像，采集自70个不同个体，每种表情从5个角度进行拍摄。图像标签为6种基本表情和自然表情。

（3）SFEW[161]

　　SFEW为自然场景下的静态人脸表情数据库，是通过从AFEW数据库中计算选取关键静态帧构成的。常用的版本SFEW2.0，为EmotiW2015的SReco挑战赛的数据集。SFEW2.0含有958个训练样本，436个验证样本和372个测试样本。图像标注为7种基本表情。

（4）Multi-PIE[128]

　　CMU Multi-PIE数据集包含755 370张人脸图像，采集自337个个体，含有15种视角，19种光照条件。每张人脸图像都有基本表情的标注。该数据集一般用于多视角人脸表情分析的研究。

（5）RaFD[162]

RaFD人脸数据库为实验室环境下的人脸数据库，一共包含1 608张图像，采集自67个不同个体。分别从3个不同的注视方向拍摄。图像标注为8种表情：生气、蔑视、厌恶、害怕、开心、伤心、惊讶和自然表情。

（6）EmotionNet[163]

EmotionNet为大规模数据库，包含100万张从互联网上收集的人脸表情图像，其中950 000图像利用AU自动检测模型进行标注，剩下的25 000张图手动标注了11个AU。EmotionNet挑战赛提供了2 478张图像含有6种基本表情的标注和10种复合表情的标注。

（7）RAF-DB[164]

RAF-DB为真实环境下的人脸数据库，包含29 672张从互联网上收集的多样化人脸图像。有大量人工标注和评估，图像包含7种基本表情和11种复合表情标签。

（8）FER2013[165]

FER2013人脸表情数据集为ICML2013表征学习挑战赛所用的数据集。FER2013数据集包含35 886张图像。其中，训练图像28 709张，验证图像和测试图像各3 589张，每张图像固定大小为48×48像素，标注了7种基本表情。

（9）AffectNet[166]

AffectNet为自然场景人脸表情数据集，包含超过100万张从互联网上收集的人脸图像。AffectNet是目前最大的提供两种情感模型的人脸表情数据集，包括情感分类模型和情感维度模型。

（10）ExpW[167]

ExpW为自然场景人脸表情数据集，包含91 793张从互联网上收集的人脸图像。每张人脸图像都有人工标注的7种基本表情中的一种。

2. 人脸表情视频数据库

人脸表情是动态变化的过程，相对于静态图像，人脸表情的动态视频序列更能反映人脸表情发生的过程。一个典型的表情动作通常包含三个状态：起始状态、峰值状态和结束状态。

（1）CK+[168]

CK+数据库是实验室环境下的人脸表情数据库。CK+包含593个视频序列，采集自123个个体。视频序列的长度从10帧到60帧不等，展示了从自然表情到表情峰值的变化过程。数据库中有118个个体的327个图像序列标注了7种基本表情。

（2）AFEW[169]

AFEW数据库为真实场景下的人脸表情数据库，从2013年起被人脸识别比赛EmotiW采用作为评测数据集。该数据库包含从不同的电影中收集的视频片段，包含连续的表情、多种头部姿势、遮挡和不同的光照条件。AFEW为时域和多模态数据集，提供了多种不同环境条件的视频和音频。图像标注为7种基本表情。

（3）Oulu-CASIA[170]

Oulu-CASIA数据集包含2 880个视频序列，采集自80个不同个体，标注了6种基本表情：生气、厌恶、害怕、快乐、悲伤和惊讶。每个序列都是在近红外和可见光两种成像系统下采集得到的，并且在三种不同的光照条件下采集。与CK+类似，表情序列第一帧为自然表情，最后一帧为峰值表情。

（4）MMI[171]

MMI数据集为实验室环境下的人脸表情数据库，采集自32个不同个体，包含326个视频序列。其中213个序列标注了6种基本表情，有205个表情序列为正面人脸，每个序列都包含表情变化的全过程，从自然表情，到峰值表情，再到表情消失。MMI数据集相比于CK+和Oulu-CASIA难度较高，因为部分个体戴有饰品遮挡，如眼镜和头巾等。

10.2.2 三维人脸表情数据库

现在主流人脸表情识别的方法中，人脸主要是平面的模式，例如二维几何形状和表面纹理。面部的表情变化只能在图像平面层次考虑。然而人脸的通用特征是三维表面。将人脸理解为一个动态的、立体的表面，而不是平面，在理论和实际应用中都具有一定的意义。此外，人类表情是一个整体的面部行为，许多表情的完成需要细微的皮肤运动。例如，脸颊、前额、外眼角等区域，包含大量的表面特征（顶点、凹凸面或其他三维特征），在区分细微人脸表情中有重要作用。然而，采用二维人脸数据很难检测到三维表面特征和深度的运动（如皱纹）。因此，二维人脸不能很好地反映真实的人脸表情，需要在三维空间来表示。基于三维人脸数据的方法能够识别细节的结构变化。

此外，除了人脸，人的头部运动和姿态也会影响表情的生成。然而二维人脸表情数据库往往只有正面人脸图片，头部姿态变化程度很小。正面人脸表情不仅与现实情况不符，甚至还会影响人脸表情识别的准确率，因为头部姿态也是重要的识别因素，也能反映人的真实情感。此外，大幅度的头部姿态变化会引起人脸的光照变化，可能导致部分人脸过暗。对于二维人脸图像来说，由于头部运动导致出现遮挡，很难准确地提取人脸和头部姿态的特征。而在三维空间捕捉三维头部姿态，分析人脸表情时能够减轻由姿态带来的问题。

一些研究使用部分三维信息，如多视角图像，借助多视角人脸，可以减轻不同头部姿态带来的问题。但是这些方法都是基于二维图像的，如果没有完整的三维独立人脸几何模型，不能处理较大的头部姿态变化，也限制了对细微表情的区分。因此，近年研究人员也提出了一些三维人脸表情数据库。

（1）BU-3DFE[172]

宾汉姆顿大学三维人脸表情数据集包含606个人脸表情序列，采集自100个不同个体。每个个体都演示了6种基本人脸表情，每种标签都有不同的强度。数据库包括三维人脸表情模型和二维人脸纹理。该数据库通常用于多视角三维人脸表情分析的研究。

（2）FaceWarehouse[64]

FaceWarehouse是浙江大学CAD&CG实验室周昆团队提出的三维人脸模型库，用于计算机视觉和计算机图形学中人脸方面可视计算研究的三维人脸模型数据库。该模型利用基于RGBD的人脸建模方法进行建立，建模使用的原始数据为Kinect RGBD摄像机采集的彩色图和深度图。数据采集自150个来自不同种族的人，年龄分布在7～80岁之间，包含各种肤色和人脸形状。对于每个人，都采集了中性和其他19个面部表情，如张嘴、微笑、生气、亲吻、闭眼等。对于每组RGBD原始数据，在彩色图像上获得面部特征点（landmark），如眼角、嘴巴轮廓和鼻尖等。然后通过变形一个通用的人脸网格模板获得最后的人脸模型。网格模板变形需要尽可能地接近深度数据，同时变形后网格模板的特征点要和彩色图像上的特征点位置相匹配。从每个人的20个拟合网格（一个中性表情和19个不同的表情）开始，构造出每个人的特定表情混合形状。混合形状模型包含46个动作单元，由Ekman的面部动作编码系统（FACS）描述，模拟面部肌肉群的综合激活效果，如图10.1所示。

FaceWarehouse是迄今为止用于可视化计算的最全面的三维面部表情数据库，它提供了计算机图形学和计算机视觉等众多应用中急需的数据。

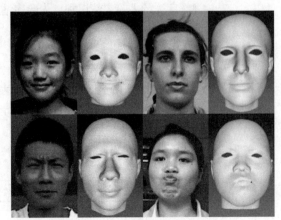

图10.1　FaceWarehouse中三维人脸模型示例

10.3　人脸表情识别

目前主流的人脸表情识别任务包含情感和动作两种类别标签，即6种基本表情识别和主要动作单元识别。6种基本表情识别从Ekman提出的6种基本表情的列表中选择识别结果；而主要动作单元识别主要识别FACS系统中面部运动单元AU的动作。根据基本情感人脸动作编码系统的定义，每种基本表情都可以定义为不同动作单元的组合。因此，大部分人脸表情识别的研究工作围绕以上两个任务展开。

由于基本表情的分类模型不能体现人类情感的复杂性和细微之处，部分工作采用连续的情感维度模型。如数据库AffectNet中包含的愉悦度/激活度（valence-arousal）情感模型[166]，如图10.2所示。虽然这种连续的情感空间相对于离散的基本表情能够描述更丰富的表情种类和程度，但是基于基本表情的分类模型凭其对人脸表情最直观的定义，在人脸表情识别中占据了绝大部分研究空间。

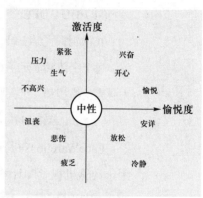

图10.2　愉悦度/激活度情感空间模型

10.3.1　人脸表情识别系统框架

人脸表情识别一般分为4个步骤：人脸检测、人脸关键点检测、人脸表情特征提取以及表情分类，如图10.3所示。传统的人脸检测和人脸关键点检测已经独立成为重要的研究课题，并且取得了重大的研究成果。因此人脸表情识别的研究重点主要体现在后面两个步骤。

人脸表情识别按照研究对象不同，可以分为基于静态图像的人脸表情识别和基于视频序列的人脸表情识别。人脸表情识别方法可以分为传统方法和基于深度学习的方法两类。

10.3.2　基于传统方法的人脸表情识别

在传统研究方法中，人脸表情特征提取主要采用人工设计的特征。对于静态图像

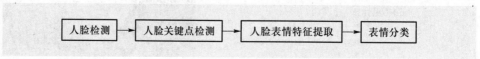

图10.3　人脸表情识别流程图

的特征提取方法可以分为两类：全局特征和局部特征；对于动态序列的特征提取可以分为光流法、模型法和几何法。

1. 基于静态图像的特征提取

（1）全局特征

全局特征方法通过将图像作为一个整体进行处理，提取人脸图像的全局信息，然后通过主成分分析（PCA）或者神经网络等方法获取低维特征。在特征提取阶段，首先采用Gabor小波对人脸表情图像进行滤波，用获取的Gabor小波参数作为人脸表情特征，如图10.4所示。在表情分类阶段，可以使用多层感知器对获取的Gabor小波参数进行分类[173]，实现表情识别；或采用主成分分析对小波参数进行降维处理，然后采用线性判别分析（LDA）进行识别[174]；或者采用独立元分析（independent

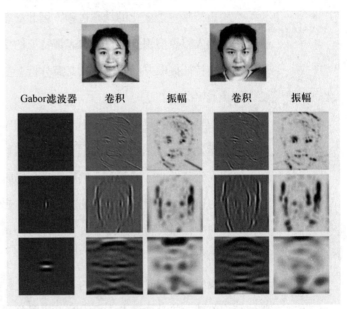

图10.4 Gabor小波参数作为人脸表情特征

component analysis，ICA）提取人脸特征，然后采用支持向量机（supporting vector machine，SVM）进行分类[176]。全局特征从整体角度考虑表情特征，但是背景复杂的图像会对人脸图像的全局信息带来影响。

（2）局部特征

局部特征方法提取人脸某些特殊部位的特征，如嘴角、眼角等位置的纹理或皱褶变形。场景的局部描述子有LBP特征、Haar特征等。Yubo Wang等人[177]提出基于Haar特征结合AdaBoost分类器的人脸表情识别系统，可以对人脸表情进行实时的识别。该系统包括人脸检测、人脸特征关键点提取和人脸表情分类三个部分。系统流程如图10.5所示。该系统识别的表情为七类基本表情（中性、开心、惊讶、害怕、伤心、厌恶和生气）。人脸检测采用的是基于Viola和Jones提出的级联检测器，人脸特征关键点提取采用SDAM方法对人脸的3个关键点进行定位：双眼和嘴巴的中心。分类器采用AdaBoost分类器进行表情识别。

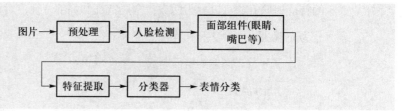

图10.5 人脸表情分类流程

2. 基于动态序列的特征提取

人脸表情是一个变化的动态过程，因此动态序列更能反映表情的完整过程。基于视频序列的人脸表情识别通过提取表情特征的变化序列，引入时间维度信息。对视频序列图像的特征提取方法主要包括光流分析、参数模型法和几何法三类。

（1）光流分析

光流信息反映的是视频序列不同帧之间相应物体灰度变化的方法。光流法能够反映人脸的运动趋势。Yacob等人[178]采用光流计算区分人脸表情刚性运动和非刚性运动，实现人脸表情的区域跟踪；然后通过分析肌肉区域运动方向场的空间分布，表示人脸肌肉的运动，进而对应不同的表情，实现表情识别。光流法主要适用于正面人脸的视频序列中，当人脸姿态发生较大变化时，光流法难以获得正确的运动特征。

（2）参数模型法

参数模型法是指对动态图像的表情信息进行参数化描述的统计方法。通过提取人脸的结构关键点并对关键点进行跟踪，按照关键点提取人脸表情区域，从而实现表情识别。这些关键特征点反映了人脸的结构特征，同时通过对特征点运动的跟踪，可以获得人脸的变化过程。Xiao等人[138]采用基于主动形状模型（ASM）的三维人脸特征跟踪方法，通过跟踪人脸的81个关键点，实现了对动作单元的识别。Tian等人[179]采用特征点跟踪与局部纹理检测相结合的方法，识别人脸动作的FACS参数。Pardas等人[180]利用特征点跟踪，获取MPEG-4标准定义的人脸动画参数，作为人脸表情运动特征。

（3）几何法

几何法通过将人脸分割成面部器官的区域，观测局部区域沿时间的几何变化来提取人脸表情运动特征。Black等人[181]提出运动模型的方法，将人脸分割为眼睛、嘴巴、眉毛5个区域进行运动特征提取。将区域内的刚性运动和非刚性运动设计运动模型，计算帧间不同区域的曲率变化，作为表情特征。Kotsia等人[182]将不同表情的人脸表示为可形变的网格，然后采用表情序列第一帧与峰值帧之间的网格节点坐标变化作为运动表情特征，实现表情识别。

3. 表情分类

根据提取的人脸表情特征，需要对提取到的特征进行分类。基于静态图像的表情特征只采用了空间信息，因此较常使用的是适合空间数据处理的分类模型。如人工神经网络[183]、支持向量机[184]和AdaBoost算法[177]等。对于人脸表情动态序列，传统方法中采用的识别模型主要是基于学习的方法，包括基于贝叶斯的概率统计方法和基于距离度量的分类方法。基于贝叶斯的概率统计方法以贝叶斯公式为基础，从已知表情信息中推断出未知表情的类别概率。此类方法包括朴素贝叶斯分类方法[185]和隐马尔科夫模型方法[186]等。

10.3.3 基于深度学习的人脸表情识别

基于传统方法的人脸表情识别的关键问题在于如何提取人脸表情特征。由于人工设计的特征算子容易受到光照变化、姿态变化、遮挡等因素的影响，采用传统方法的效果不佳。而深度学习在非受限人脸处理问题中得到了广泛应用，获得了优于传统方法的性能。

深度学习方法，特别是卷积神经网络，在图像的分类、回归等问题上获得了巨大的成功。深度神经网络直接输入原始图像，并将人脸表情特征提取、特征选择和表情分类结合到端到端的系统中，这是深度学习方法与传统方法的重要区别。利用大量数据训练深度神经网络，设计合理的损失函数，让网络主动学习和人脸表情相关的特征，进行人脸表情的识别。相对于人工设计的特征，通过学习提取的深度特征对光照、姿态等影响因素有着较强的鲁棒性，并且具有较好的语义表示能力和泛化能力。同时，随着芯片计算能力的大幅提升，以及巧妙设计的网络结构的发展，在人脸表情训练数据达到一定数量的时候，深度学习方法也被用于解决人脸表情识别在真实场景下的挑战。

传统的人脸表情识别方法使用的数据集数量较小，采集环境单一，深度神经网络不能从中学到较好的特征。从2013年开始，逐渐出现了数量较大、采集环境以及个体较为丰富的人脸表情数据集。Kaggle人脸表情识别比赛发布的公开数据集FER2013[165]和Emotion Recogniton in the Wild（EmotiW）[167]从多种自然场景中采集了足量的训练数据，也推动了人脸表情识别从实验环境到真实环境下的转变。

深度人脸表情识别系统一般包含三个主要步骤：预处理、深度特征提取和人脸表情分类。如图10.6所示。下面简单介绍下每一步常用的方法。

1. 预处理

自然场景下会出现许多与面部表情无关的变化特征，如不同的背景、光照、头部

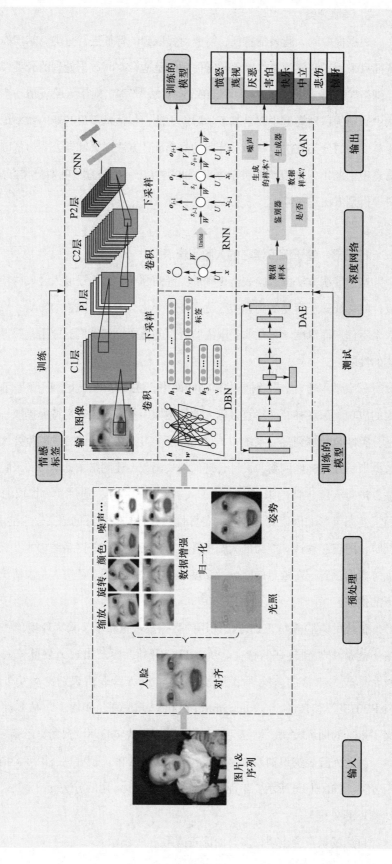

图 10.6　深度人脸表情识别系统流程图

姿势等。因此，在训练深度神经网络之前，需要利用预处理对人脸的视觉语义信息进行标定和对齐。预处理一般包括人脸对齐、数据增强和人脸归一化三步。

（1）人脸对齐

人脸对齐是许多与人脸相关的识别任务中必需的预处理步骤。第一步是检测人脸，然后去掉背景和无关区域。Viola-Jones人脸检测器是一个经典的广泛使用的人脸检测方法，在许多工具箱中都有实现（例如OpenCV和Matlab）。得到人脸边界框后，原图像可以裁剪至面部区域。人脸检测之后，可以利用人脸关键点标定进一步提高人脸表情识别的效果。根据关键点坐标，人脸可以利用仿射变换显示到统一的预定义模版上。这一步可以减少旋转和面部变形带来的变化。目前最常用的人脸标定方法是IntraFace，在许多深度人脸表情识别中得到了应用。该方法使用级联人脸关键点定位，即SDM，可以准确预测49个关键点。

（2）数据增强

深度神经网络需要足够的训练数据才能保证在给定识别任务上的泛化性能。然而用于人脸表情识别的公开数据库一般都达不到这样的训练数据量，因此数据增强就成了深度表情识别系统非常重要的一个步骤。数据增强技巧可以分为两类：线下数据增强和在线数据增强。

深度人脸表情识别的线下数据增强主要是通过一些图像处理操作来扩充数据库。最常用的方法包括随机干扰和变形，如旋转、水平翻转、缩放等。这些处理可以生成更多的训练样本，从而让网络对出现偏移和旋转的人脸更鲁棒。

在线数据增强方法一般都集成在深度学习工具箱中，来降低过拟合的影响。在训练过程中，输入样本会被随机中心裁剪、水平翻转，可以得到比原训练数据库大10倍的数据库。

在计算机视觉任务中，数据量过小或是样本场景单一等问题都会影响模型的训练效果，用户可以通过数据增强操作对图像进行预处理，从而提升模型的泛化性。

MindSpore提供了c_transforms模块和py_transforms模块供用户进行数据增强操作，用户也可以自定义函数或者算子进行数据增强。c_transforms是基于C++的OpenCV实现的，具有较高的性能；py_transforms是基于Python的PIL实现的，提供了多种图像增强功能，并提供了PIL Image和NumPy数组之间的传输方法。

下面介绍几种c_transforms模块数据增强算子的使用方法。

①图像随机裁剪。首先使用顺序采样器加载CIFAR-10数据集，然后对已加载的图像进行长宽均为10的随机裁剪，最后输出裁剪前后的图像形状及对应标签，并对图像进行了展示。

基于MindSpore
的图像随机裁剪
代码

基于 MindSpore 的对图像进行反相处理代码

② 对图像进行反相处理。首先加载 CIFAR-10 数据集，然后同时定义缩放和反相操作并作用于已加载的图像，最后输出缩放和反相前后的图像形状及对应标签，并对图像进行了展示。

py_transforms 模块数据增强的使用方法主要有 Compose 方法，接收一个 transforms 列表，将列表中的数据增强操作依次作用于数据集图像。首先加载 CIFAR-10 数据集，然后同时定义解码、缩放和数据类型转换操作，并作用于已加载的图像，最后输出处理后的图像形状及对应标签，并对图像进行了展示。

基于 MindSpore 的 Compose 方法代码

上述介绍的关于 c_transform、py_transform 中数据增强算子的用法，都是基于数据管道的方式执行的。基于数据管道方式执行的最大特点是需要定义 map 算子，由其负责启动、执行给定的数据增强算子，对数据管道的数据进行映射变换。

```
random_crop = c_trans.RandomCrop（[10, 10]）
dataset = dataset1.map（operations=random_crop, input_columns=["image"]）
```

基于 MindSpore 的 Eager 模式代码

除此之外，MindSpore 还提供了一种"即时执行"的方式调用数据增强算子，称为 Eager 模式。在算子的 Eager 模式下，不需要构建数据管道，因此代码编写会更为简洁且能立即执行得到运行结果，推荐在小型数据增强实验、模型推理等轻量化场景中使用。

（3）人脸归一化

光照和头部姿态变化会影响人脸表情识别的表现，有两类人脸归一化方法来减轻这一影响：光照归一化和姿态归一化。

光照归一化：INFace 工具箱是目前最常用的光照归一化工具。研究表明直方图均衡化结合光照归一化技巧可以得到更好的人脸识别准确率。光照归一化方法主要有三种：基于各向同性扩散归一化（isotropic diffusion-based normalization）、基于离散余弦变换归一化（DCT-based normalization）和高斯差分（DoG）。

姿态归一化：一些人脸表情识别研究利用姿态归一化产生正面人脸视角，其中最常用的方法是 Hassner 等人提出的，在标定人脸关键点之后，生成一个 3D 纹理参考模型，然后估测人脸部位，随后，通过将输入人脸反投影到参考坐标系上，生成初始正面人脸。最近，也有一系列基于 GAN 的深度模型用于生成正面人脸（FF-GAN，TP-GAN，DR-GAN）。

2. 深度特征提取

深度学习通过多层网络结构，进行多种非线性变换和表示，提取图像的高级抽象特征。常见的用于人脸表情识别的深度神经网络有卷积神经网络、深度置信网络、深度自编码器、递归神经网络等。

3. 人脸表情分类

在学习深度特征之后，人脸表情识别的最后一步是识别测试人脸的表情属于基本表情的哪一类。深度神经网络可以端到端地进行人脸表情识别。一种方法是在网络的末端加上损失层，来修正反向传播误差，每个样本的预测概率可以直接从网络中输出。另一种方法是利用深度神经网络作为提取特征的工具，然后再用传统的分类器，例如SVM和随机森林，对提取的特征进行分类。

基于深度学习的人脸表情识别也可以分为静态图像的人脸表情识别和动态序列的人脸表情识别。在静态图像人脸表情识别中，只需要对静态图像编码空间信息，而基于动态序列的图像则需要考虑输入表情序列帧之间的时域关系。在这两种视觉方法的基础上，还有其他模态辅助的人脸表情识别，例如语音信息。

（1）静态图像深度人脸表情识别网络

① 预训练和微调

直接在相对较小的人脸表情数据集上训练深度网络容易导致过拟合。为了解决这个问题，许多研究使用额外的任务导向的数据从零开始预训练自定义的网络，或者在已经预训练好的网络模型（AlexNet，VGG，VGG-face或GoogleNet）上进行微调。

辅助数据可以选择大型人脸识别数据库（CASIA WebFace，Celebrity Face in the Wild（CFW），FaceScrub dataset），或者相对较大的人脸表情识别数据库（FER2013和Toronto Face Database）。在更大的人脸识别数据库上训练效果不好的表情识别模型，经过微调，反而能在表情识别任务中达到更好的效果。在大型人脸识别数据库上预训练对表情识别准确率有正面影响，并且进一步用人脸表情数据库微调可以有效提升识别准确率。

Ng等人[187]提出了多阶段微调方法：第一阶段在预训练模型上使用FER2013进行微调，第二阶段利用目标数据库（EmotiW）的训练数据进行微调，使模型更切合目标数据库。Ding等人[188]发现由于人脸识别和人脸表情识别数据库之间的差距，人脸主导的信息仍然遗留在微调的人脸识别网络中，削弱了网络表示不同表情的能力。于是他们提出了一个新的训练算法，叫作"FaceNet2ExpNet"，进一步整合人脸识别网络学习到的人脸区域知识来修正目标人脸表情识别网络的训练。训练分为两个阶段：a阶段，固定深度人脸网络，它提供特征级别的正则项，利用分布函数使表情网络的特征与人脸网络的特征逐渐逼近；b阶段，进一步提升学习到的特征的判别性，增加随机初始化的全卷积层，然后利用表情类标信息与整体表情网络联合训练。如图10.7所示。

由于微调人脸网络已经在表情数据集上达到了有竞争性的表现，因此可以作为表

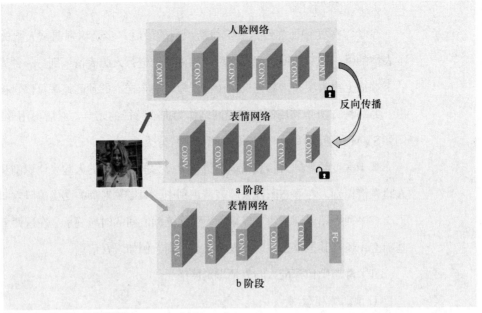

图 10.7 FaceNet2ExpNet 网络训练

情识别网络的良好初始化。此外，由于全连接层通常捕获更多领域特定的语义特征，所以仅使用人脸网络来指导卷积层的学习，而全连接层则利用表情信息从零开始训练。

② 多样化网络输入

传统方法通常使用整张人脸的 RGB 图像作为网络输入来学习特征，然而这些原始像素缺少有效信息，例如纹理和旋转平移缩放的不变性。一些方法采取手动提取的特征和它们的延伸信息作为网络输入来解决这个问题。

除了 LBP 特征，SIFT 特征、AGE（角度＋梯度＋边缘）特征、NCDV（邻域－中心差分矢量）特征均被用于多样化网络输入。

③ 网络集成

研究表明，多个网络的集成比单个网络的表现要好。网络集成有两个需要考虑的因素：（a）网络要具有足够的多样性，以保证互补；（b）合适的集成方法可以有效地组成网络。

对于第一个因素，需要考虑不同的训练数据库和不同的网络结构及参数来增加多样性。对于第二个因素，网络可以在两个不同层面上进行组合：特征层和决策层。对于特征层，最常采取的方法是将不同网络学习得到的特征连接起来，组成一个新的特征矢量，来表示图像。在决策层，常用的三种方法是：多数投票、简单平均和加权平均。如图 10.8 所示。

④ 多任务网络

许多现有的人脸表情识别网络专注于单个任务，并且学习对表情敏感的特征，而

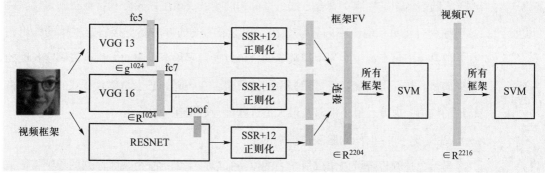

图10.8 在特征层面和决策层面的网络集成系统

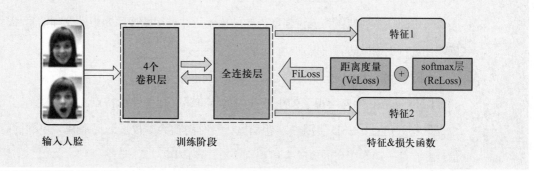

图10.9 FER多任务网络MSCNN示例

不考虑其他潜在因素之间的相互作用。然而，在现实世界中，人脸表情识别与各种因素交织在一起，如头部姿势、光照和主体身份（面部形态）。为了解决这一问题，可以通过多任务学习，将知识从其他相关任务中迁移出来，消除有害因素。Zhang等人[189]提出基于多信号输入CNN的表情识别网络MSCNN，如图10.9所示。采用人脸表情识别和人脸识别任务共同训练网络，能够使模型关注表情信息。在训练时将一对图像输入MSCNN网络。表情识别任务使用交叉熵损失训练，学习表情变化特征；人脸识别任务使用对比损失，减少同类表情特征之间的变化。

MSCNN损失函数代码

（2）动态图像序列深度人脸表情识别网络

目前大部分人脸表情识别是基于静态图像的，但是动态序列中帧之间的时域关系能够提升人脸表情识别的表现。动态图像序列深度人脸表情识别网络包含两类方法，第一类为帧聚合方法，即从静态FER网络中聚合学习到的深度特征；第二类为深度空间–时间人脸表情识别网络，此类网络通过考虑视频帧中的动态模式，从时域网络结构中提取特征。

① 帧聚合

由于给定视频片段中的帧具有不同的表情强度，因此直接测量目标数据集中的每帧误差不能产生令人满意的效果。而通过聚合每个序列的网络输出帧，能够从实质上改善人脸表情识别性能。聚合方法可以分为两类：决策层帧聚合和特征层帧聚合。决策层帧聚合将每帧的概率向量整合在一起。最简便的方法是直接将这些帧的输出相连。但是由于每个视频序列中帧数不同，可以通过平均或扩张的方法生成固定长度的特征向量。特征层帧聚合将每帧提取的特征聚合在一起。较为简单且有效的方式是将特征的均值、方差、最小值以及最大值这些统计数据连接在一起。

②深度空间–时间人脸表情识别网络

虽然上述帧聚合可以集成所学习的帧特征以产生表示整个视频序列的单个特征矢量，但是却没有利用关键的时间依赖性。相比之下，时空人脸表情识别网络将一个时间窗口中的一系列帧作为表情强度未知的输入，并利用图像序列中的纹理信息和时间依赖性进行更细微的表情识别。

● RNN和C3D

RNN网络利用连续视频帧中特征向量具有语义相关性的特点，能够从动态序列中提取有效信息；C3D使用三维卷积核，沿时间轴共享权重，提取视频序列的时空信息，在基于动态序列的人脸表情识别中有广泛应用。

● 人脸关键点轨迹：

相关心理学研究显示，面部表情是通过特定人脸区域（眼睛、鼻子、嘴）的运动产生的。这些区域含有表示人脸表情的最具描述性的信息。为了获得更准确的面部运动表示，研究人员提出人脸关键点轨迹模型，从连续的视频帧中捕捉人脸部件的动态变化。最直接的提取关键点轨迹表示的方法是将人脸关键点的坐标随时间变化的情况相连接，生成一维的轨迹信号，或者形成类似图像的二维特征图，输入卷积神经网络。此外，连续帧中每个关键点的相对距离变化也可以用于捕捉时间信息。Zhang等人[190]提出PHRNN，PHRNN为基于部件的网络，将人脸关键点根据人脸结构分成不同的部分，然后分别将其输入层级网络结构，能够有效得到局部的低层和全局的高层特征表示。

● 网络级联

通过结合可以学习有力的视觉表征的CNN网络和输入长度可变的LSTM网络，能够形成时空混合网络，用于动态序列人脸表情识别。此外，双流CNN网络的结构对人脸表情识别领域也有所启发。其中一个CNN网络用于提取视频帧光流信息，另一个CNN用于提取静止图像的表面信息，然后将两个网络的输出融合。

10.3.4 人脸基本动作单元与人脸表情识别

1976年，国际著名心理学家Paul Ekman和W.V.Friesen通过分析人脸的解剖学

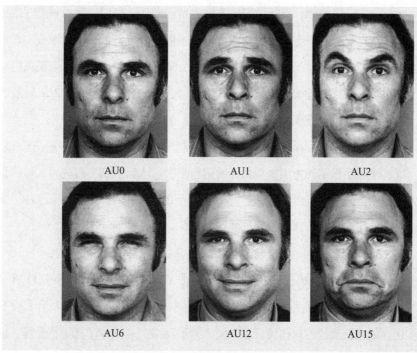

图10.10 示例面部动作单元编码 AU0、AU1、AU2、AU6、AU12、AU15

生理结构，将人脸划分成若干动作单元（action unit，AU），并分析了这些运动单元的运动特征以及与之相关的表情，创建了人脸动作编码系统（FACS）。FACS定义了46个基本的面部动作单元。这些动作单元的主要组成部分代表面部肌肉在举眉、眨眼、说话等动作中的原始运动。通过组合独立动作单元，可以产生不同的面部表情。例如，组合AU1（内眉毛提升）、AU4（眉毛提升）、AU15（唇角抑制）和AU23（唇部收紧）能够生成一个悲伤的表情，如图10.10所示。表10.1给出了示例的动作单元表，表10.2给出了由基本动作单元合成的基本表情。

表10.1 示例基本面部动作单元

AU	FACS名称	AU	FACS名称	AU	FACS名称
0	自然状态人脸	1	眉毛内角上扬	2	眉毛外角上扬
6	脸颊上扬	12	拉动嘴角上扬	15	拉动嘴角下倾

表10.2 基础表情的动作单元编码

基础表情	参与动作单元
惊讶	AU1、AU2、AU5、AU15、AU16、AU20、AU26
害怕	AU1、AU2、AU4、AU5、AU15、AU20、AU26
生气	AU2、AU4、AU7、AU9、AU10、AU20、AU26
开心	AU1、AU6、AU12、AU14
伤心	AU1、AU4、AU15、AU23

前文曾经提到，目前主流的人脸表情识别任务可以分为六种基本表情识别和主要动作单元识别。基本表情识别通过提取图像的表观特征，将图像或动态序列分类为基本表情中的一类。此类方法所采用的特征缺乏对人脸表情的语义层面的解释。而利用动作单元进行人脸表情识别则更为直观。由于FACS没有提供对人脸动作单元的量化定义，根据这种模糊的描述很难在人脸图像上准确地检测出动作单元。因此如何检测以及如何表示动作单元成为人脸表情分析中一个重要的研究问题。Yang等人[191]提出通过学习动作单元周围表观特征的组合来表示人脸表情。首先将人脸图像按照动作单元的位置划分成局部图像块，然后从每个图像块中提取局部表征特征，利用Boost结构学习构建基于局部表观特征的组合特征。

1. 基于特征的动作单元识别系统

Tian等人[179]提出了基于特征的动作单元识别系统，如图10.11所示。首先检测出头部的方向和人脸五官的位置。然后使用一组特征参数来表示人脸五官的表征变化。最后，通过将这些特征参数输入神经网络，对动作单元进行分类。该系统不仅可以识别单独的动作单元，也可以识别动作单元的组合。

2. AUDN

Liu等人[192]提出了动作单元相关的深度网络AUDN，并用于人脸表情识别。网络结构如图10.12所示。该网络用不同结构的新组合来学习层级特征，通过这些特征可以逐层滤除与表情无关的变化因素。AUDN由三个模块组成：首先采用卷积层提取人脸图像的过完备表示，该特征表示能够清楚地描绘特定区域的特定表观；然后采用特征选择方法来搜索动作单元相关的特征，利用AU感知的感受野层搜索过完备表示的子集，能够描述局部表观变化的组合；最后，将每个动作单元相关的感受野输入

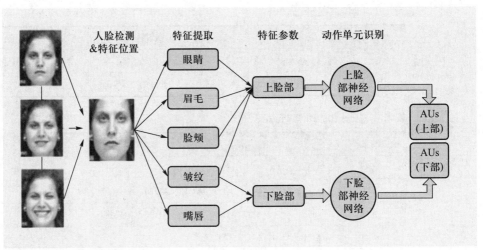

图10.11 基于特征的动作单元识别系统

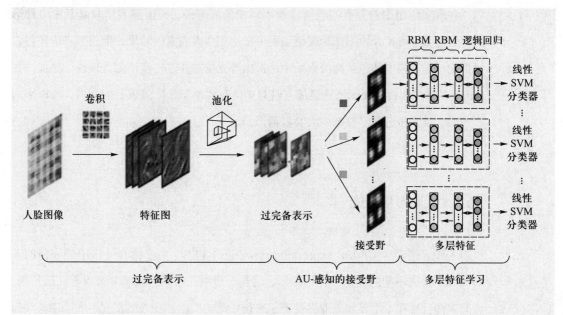

图10.12 人脸表情识别级联网络AUDN示例

多层受限玻尔兹曼机，学习用于表情识别的多层特征。

10.3.5　人脸表情识别的机遇与挑战

随着从传统方法到深度学习方法的转变，人脸表情识别也从实验室环境下转移到更具挑战性的自然场景下的人脸。深度学习方法能够将表情特征提取和表情识别两步结合成端到端的框架，并且相比于传统手工设计的特征，从数据中学习到的深度人脸表情特征对光照、遮挡以及姿势变化等问题具有较强的鲁棒性。

考虑到人脸表情识别是一个数据驱动的任务，并且训练一个足够深的网络需要大量的训练数据，深度人脸表情识别系统面临的主要挑战是在质量和数量方面都缺乏训练数据。不同年龄、文化和性别的人会以不同的方式做出面部表情，因此理想的面部表情数据集应该包括丰富的具有精确面部属性标签的样本图像，这将有助于跨年龄、跨性别和跨文化的深度人脸表情识别相关研究。另一方面，对大量复杂的自然场景图像进行精准标注是构建人脸表情数据库一个明显障碍。合理的方法是在专家指导下进行可靠的众包，或者可以用专家修正过的全自动标注工具提供大致准确的标注。

尽管目前表情识别技术已经被广泛研究，但是大部分研究所定义的表情只涵盖了特定种类的一小部分，而不能代表现实互动中人类可以做出的所有表情。目前有两个新的模型可以用来描述更多的情绪：FACS模型，通过结合不同的面部肌肉活动单元来描述面部表情的可视变化；维度模型，通过两个连续值的变量，即评价值和唤起程度（Valence-arousal），来连续编码情绪强度的微小变化。

在现实应用中的人类的表情涉及不同视角的编码，而面部表情只是其中一种形态。虽然基于可见人脸图像的表情识别可以达到令人满意的结果，但是未来应该将表情识别与其他模型结合到高级框架中，提供补充信息并进一步增强鲁棒性。例如，在EmotiW挑战和音频视频情感挑战AVEC中，音频模型是第二重要的元素，可以采用多种融合技术来进行多模态的人脸表情识别。

10.4　人脸表情合成

人脸表情合成（facial expression synthesis，FES）主要指在一张中性表情的人脸图像上合成不同的表情，包括快乐、悲伤、恐惧、愤怒、厌恶和惊讶等。近年来，人脸表情合成在学术界和工业界受到越来越广泛的关注，在人机交互、人脸动画和面部生成等领域具有广泛的应用。

人脸表情合成的关键问题是通过重建给定人脸的纹理和形状来迁移表情，要求生成的表情是自然的，并且具有典型的纹理和形状模式，尤其是在环境光照、头部姿态、图像分辨率等参数出现变化的情况下。例如，"惊讶"表情通常会使嘴巴张开，眼睛变大，而"厌恶"只会轻微改变人脸的几何形状，但往往会在鼻子周围和眉毛之间出现更多的皱纹。此外，需要相对应的输入和输出人脸能体现相同的身份信息，即在编辑表情后依然保留身份信息。

人脸表情合成按照人脸数据的不同可以分为二维人脸表情合成及三维人脸表情合成。二维人脸表情合成大多以人脸图像为处理对象，对静态人脸照片的表情进行编辑。而三维人脸表情合成包括三维真实感人脸建模和表情合成两步，主要应用于计算机动画制作和三维电影制作中。人脸表情合成的方法可以分为传统方法和基于深度学习的方法。

10.4.1　二维人脸表情合成

1. 基于传统方法的人脸表情合成

大多数早期的表情合成研究都是基于传统方法的。传统方法通过计算训练样本的面部位置差异，对人脸部件进行变形来编辑人脸表情。包括图像过渡（image morphing）和表情映射（expression mapping）方法。图像过渡方法通过线性插值，生成给定的人脸表情图像中间的过渡图像。表情映射方法给出某人自然表情和有表情的两幅图像，并对两幅图像人脸的面部特征进行定位。通过计算两幅图像各个面部特征的位置差异，组成差值向量。然后通过几何控制图像形变，将差值向量叠加到新图像上，生成新表情。

Liu等人[193]提出表情比例图（expression ratio image，ERI）的方法。该方法通过提取由表面法线变化引起的光照变化信息作为表情比例图像，并将面部表情光照变化映射到形变的人脸图像上，从而生成真实感较强的人脸表情，如图10.13所示。

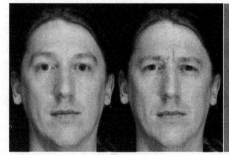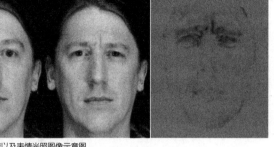

图10.13　人脸表情以及表情光照图像示意图

传统方法虽然有时能生成较好的结果，但是存在一个问题，对表情之间的差异建模需要成对的数据，即需要有不同表情的样本。同时，人脸变形严重依赖于关键点的位置。更重要的是，由于全局或局部的纹理变形，无法很好地保留人脸的身份信息。

2. 基于深度学习的人脸表情合成方法

近二十年，基于深度学习的人脸表情合成方法也得到了一定发展。早期研究人员曾尝试在人脸表情合成任务中应用高阶Boltzmann机[194]和流变分自动编码器（FVAE）[195]。它们合成的人脸视觉效果并不理想，主要是由于身份信息的丢失，使输入和输出的人脸看起来不一样。

随着生成对抗网络的出现，对图像生成的各类算法都产生了深远的影响。GAN对推动基于深度学习方法的人脸表情合成起到了很大的作用。

Ding等人[196]提出了强度可控的表情编辑方法ExprGAN。该方法设计了表情控制器模块，将表情标签转换为不仅能描述类别信息，还能描述强度属性的表情代码。同时将人脸身份信息和表情表示分开，明确强调了人脸表情合成中身份保持的必要性。该方法在损失函数中增加了身份约束项，以平衡表情生成和身份保持，合成结果质量有很大的提高。

ExprGAN首先利用编码器G_{enc}将图像x映射为身份特征表示$g(x)$，然后采用表情控制器模块F_{ctrl}将表情标签y转换为表情特征c。最后解码器G_{dec}结合身份信息$g(x)$和表情代码c生成重构图像x，如图10.14所示。

表情控制网络通过以下操作将二进制输入one-hot向量y转换为连续表情特征：

$$c_i = F_{ctrl}\left(y_i, z_y\right) = \left|z_y\right| \cdot \left(2y_i - 1\right), \ i = 1, \ 2, \ \cdots, \ K \tag{10.1}$$

输入为表情标签和均匀分布的噪声，输出的表情特征为K维向量。对于第i类表

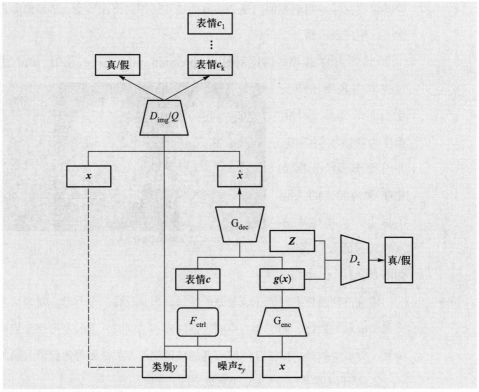

图10.14 ExprGAN网络结构示意图

ExprGAN网络
代码

情，c_i 为 [0, 1] 的正向量，而 c_j 为 [-1, 0] 的负值。因此可以通过改变 c 的元素来控制不同类型和强度的面部表情。

身份判别器 D_z 通过对抗训练，确保任意身份表示生成的人脸图像不会偏离当前人脸流形。图像鉴别器 D_{img} 通过对抗训练细化合成图像 x，使其具有逼真的纹理。

Song 等人[197]提出基于几何信息的表情合成 GAN。该方法通过人脸关键点表示人脸几何信息，将关键点表情图输入生成器作为 GAN 的条件，控制表情合成。通过两个生成器和判别器，可以实现合成新表情和去掉表情两个操作。

10.4.2　三维人脸表情合成

三维人脸表情合成与三维人脸建模密不可分。随着三维扫描技术的发展，三维扫描仪的种类越来越多，使用也越来越普遍。使用三维扫描仪采集三维人脸数据分辨率高，真实感强。三维人脸数据相比于二维人脸图像数据有很多优势。首先，由于维度的增加，三维人脸数据包含了更多、更丰富的信息；其次，三维人脸数据克服了二维人脸数据的一些缺陷，例如，光照、化妆、姿态等因素的影响。三维人脸表情研究的领域非常广泛，包括计算机视觉、心理学、生物医学等方面。其应用前景也非常广阔，在计算机动画制作、三维电影制作、人机交互系统、生物安全认证等领域都有着重要的作用。三维人脸表情研究，不论是合成还是识别，都建立在三维人脸表情建模的基础上。前面介绍的BU-3DFE 和FaceWareHouse都是通过硬件设备采集人脸数据，对人脸进行三维建模的三维人脸表情数据库。

按照对人脸模型的建模方法与变形方式，三维人脸表情合成的方法可以分为插值法、参数化方法、基于物理模型的方法、基于伪肌肉模型的方法以及数据驱动的方法等。这些类方法通过不同形式，或表情动作的一些规律驱动人脸模型进行形变，达到合成各种表情的目的。由于三维人脸表情合成是人脸动画技术的基础，三维人脸表情合成的方法与计算机人脸动画的方法互相通用，将在第11章结合人脸动画对三维人脸表情合成的方法进行详细介绍。

10.5　本章小结

人脸表情作为人类日常传递感情信息的重要表达方式。随着计算机技术的飞速发展，人们致力于利用计算机对人脸表情进行自动地分析和研究。人脸表情识别与人脸表情合成一直是计算机视觉和图形学领域的研究热点。20世纪70年代，心理学家Paul Ekman提出了人脸面部动作编码系统FACS，成为人脸表情分类和编码的基本原则；而同时期Parke提出了计算机人脸动画，构建了第一个参数化的三维人脸模型。这两项研究成果对推动计算机人脸表情合成与识别的发展具有重要意义。人脸表情识别方法早期多为传统方法，利用手工设计特征，结合HMM、支持向量机、贝叶斯网络等模型对人脸表情进行分类。随后，神经网络和深度学习的发展帮助人脸表情识别从实验室环境过渡到真实场景。另一方面，人脸表情动画技术作为计算机图形学的一个重要分支，一直是广大研究人员竞相追逐的研究热点。当前，该领域已取得大量研究成果，且被广泛应用于影视、广告和游戏等产业。《金刚》《指环王》《阿凡达》等影视作品中使用了大量的计算机合成人脸表情，它们向观众展现了人脸表情动画的无穷魅力。随着技术的发展和时代的进步，人们对合成表情动画的真实感与合成速度的要求也在不断提高。广阔的应用前景与技术的可行性必将使这一领域的研究得到越来越多的投入和关注。

第11章 计算机人脸动画

11

11.1 计算机人脸动画概述

计算机人脸动画（computer facial animation）是使用计算机生成人物面部动态图像或模型的方法和技术，它的主体是人物面部，输出是计算机图像。由于人脸的几何形状和面部不同器官的运动机理非常复杂，计算机人脸动画是计算机图形学中最具有挑战性的课题之一。计算机人脸动画也涉及从心理学到动画等许多其他科学和艺术领域。随着计算机图形学理论和技术的发展，人们逐渐意识到人脸在语言和非语言交流中的重要性，计算机人脸动画合成在科学、技术和艺术领域引起了广泛关注。计算机人脸动画在众多领域有着广泛的应用需求，例如，计算机动画行业对高度真实感人脸动画的追求。此外，人脸动画还被广泛地应用于电脑游戏、远程会议、虚拟化身（avatar）等许多其他领域。

人脸动画合成的技术和方法可以分为两个主要领域：生成动画数据的技术，例如运动捕捉和关键帧捕捉，以及将这些数据应用于角色的方法，例如变形目标动画（通常称为混合形状动画）和骨骼动画。随着计算机处理能力和数据采集设备的不断进步，人脸动画的创作方法逐渐从预渲染过渡到实时渲染。

11.1.1 计算机人脸动画方法分类

人脸动画方法主要分为两类，基于样本的人脸动画和基于三维模型的人脸动画。基于样本的人脸动画也称为数据驱动（data-driven）的人脸动画，通过重新组织给定的图像或视频样本来生成新的人脸动画。这种方法最大的优点是真实感较强，缺点在于生成人脸动画的视点不能变化或只能小范围变化。此类方法主要适用于不需要大幅度人脸动作，但是需要高度真实感的人脸动画领域，如电影和电视的虚拟演员、虚拟主持人等。例如，使用 Voice Puppetry 的技术，可以让总统山上的总统像和语音片段同步，产生动画效果，如图 11.1 所示。

184

图11.1 Voice Puppetry驱动总统石像产生动画效果

图11.2 语音助手生成人脸动画

目前基于深度学习的人脸动画方法中，基于音频驱动的面部视频合成技术也属于此类方法。例如，为语音助手生成人脸动画，或者根据语音输入生成新的人脸视频，如图11.2所示。

基于三维模型的人脸动画首先建立人脸的三维模型，然后通过几何变形、图像渲染，或者语音、表演驱动人脸模型生成动画。此类方法可以应用于需要大量虚拟人物以及非真实感的人脸动画。

11.1.2 人脸动画的应用

1. 电影制作

人脸动画最常见的应用是电影和电视的制作。采用人脸动画技术可以为动画电影制作角色，例如《玩具总动员》是首部完全使用电脑动画技术的长篇动画电影。在一些真人CG电影中，例如《金刚》《阿凡达》等，通过对演员的面部运动进行捕捉，后期提取表情参数，然后融合生成虚拟角色的表情参数，得到特殊效果。电影行业一直在追求更真实、更强烈的视觉效果，动画师们也一直在寻求更具发展潜力的动画系统。

2. 游戏行业

随着计算机图形处理器性能的不断提高，真实感人脸动画在独立游戏中得到了越来越广泛的应用。例如，游戏《使命召唤》使用面部捕捉技术和人脸渲染技术，成功在游戏中呈现出真人般的细腻质感。

3. 医疗行业

人脸动画在医疗行业中的主要应用是外科手术和心理学研究。人脸动画系统的模型可以作为外科手术或医学教育的预演工具。现有的许多人脸动画系统在构造人脸模型时均采用了Ekman和Friesen的人脸动作编码系统（FACS），心理学家可以利用以人脸运动单元为基础的模型作为人脸表情的研究工具。

4. 娱乐行业

在智能手机中，可以将人脸动画技术应用到移动端，利用机身集成的三维深度摄像头，捕捉面部肌肉运动，最后渲染成3D动画，例如iPhone X的Animoji功能。

11.1.3 计算机人脸动画的发展简史

最早的基于计算机的人脸建模和动画的工作是在20世纪70年代早期完成的。第一个三维面部动画由Frederick Parke在1972年创建[198]。在1974年，他创立了参数化的三维人脸模型[199]。1982年，Parke对参数化人脸模型进行了改进[200]，建立了首套计算机人脸动画的建模、动画和数据收集技术，用于生成人脸表情变化的视频序列。Parke采用由400个顶点定义的250个多边形作为人脸表面的建模方法，以获得足够逼真的人脸。通过余弦插值方法填补表情变化的中间帧，实现人脸动画，能够产生逼真的面部运动。他采用摄影测量法获得用于描述面部表情的三维数据。这种人脸建模、动画和表情三维数据的体系为计算机人脸动画的发展奠定了基础，此后，计算机人脸动画开始了持续快速的发展。

1981年，Platt开发了第一个基于物理的肌肉控制模型[201]。1985年，Bergeron制作的动画短片"Tony de Peltrie"是人脸动画发展史上的里程碑，它是第一部采用计算机面部表情合成和语音动画制作的动画电影。

20世纪80年代后期，Waters[202]开发了一种新的基于肌肉的模型。随后Magnenat-Thalmann[203]等人提出抽象肌肉动作模型（abstract muscle action model）。1990年，Pixar公司制作的动画短片"Tin Toy"是人脸动画发展历史的另一个里程碑，影片中小男孩采用了与Waters类似的肌肉模型来生成人脸动画和表情。

1990年，Williams首先提出了表演驱动（performance-driven）的人脸动画技术[204]。Lewis and Hill提出了自动语音同步动画的方法。20世纪90年代，计算机人脸动画成为动画电影中的关键元素。如动画电影《玩具总动员》《安茨》《史莱克》《怪物公司》，以及计算机游戏，如《模拟人生》。《卡珀》是电影史上的里程碑，也是

第一部完全使用数字人脸动画制作男主角的电影。

2000年以后，随着摄影技术和渲染技术的发展，计算机人脸动画的数据采集和动画生成技术也得到了大幅提升。在电影《黑客帝国2：重装上阵》和《黑客帝国3：矩阵革命》中，使用高清摄像机之间的密集光流（dense optical flow）来捕捉人脸上每个点的实际面部运动。电影《极地快车》采用大型Vicon运动捕捉系统，可以捕捉150点以上的人脸关键点。尽管这些系统是自动化的，但是仍然需要大量的人工对数据进行清洗，以增加数据的可用性。人脸动画的另一个里程碑是电影《指环王》，其技术团队开发了一个角色特定的形状库系统。Mark Sagar率先将FACS用于娱乐人脸动画，Sagar开发的基于FACS的系统被用于《怪兽屋》《金刚》等其他电影。

本章将从传统方法和深度学习方法两个方面对人脸动画采用的技术进行分类、总结和对比。

11.2　计算机人脸动画的传统方法

自从1972年Frederick Parke首次创建第一个人脸三维动画后，计算机人脸动画领域一直在持续快速地发展。计算机人脸动画作为一门计算机应用技术，其发展与计算机图形学理论的成熟和计算机硬件设备的发展有着紧密关系。同时，在游戏、电影、人机交互和人机交流中，人们对虚拟角色或头像的需求不断增加，也推动了计算机人脸动画的快速发展。人脸是表达情感状态的通道之一，它具有复杂但灵活的三维表面。将人脸呈现到计算机系统上是一项具有挑战性的任务，而进行实时的面部建模和渲染则是更高远的目标。由于人类面部解剖结构的复杂性和人们对面部外观固有的敏感性，目前大部分系统生成面部动画的过程都需要人工干预或经过复杂的调整过程。计算机人脸动画研究的主要目标是开发一个高适应性的系统，以实时模式创建逼真的动画，从而尽可能减少手动操作过程。这里，高适应性指的是容易适应任何个人面孔的系统。

计算机人脸动画是一项烦琐而复杂的任务。人脸的形变和表面皮肤的渲染分别需要几何变形和图形渲染的操作。基于几何变形的人脸动画技术包括：关键帧和几何插值的方法、参数化方法、有限元方法、基于肌肉的方法，样条模型和自由变形的方法。基于图形渲染的技术包括：两个照片图像之间的变形、纹理映射、图像融合等。人脸动画的不同方法之间并没有严格的界限，为了产生更好的效果，往往会融合多种方法。

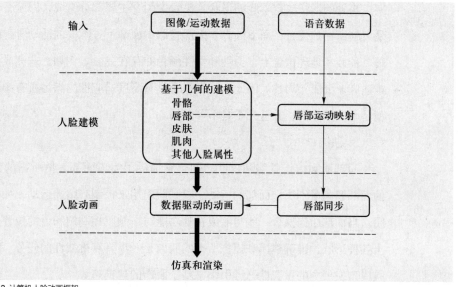

图11.3 计算机人脸动画框架

计算机人脸动画框架分几个阶段进行，如图11.3所示。

每个人脸动画技术均从创建头部模型开始。人脸几何形状从图像或运动中捕获的数据获得。首先对输入数据进行预处理和滤波，使用相应的数据创建可变形网格。然后，应用基于几何的模型来创建面部的不同部分和细节，如头骨、皮肤等。在对面部建模之后，在面部动画技术之前应用一些附加的图形渲染处理，如纹理映射。

为了开发出逼真的人脸动画，可以采用其他人脸属性来改进性能。例如，语音驱动的动画中唇部运动映射到基于几何的建模中创建的唇部模型，然后与面部动画同步，最后，在向用户呈现最终输出之前，对人脸动画进行仿真和渲染处理。

11.2.1 计算机人脸面部表示

面部模型由不同的部分和细节组成。为了更好地对人脸进行建模和动画，需要对人脸的解剖学和生理学进行研究。通常，人脸模型综合了皮肤、骨骼、肌肉和血管系统。

1. 皮肤

皮肤是人体的外表面，由表皮、真皮和皮下组织组成。皮肤质地可能因年龄、性别、种族、厚度、环境和疾病而异。18岁的健康女性和45岁吸烟的女性相比，皱纹等纹理特征是不同的。因此，脸部的模型应该仔细建模，以反映实际的物理特征。然而，在实时交互式人脸模型系统中，皮肤建模的物理真实感与渲染速度之间需要进行折中。

2. 骨骼

骨骼，或者说颅骨，对于面部合成是很重要的，因为它提供了肌肉和皮肤的框架。头骨的形状决定了脸的形状。头骨由两个主要部分组成，即颅骨和下颌骨。颅骨是大脑所在的位置，而下颌骨是面部骨骼中面部下方唯一的活动骨。同样，在不同年龄、种族和地理位置上，男性和女性颅骨亦存在差异。例如，非洲成年女性的头骨很难适应亚洲成年男性。因此，开发一个具有高度适应性的满足所有颅骨考虑的面部模型是十分困难的，并且几乎是不可能的。

3. 肌肉

面部肌肉位于骨骼和皮肤之间，它提供了完成面部表情所需的生理功能。不同的面部肌肉分别决定面部的运动。眼睛肌肉用来控制眼睛的运动，如眼睑的开启和关闭。当面部肌肉执行一些咀嚼或吞咽功能时，颌肌控制颌和舌的位置。面部肌肉呈现出各种形状，准确建模和模拟所有的肌肉是一项具有挑战性的任务。肌肉解剖学在人脸模型发展中的重要性已经引领了基于肌肉的建模趋势。

4. 血管系统

近年来，模拟为面部肌肉提供血液的血管系统已成为当前人脸动画研究的热点。面部皮肤会随着动脉中血液供应的增加而变红，反之亦然。这些给了建模的人脸"生命"特征，有更真实的反应。

除了上述的4种人脸表示，还有其他的面部特征，如眼睛、嘴唇、牙齿和舌头，都是计算机人脸动画的重要组成部分。

11.2.2 基于几何变形的人脸动画方法

在计算机图形学和计算机视觉中，人脸用二维或三维几何模型表示。在几何处理中，通常采用基于几何的方法来处理表面的生成、控制和变形。几何变形技术指给定一个人脸几何模型，通过网格点的移动生成人脸的不同表情和动作。在本小节中，将讨论基于几何变形的人脸动画技术，包括形状插值、参数化方法和肌肉模型等。

1. 形状插值

形状插值，也叫混合形状（blendshape）模型，最早由 Frederic Parke 于 1972 年提出，是人脸动画中最直观和最常用的技术。在单位时间区间上定义插值函数，指导人脸模型实现两幅关键帧之间的光滑运动。混合变形是许多拓扑相容形状元素的线性加权和：

$$v_j = \sum w_k b_{kj} \tag{11.1}$$

其中，v_j 是结果动画模型的第 j 个顶点，w_k 是混合权重，b_{kj} 是第 k 个混合形状的第 j 个顶点。加权还可应用于多边形模型的顶点或样条模型的控制顶点。权重 w_k 由动画师以滑块的形式操作（每个权重具有一个滑块）或者由算法自动确定。它继续用于诸如

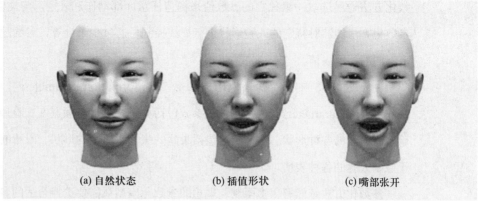

(a) 自然状态　　　　(b) 插值形状　　　　(c) 嘴部张开

图11.4 对于混合形状的线性插值

《精灵鼠小弟》《星球大战》和《指环王》之类的项目中，并被许多商业动画软件包采用，如Maya和3D Studio Max。图11.4显示了对人脸模型执行线性插值的结果，在一定的时间间隔上，在时间间隔起点和终点的两个关键帧之间插值。

为了简单起见，通常采用的方法是线性插值，但是余弦插值函数或样条函数等复杂一点的函数可以使动画在开始和结束处有加速和减速效果。当涉及四个关键帧而不是两个关键帧时，双线性插值比线性插值能生成更加丰富的面部表情。而双线性插值与图像变形（morphing）结合在一起时，能够生成广泛的面部表情变化。

形状插值法可以通过改变插值函数的参数生成插值图像。几何插值直接更新人脸网格顶点的二维或三维位置，而采用参数插值可以间接地移动顶点的位置。例如，Sera等人[205]通过对肌肉的拉力参数进行线性插值，而不是对顶点的位置进行线性插值，更能真实地表达嘴部动画。

形状插值主要应用于涉及简单变换的动画中，如缩放、旋转等。形状插值不仅可以用来提升连续动画的帧率，还可以用来合成中间表情。虽然形状插值易于计算，容易生成基本的人脸动画，但是由于人脸的结构复杂，形状插值不能创建有更复杂变换的真实感人脸动画。

2. 参数化方法

参数化方法利用参数控制模型的姿态和表情，来合成计算机人脸动画，是一种较早被提出并广泛应用的方法，该方法克服了简单插值的一些限制。Frederic Parke在1974年提出了第一个3D人脸参数模型[199]，如图11.5所示。参

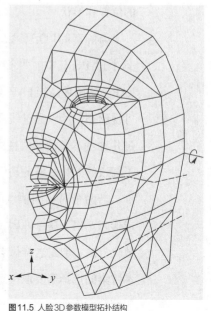

图11.5 人脸3D参数模型拓扑结构

数化方法通过选取一组独立的参数值来构造任意面部动作和表情。与插值技术不同，参数化方法能够对特定的人脸形状进行显式控制。通过少量计算，参数的组合即可生成不同的面部表情。

用于人脸动画的参数分为构造参数（conformation parameters）和表情参数（expression parameters）两类。构造参数包括鼻子长度、下颚宽度、脸颊形状等，用于控制人脸的各种形状。表情参数包括眼睑的张合、眉毛的形状、眼睛的形状等，用于控制人脸的各种表情。

参数化方法依然有很多限制，理想的参数化模型只需要选择合适的参数值，即可生成任何可能的人脸，但实际的参数化模型还远远达不到这个理想的目标。

目前最成功的参数化模型是1998年提出的基于对象的多媒体压缩标准MPEG-4人脸动画标准[206]，于1999年获得国际标准化组织IEC活动图像专家组（Moving Picture Experts Group，MPEG）的通过。在MPEG-4中，人脸对象是用三维网格模型表示的，通过一系列参数来刻画人脸以及人脸运动的形式化表达。这种实现方法通用性强，数据量小，适合用于通过网络播放的实时人脸动画。

在MPEG-4标准中，定义了人脸定义参数（face definition parameters，FDP）、人脸动画参数（face animation parameters，FAP）和人脸动画参数单元（FAPU）。通过定义这些参数，MPEG-4建立了一套完整的人脸动画合成方案的标准。其中FDP用于描述人脸的几何和纹理信息，FAP用于描述人脸的基本动作。根据给定的FAP值变形特定的人脸模型，就可以产生人脸动画。

如图11.6所示，人脸定义参数FDP包含84个特征点，描述了人脸主要特征部位的位置和形状。

与静态的FDP参数对应的是动态的人脸动画参数FAP。MPEG-4标准中定义了68个FAP，其中前两个为高级FAP，分别是唇形（viseme）FAP和表情（expression）FAP。这两种高级FAP预先定义好了基本的表情和唇形。唇形是音素（phoneme）的可视形态，可以通过线性组合预先定义好的基本唇形，得到其他唇形。同样，可以通过几种基本表情的线性组合来表示各种丰富的人脸表情。其余的66个普通FAP定义了细致的人脸区域的动作。

当两个对相同顶点起作用的参数发生冲突时，参数化方法会产生不自然的表情或形态。出于这个原因，研究人员在设计参数化方法时，只在特定的面部区域使用参数化方法。但是这样做会在人脸上形成明显的运动边界。参数化方法的另一个限制是参数集的选择需要取决于面部网格拓扑结构，因此，不能形成通用的参数化方法。对于简单的面部模型，面部动画可以相对直观地参数化，因为它只有100多个顶点。然

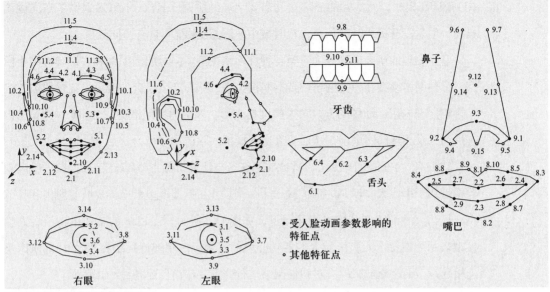

图11.6 MPEG-4标准人脸定义参数FDP

而，对于具有大量顶点的复杂人脸模型，参数化并不实用。需要大量的手动调整去设置参数值，并可能导致不真实的人脸运动或变形。参数化方法的局限性刺激了其他技术的发展，如图像变形、基于真实或伪肌肉的动画、表演驱动的动画技术。

3. 基于2D或3D变形/过渡的方法

图像或形状过渡是指在两幅图像或两个模型之间实现的变形（metamorphosis）。二维图像变形包括源图像和目标图像上对应点之间的弯曲（warp）和交叉溶解（cross dissolve）。一般对应点之间的对应关系需要手工选择，在构建对应关系后，图像间的自然过渡能产生非常真实的人脸动画。但是采用变形的方法需要大量的人工设置，例如对应关系的选择、弯曲和交叉溶解的参数选择。为了克服二维图像过渡（morphing）的限制，Pighin等人[207]将二维图像过渡与几何模型的三维变换结合，通过三维几何插值实现关键人脸表情的动画，同时在对应的纹理图像之间进行二维图像的过渡。此类方法能生成具有真实感的人脸动画，但是仅限于预定义的关键帧之间的表情插值，并且在源图像和目标图像之间选择对应关系需要大量人工工作。此外，该方法在不同的人脸上不能通用，动画的视点受源图像和目标图像的视点约束。

4. 基于物理肌肉模型驱动的人脸动画方法

由于其简单性，FACS被广泛用于基于肌肉模型或基于伪肌肉模型的人脸动画方法。使用肌肉模型的人脸动画方法不需要在源图像和目标图像之间建立对应关系，从而克服了形状插值和图像变形方法的局限性。物理肌肉建模准确地描述了人类皮肤、骨骼和肌肉系统的属性和行为。与此相反，伪肌肉模型通过直观的几何变形来模拟人体组织。尽管FACS在人脸动画方法中很流行，但是它仍然存在一些缺点。首先，

AU是局部模式，而实际的面部运动需要全局的协调。其次，FACS提供了空间运动描述，但是没有提供时间信息，在时域中，FACS系统不具有协同效果。

基于物理的肌肉模型分为三类：弹性网格模型、向量肌肉模型和多层弹性网格模型。弹性网格模型在弹性网格中传播肌肉拉力，从而产生肌肉的变形。向量肌肉方法在影响区域内用运动场的方式对人脸网格变形。多层弹性网格将一个质点-弹簧结构扩展为三个相连的网格层，从而更真实地模拟人脸的物理行为。

1982年，Platt和Badler[201]首次将FACS与计算机图形学结合起来，提出肌肉骨骼模型用于生成人脸动画。他们提出了一个质点-弹簧模型来连接皮肤、肌肉和骨节点，模仿人脸的解剖结构来构建模型，如图11.7所示。在Platt的工作中，他将人脸模型表示为在特定人脸区域上的各功能块的集合，使用弹性网络将38个局部肌肉块连接起来，通过施加肌肉力对弹性网络进行变形，从而创建各种动作单元。

20世纪80年代后期，Waters[202]提出了一个更为先进的向量肌肉模型，它为后续的基于物理的模型奠定了基础。该模型由一个参数肌肉模型组成，人脸用多边形网格表示，并用肌肉向量来控制其变形。肌肉被定义成向量的形式，包含原点和插入点。如图11.8所示，该模型包含两类肌肉：一类是线性肌（linear muscle），一端固定在骨骼上，另一端连接在皮肤上，可以拉伸；另一类是绕着中心点放大或缩小的括约肌（sphincter muscle）。Waters模型的肌肉控制参数依然是基于FACS来设计的。该模型可用一定数量的参数对模型的特征肌肉进行控制，并且可应用于任何人脸模型。Waters方法的基本思想是将特定的参数值赋予人脸肌肉模型。不同人脸的网格顶点由这些点上的参数肌肉模型控制，脸部的拓扑结构保持不变，肌肉的运动仅限于变形区域。

1990年，Terzopoulos和Waters[208]提出了一种动态面部模型，能够反映人脸细微的生理结构。该模型结合了基于解剖学的肌肉模型和基于物理的组织模型。三层可变形网格分别代表皮肤、脂肪组织和肌肉层，能够模拟更逼真的面部行为。

图11.7 质点-弹簧人脸模型

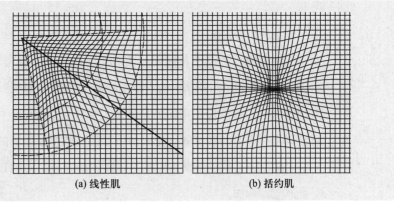

(a) 线性肌 (b) 括约肌

图11.8 向量肌肉模型

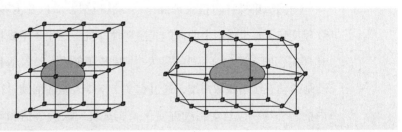

图11.9 自由变形（FFD）计算模型

5. 基于伪肌肉模型的方法

在脸部网格表面定义的直接变形能产生高质量的动画。它忽略了基础的面部解剖或真正的肌肉结构。相反，重点是通过操作网格来创建各种面部表情。这一类方法包括以样条或自由形变的形式在不同的模型和模拟的假肌肉之间变形。

基于物理肌肉的模型能够生成真实的结果，但是需要精确的设置和参数调节才能模拟特定的人脸结构。而伪肌肉模型不涉及复杂的生理结构，而是以类似于肌肉的方式对人脸网格进行变形。伪肌肉方法包括自由变形方法和样条伪肌肉方法。

（1）自由变形方法

自由变形（FFD）[209]方法通过控制点的操作对具有一定体积的物体进行变形。即将一个可变形物体嵌入一个由控制点组成的三维网格的弹性控制空间中。当挤压、弯曲和扭曲控制空间时，内嵌的物体也相应地被变形，如图11.9所示。Thalmann等人[210]提出有理自由变形（RFFD）方法，对每一个控制点增加一个权重因子，从而在变形时增加了自由度，可以通过改变权重因子而不是改变控制点的位置来执行变形。Kalra等人[211]将有理自由变形和交互模拟肌肉的方法结合起来，用以模拟肌肉变形的视觉效果。他们在肌肉运动的局部区域定义平行六面体作为控制体，通过放置控制点和改变控制点的权重来模拟皮肤的变形，并用线性插值决定位于相邻区域边界点的变形。与基于物理肌肉的模型相比，操作控制点的位置和权重比操作肌肉向量要简单。但是FFD方法不能精确模拟皮肤的行为，从而不能模拟人脸的皱纹、皮肤的皱褶等形态。

（2）样条伪肌肉方法

被广泛使用的阿尔伯特（Albeit）多边形人脸模型不能充分刻画人脸的光滑性和柔韧性，因为具有固定拓扑结构的人脸多边形模型难以在任意区域内光滑地变形。因此一个理想的人脸模型应该用曲面来表示。样条伪肌肉模型可以在曲面上做局部变形，而且只需一小组控制点即可完成仿射变换，减少了计算的复杂性。Pixar动画公司使用双三次Catmull-Rom样条构造了动画"Tin Toy"中的Billy模型。

6. 图像渲染操作

图像渲染操作包括纹理操作、皮肤模拟、面色变化等。纹理反映了每个像素上曲面的光照属性，被广泛用于生成具有真实感的人脸动画。Oka等人[212]提出真实感人脸表情和动画的动态纹理映像系统，通过在多个三维人脸曲面间进行内插和外插，以及动态纹理变化来实现真实人脸表情和动画。皱纹是真实感人脸动画的一个重要因素，但是皱纹很难用模拟的肌肉或参数化方法得到，因此需要用纹理技术对皱纹进行造型。Moubaraki等人[213]使用bump mapping的方法产生具有真实感的人脸皱纹。Bump mapping通过对表面法向量进行扰动，产生表面阴影。通过定义皱纹函数可以在光滑的表面上产生皱纹，如图11.10所示。此外，人脸动画除了人脸的变形，还包括因情绪变化而引起的脸部颜色的变

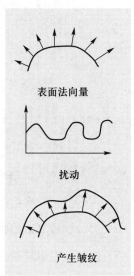

表面法向量

扰动

产生皱纹

图11.10 使用bump mapping产生皱纹

化。Kalka[214]提出了情绪计算模型，来模拟脸色变化。通过改变纹理图像的颜色属性，实现皮肤的苍白和脸红动画，增强真实感。

11.2.3　基于数据驱动的人脸动画方法

数据驱动技术在人脸动画领域被广泛使用，因为它能够从收集的数据中呈现更丰富、更详细和更准确的人脸动画。从以下几个方面回顾目前人脸动画中使用的一些数据驱动技术：基于图像的技术、语音驱动的技术和表演驱动的技术。

1. 基于图像的人脸动画技术

基于图像的人脸动画技术的目的是产生一个具有照片真实感的人脸模型，这种模型仅仅靠形状插值和肌肉变形是无法完成的。该技术采用不同视角的图像，从中获取人脸表面和位置数据，以重构人脸模型。通过对两幅图像进行三角剖分，可以计算出模型的深度。Noh和Neumann[215]将基于图像的技术分为4个部分：照片之间的变形、

纹理处理、图像混合和血管表示。输入图像的数量和视角以及对场景几何的了解程度决定了系统的有效性。

21世纪初，Borshukov等人[216]在电影《黑客帝国2：重装上阵》中应用了一种复杂的基于图像的技术。在《星球大战》和《指环王》中，也应用基于图像的技术制作特效。在建模研究中，将基于图像的技术与其他基于几何的技术相结合，可以改善人脸模型的变形。

基于图像的技术仍然被动画师和研究人员广泛使用，因为与3D激光扫描面部模型相比，它可以以较低的成本产生看起来较为逼真的面部模型。为了保持其流行性，需要打破当前基于图像的技术的限制，例如如何在动画中通过使用更少的参数自动表示3D面部模型。

2. 语音驱动的人脸动画技术

人脸动画的另一个挑战性课题是合成与输入语音相对应的视觉语音动画。语音驱动动画的研究初始阶段通过手动或自动将音素标注映射成动画，以产生期望的嘴部形状。协同发音是唇部同步的重要现象。它意味着嘴唇的运动取决于当前发音的音素，也取决于之前和之后的音素。

在语音驱动的计算机人脸动画技术中，需要预先录制的面部数据库。Bregler等人提出的视频重写[217]是典型的语音驱动技术示例，他们通过对训练片段中的唇部图像根据语音中的音素、序列重新排列，得到新的视频。

在语音驱动的人脸动画技术中，实时合成嘴唇同步和融合情感还有改进空间，包括如何精确地同步嘴唇运动来处理涉及拖音的实时面部动画，以及在动画播放过程中，如何识别和表现含有情绪的语言。

3. 表演驱动的人脸动画技术

表演驱动的人脸动画技术根据表演者面部表演，捕捉源三维人脸形状，驱动虚拟人物做出相同头部姿态和面部表情的技术。动画生成驱动技术在影视游戏制作、远程会议、医疗辅助等领域有广泛应用。表演驱动技术是由Lance Williams[204]首先提出的，它使用人脸上的一些标记点和摄像机来扫描人脸并跟踪标记。Kouaudio等人[218]开发了一个实时面部动画系统，从预先建模的面部表情中合成动画人物。他们引入了与对应点和标记之间的欧氏距离最小的点相对应的标记，以创建中间的面部表情。开发实时的、性能驱动的面部动画存在着许多技术挑战，包括如何精确跟踪用户面部的刚性和非刚性运动，以及如何映射驱动面部动画时提取的跟踪参数。

表演驱动的人脸表情动画合成技术需要利用人脸表情捕捉技术获取表演者的人脸形状，然后利用人脸动画合成技术基于捕捉到的人脸形状合成与表演者一致的动画。

人脸表情捕捉技术在第10章已经做过详细介绍。其中基于深度图像的RGBD相机人脸表情捕捉方法具有简单、实时的优点，在表演驱动的人脸动画技术中较为常见。表演驱动的人脸动画主要包括两种情况：（1）用捕捉到的源三维人脸形状来驱动目标三维人脸形状，主要用于对真实图像的表情生成；（2）用捕捉到的源三维人脸形状驱动卡通头像，用于对三维卡通人物的表情驱动。

对于第一种情况，源人脸和目标人脸一般具有相似的网格结构，Ahlberg等人[219]提出了驱动生成算法Candide-3，该方法依照FACS人脸表情动作编码系统中定义的运动单元控制人脸模型。首先按照固定的规则从图像中估算运动单元的值，然后根据运动单元和三维模型之间的关系对模型进行形变。

对于第二种情况，所驱动的目标不是一个稀疏的三维人脸形状，而是一个稠密的三维人脸模型或卡通模型。对于卡通面部模型，其形状结构与三维人脸结构相差较远，因此最常用的方法是基于插值法的人脸动画驱动技术。一些常用的人脸动画制作软件，如Maya、3ds Max、Unity3D等，都提供了基于插值法进行人脸动画制作与合成的功能。插值法采用一组具有不同表情的基模型，通过加权合成不同表情的模型来传递和驱动人脸动画。表演驱动的人脸动画需要解决两个主要的技术挑战：需要精准地跟踪用户人脸的运动，并且将提取出的参数映射到虚拟角色的动画控制点上。上述两个问题可以结合为根据采集到的二维和三维数据，得到表演者特定的混合形状（blendshape）参数。

Weise等人[220]提出了表演驱动的实时人脸动画系统。该系统可以捕捉并跟踪用户实时的动态表情（灰色渲染图），并将其映射到对向的屏幕上的数字人物上（彩色渲染），来实现网络空间内的虚拟交互，如图11.11所示。该系统利用微软的Kinect获取人脸的深度图像，然后将信息匹配到提前构建好的动态表情模型（dynamic expression mode，DEM）上，从而求出一系列人脸模型合成参数，重构出人脸三维模型。通过匹配用户特定的表情模型与所获得的二维图像和三维深度图来估计混合形状权重，从而驱动虚拟动画形象。通过将三维几何模型和二维纹理配准与现有人脸动画序列生成的动态混合形状方法相结合。将获取的深度图和表演者的图像映射到由动画先验（animation prior）定义的真实面部表情空间，实现了实时、无干扰、无标记的面部表情捕捉和动画。

图11.11给出了表演驱动的实时人脸动画系统处理流水线。算法产生的结果为混合形状权重的一个时间序列，可以直接导入商业动画制作工具。

该方法使用的采集硬件（acquisition hardware）为Kinect RGBD深度相机。所有的输入数据都是通过Kinect系统采集到的。Kinect系统支持红外投影仪，以30帧

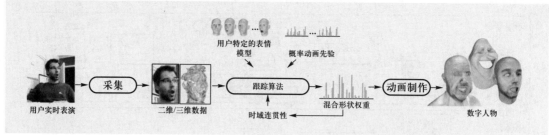

图11.11 表演驱动的实时人脸动画系统

每秒的速度同时捕捉二维彩色图像和三维深度图像。

大部分表演驱动的人脸动画技术均需要利用专业的深度摄像头，而基于传统网络摄像头的方法则更具有实用性，可以在电脑或智能手机端生成动画，如图11.12

图11.12 基于传统网络摄像头的人脸动画驱动

所示。Cao 等人[221]提出基于普通网络摄像头的表演驱动的实时人脸动画系统，如图11.13所示。在预处理阶段，首先采集表演者的人脸表情动作和特定的头部姿态，并且标注人脸关键点。然后从标注图像中得到表演者特定的混合形状模型，并利用混合形状模型来计算每张图像的三维人脸形状，由三维人脸关键点组成。然后利用采集的二维图像，以及三维人脸形状，训练用户特定的三维人脸形状回归模型。在测试阶段，该回归模型从摄像头采集的二维视频流中实时回归出人脸关键点的三维位置。然后从三维人脸形状结合表演者特定的混合形状模型，计算出头部姿态的刚性形变和人脸表情参数。最后，将这些跟踪参数应用到虚拟形象的表情混合形状模型上，基于插值法驱动虚拟形象生成动画。

该系统利用三维人脸表情数据库FaceWarehouse，从表演者的预设人脸图像中合成表演者特定的插值模型。沿用FaceWarehouse的定义，混合形状中包含47个不同表情的三维模型，利用身份属性和表情属性从数据库中建立双线性人脸模型，将其表示秩为3的数据张量 T（11K顶点 × 150身份 × 47表情）。利用该表示，任意身份的任意人脸表情都可用如下表示来近似：

$$\boldsymbol{F} = \boldsymbol{C}_r \times \boldsymbol{w}_{\mathrm{id}}^{\mathrm{T}} \times \boldsymbol{w}_{\mathrm{exp}}^{\mathrm{T}} \tag{11.2}$$

其中 $\boldsymbol{w}_{\mathrm{id}}$ 和 $\boldsymbol{w}_{\mathrm{exp}}$ 分别为身份权重和表情权重。利用该双线性人脸模型，通过迭代优化的方法计算最优身份权重和表情权重，为表演者生成特定的表情混合形状模型 $\{\boldsymbol{B}_i\}$。

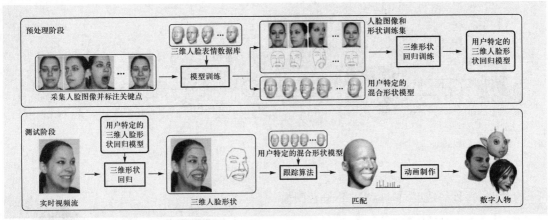

图11.13 基于普通网络摄像头的表演驱动的实时人脸动画系统

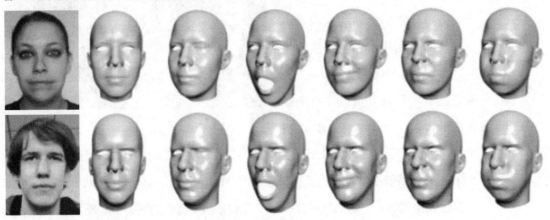

图11.14 生成的混合形状模型示例

第一步，对于输入图像 i，计算变换矩阵 $\boldsymbol{M}$、身份权重 $\boldsymbol{w}_{\text{id}}$ 和表情权重 $\boldsymbol{w}_{\text{exp},i}$，使得生成人脸网格的三维人脸关键点的投影与图像的二维人脸关键点相匹配，可以通过最小化下列能量方程实现：

$$E_d = \sum_{k=1}^{75} \left\| \prod_Q \left(\boldsymbol{M}_i \left(\boldsymbol{C}_r \times \boldsymbol{w}_{\text{id}}^{\text{T}} \times \boldsymbol{w}_{\text{exp},i}^{\text{T}} \right)^{(vk)} \right) - \boldsymbol{u}_i^{(k)} \right\|^2 \qquad (11.3)$$

其中，$\boldsymbol{u}_i^{(k)}$ 为图像 i 的第 k 个关键点的二维坐标，v_k 为网格上对应的顶点索引。

第二步，优化身份权重 $\boldsymbol{w}_{\text{id}}$，对于同一表演者的所有图像，身份权重应该相同，通过固定变换矩阵 $\boldsymbol{M}$ 和表情权重 $\boldsymbol{w}_{\text{exp},i}$，计算所有图像的身份权重，最小化下列能量方程：

$$E_{joint} = \sum_{i=1}^{n} \sum_{k=1}^{75} \left\| \prod_Q \left(\boldsymbol{M}_i \left(\boldsymbol{C}_r \times \boldsymbol{w}_{\text{id}}^{\text{T}} \times \boldsymbol{w}_{\text{exp},i}^{\text{T}} \right)^{(vk)} \right) - \boldsymbol{u}_i^{(k)} \right\|^2 \qquad (11.4)$$

通过迭代优化，直至收敛。在获得身份权重后，可以构建出用户特定的表情混合形状模型 $\{\boldsymbol{B}_i\}$，如图11.14所示。

在得到混合形状模型后，需要从表演者的预设图像中恢复出三维人脸形状作为三维形状回归模型的训练数据。需要计算用户的刚性变换矩阵 $\boldsymbol{M}$ 和混合形状模型的表情

系数 a。给定用户的表情混合形状模型 $\{B_i\}$ 和摄像机投影矩阵 Q，通过最小化二维人脸关键点的坐标和三维人脸关键点的坐标投影之间的误差，即最小化下列能量方程：

$$E_l = \sum_{l=1}^{75} \left\| \prod_Q \left(M \left(B_0 + \sum_{i=1}^{46} \alpha_i B_i \right)^{(v_l)} \right) - q^{(l)} \right\|^2 \tag{11.5}$$

其中，$q^{(l)}$ 为图像第 l 个关键点的二维坐标，v_l 为人脸网格对应的顶点索引。由于采集的二维图像包含标准的人脸表情，他们的混合形状表情系数应该与标准的混合形状模型的表情系数一致，即：

$$E_{reg} = \left\| a - a^* \right\|^2 \tag{11.6}$$

然后通过最小化能量方程：

$$\arg\min_{M,a} E_l + w_{reg} E_{reg} \tag{11.7}$$

得到混合形状最优的变换矩阵 M 和表情系数 a。在为每张图像计算出刚性变换矩阵 M 和表情系数后，生成对应的人脸网格：$M \left(B_0 + \sum_{i=1}^{46} \alpha_i B_i \right)$。

从三维人脸网格中，提取人脸关键点的三维坐标，获取图像的三维人脸形状，作为人脸形状回归模型的训练集。

在测试阶段的实时人脸跟踪过程中，人脸形状回归模型从视频帧中回归出人脸关键点的三维坐标，然后计算出人脸运动参数。人脸运动参数包含两个部分：用于表示头部姿态刚性运动的变换矩阵 M，和代表非刚性形变的表情系数 a。这两个参数可以通过最小化如下能量方程求得：

$$E_t = \sum_{l=1}^{75} \left\| M \left(B_0 + \sum_{i=1}^{46} \alpha_i B_i \right)^{(v_k)} - S^{(k)} \right\|^2 \tag{11.8}$$

其中，S 为捕捉到的三维人脸形状，$S^{(k)}$ 为三维人脸形状上的第 k 个关键点的三维位置，v_k 为人脸网格的对应顶点。B 为一组混合形状模型。通过迭代优化，求得最优参数。

4. 基于表演的实时人脸图像动画

此外，可以通过 FaceWareHouse 与 Kinect 结合，驱动二维人脸图像动画。通过用户的面部表演，实时地动画化静态人脸图像，如图 11.15 所示。首先计算表演者特定的表情混合模型。最后，采用基于 Kinect 的人脸动画系统，捕捉用户的面部表情，计算混合形状的系数表示，然后将这些表情转换成适合该图像的个性化人脸模型。

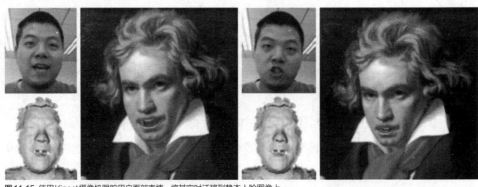

图 11.15 使用Kinect摄像机跟踪用户面部表情，将其实时迁移到静态人脸图像上

11.3　深度学习方法

随着深度学习技术和神经网络的发展，人脸动画生成技术也逐步迈入深度学习时代。基于深度学习的人脸动画技术一般通过摄像头获取普通彩色照片，提取人脸表情参数。然后利用神经网络回归出人脸表情参数，生成具有新表情的图像序列，形成人脸动画。这样的解决方法成本更低，而且，在数据量充足的情况下，基于深度学习的人脸动画方法性能更占优势，例如在恶劣光照、大角度、远距离的情况下，比基于深度信息的传统方法效果更好。

11.3.1　GANimation

生成对抗网络作为合成任务中最有力的工具，受到了广泛关注。Albert等人[222]提出了GANimation模型，能连续地生成具有不同表情的人脸动画。该模型基于EmotionNet数据库，利用GAN结合运动单元（AU）标注，能够以连续的流形从运动解剖角度描述人脸表情，然后通过网络控制每个AU的激活程度，合成多种人脸表情。

首先，构建以运动单元的激活程度向量作为条件的双向GAN网络，给定单张训练照片，初始化渲染出符合目标表情的新图像。随后，将这张合成图像反向渲染回原始的域，并与输入图像进行对比。通过最小化生成图像的照片真实感损失来训练网络。

给定一张具有任意表情的输入RGB图像I_{y_r}。用运动单元$y_r=(y_1,\cdots,y_N)^T$来编码表情，y_n为0～1之间的值，代表第n个运动单元的激活强度。采用这种连续的表示方法可以在不同表情间进行插值，因此能够平滑地渲染出多种人脸表情。

网络的目标是学习映射函数M，将输入图像I_{y_r}映射到输出图像I_{y_g}，以运动单元目标y_g为生成器的条件。即：$M:(I_{y_r},y_g)\rightarrow I_{y_g}$，如图11.16所示。

生成器G的训练目标是将输入照片转换成目标表情。生成器进行两次映射，首

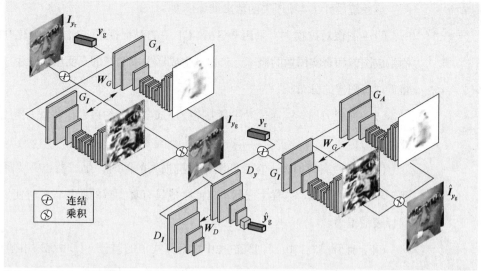

图11.16 GANimation网络结构示意图

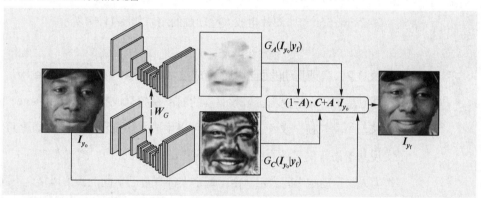

图11.17 注意力掩膜与颜色掩膜结合

基于PyTorch
的GANimation
生成器代码

先将输入图像映射成新的表情图像，然后再将生成的表情图像映射回原始图像。判别器D用于衡量生成图像的质量和人脸表情。

给定输入图像I_{y_o}和N维向量y_f，编码目标表情，将输入图像和表情编码相连，输入生成器网络。该系统需要生成器关注图像中对合成新表情有影响的不同区域，而保持其他的区域不变，因此在生成器中加入注意力机制。该系统将生成器的输出分为两个掩膜，颜色掩膜C和注意力掩膜A。最终的生成图像可以表示为：

$$I_{y_f} = (1-A) \cdot C + A \cdot I_{y_o} \tag{11.9}$$

注意力掩膜表示颜色掩膜的每个像素对最终合成图像的影响，这样生成器不再需要渲染静态元素，可以只注意影响面部运动的像素，因此能生成更真实的合成面部表情，如图11.17所示。

条件判别：判别器从照片真实感和表情准确度衡量生成图像。判别器利用PatchGAN的结构，将输入照片映射为矩阵，计算矩阵中每个点代表图像块为真的概率。

该系统设计了4项损失函数来训练模型。

（1）图像对抗损失：采用WGAN-GP中的对抗损失，通过最大化判别器正确判断生成图像和真实图像的概率，来提升生成器生成图像的真实度，让生成图像的分布接近训练图像的分布。

（2）注意力损失：通过对注意力掩膜增加全变分约束，让注意力掩膜更平滑，防止注意力饱和。

（3）条件表情损失：在降低图像对抗损失的同时，生成器也需要降低判别器的运动单元编码损失。这样生成器不仅能生成具有真实感的照片，同时使生成图像满足目标表情编码。

（4）身份损失：由于训练过程中没有真实值的监督，该系统采用循环一致损失，约束生成器保持生成图像和输入图像的身份信息一致。

GANimation单张图片生成人脸动画的结果如图11.18所示。

11.3.2　音频驱动的面部视频合成技术Neural Voice Puppetry

慕尼黑工业大学提出了音频驱动的面部视频合成技术Neural Voice Puppetry[223]。通过输入一段音频，或者一段文字，可以生成人物说话的视频，如图11.19所示。为了实现基于语音信号的人脸重演（facial reenactment），该技术使用一个三维人脸模型作为人脸运动的中间表示。由于每个人都有自己不同的讲话风格、不同的表情，因

图11.18 GANimation单张图片生成人脸动画示意图

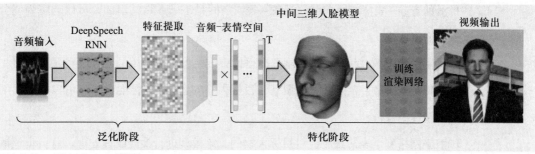

图 11.19 Neural Voice Puppetry流程图

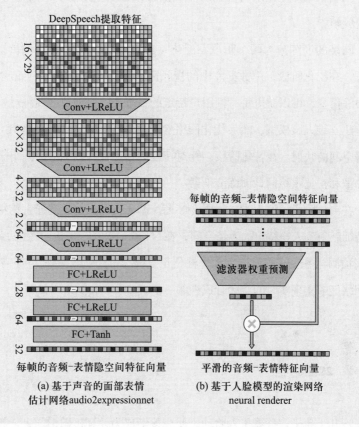

图 11.20 Neural Voice Puppetry网络结构示意图

此作者为不同的目标视频序列建立了用户特定的表情空间。为了实现在不同用户之间的泛化，通过网络构建了不同用户之间共享的音频－表情空间。通过该空间，可以从音频映射到用户特定的表情空间，实现人脸重演。输入预测的表情和提取的音频特征，可以利用渲染网络生成最终的输出。

Neural Voice Puppetry由两个网络构成，第一个是基于声音的面部表情估计网络audio2expressionnet，第二个是基于人脸模型的渲染网络neural renderer，如图11.20所示。

首先，Audio2ExpressionNet输入通过DeepSpeech提取的音频特征，预测每帧的音频－表情隐空间特征向量，然后利用滤波器对音频－表情特征向量进行滤波，得到平滑的音频-表情特征向量。音频-表情空间是不同人物共享的，可以理解为混合模型的插值系数。

为了从该音频-表情空间中检索出目标三维模型，从通用的混合模型基中学习一组人物特定的音频-表情混合模型基。目标人物的音频-表情混合模型可以通过通用模型的线性组合得到。

渲染网络基于表情预测，对目标人物的三维模型进行神经纹理处理。这一步包括两个网络，第一个网络将神经纹理转换为RGB颜色值；第二个网络将图像嵌入到目标视频帧中。

网络的训练分为两个阶段，泛化（generalization）阶段和特化（specialization）阶段。在泛化阶段，用数据库中的视频序列训练Audio2ExpressionNet。输入视觉人脸跟踪信息，可以获得每一帧用户特定的三维人脸模型。在训练过程中，基于语音输入重建三维人脸模型，然后优化网络参数，学习用户特定的从音频-表情空间到三维模型空间的映射。在特化阶段，针对特定的目标视频训练渲染网络，用目标人物的真实图像和视觉跟踪信息训练渲染器。

在测试阶段，输入为一段语音序列。基于目标人物，选择人物特定的映射，从语音特征映射到人物特定的表情空间，在Nvidia 1080Ti显卡上映射过程仅需不到2 ms。使用预测标签生成三维模型和光栅化也仅需2 ms。延迟神经渲染需要大约5 ms。因此网络能够实现实时的音频合成视频。

11.4　本章小结

近几十年来，计算机人脸动画研究逐渐成为计算机图形学、计算机视觉、虚拟现实等领域的研究热点。计算机人脸动画具有广泛的应用背景，例如游戏、电影等娱乐产业，通信领域和计算机辅助教学等。在人脸建模、人脸运动表示、人脸运动数据处理以及基于表演驱动的人脸动画等方面不断涌现出许多有价值的研究成果。本章主要介绍了人脸动画技术的研究背景以及该技术的发展现状，包括基于三维模型的人脸动画方法、基于数据驱动的人脸动画方法中的经典方法，并分析了主要的研究内容和存在的问题。传统的计算机人脸动画方法通过对人脸进行三维建模，然后利用几何变形结合面部肌肉表示，控制三维模型的几何变形，或者通过表演数据驱动三维模型，实现人脸动画。随着深度学习的发展，基于数据驱动的人脸动画方法利用图像、视频、音频等数据，训练神经网络，实现实时的数据驱动人脸动画，具有极高的真实感。

第12章 异质人脸图像合成

12

12.1 引言

随着大数据时代的来临，现实生活中出现了越来越多的信息采集传感器，以获得更加多样化的数据类型。人脸作为人体生物特征研究的主要对象之一，相比于其他生物特征如指纹、虹膜、DNA等，具有信息量丰富、界面友好、获取应用方便等显著优点。对于人脸图像来说，除了人们常见的可见光图像，现实生活中还存在应用在刑侦追踪和娱乐领域的人脸素描图像，应用在门禁系统等安全领域的近红外图像，应用在生命探测等领域的热红外图像等。这些多模态人脸图像统称为异质人脸图像（heterogeneous face image），如图12.1所示。

不同模态的异质人脸图像有着不同特点，在实际应用中他们常常可以相互补充。例如，在刑侦追捕中，公安部门会将每个公民的可见光图像构成大规模的身份图像数据库，然后根据身份图像来确定犯罪嫌疑人。由于光照会影响人脸识别系统的准确

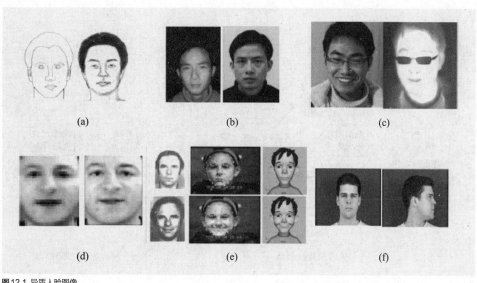

图12.1 异质人脸图像

206

率，人们常常会选择使用对光照不敏感的近红外人脸图像作为人脸识别的媒介。此外，在实际情况下一般很难直接获得犯罪嫌疑人的照片，公安部门常用方法是先设法得到专业法医画家和目击证人合作完成的人脸素描画像，然后根据人脸素描画像来在大规模的身份图像数据库上进行识别检索，以确定身份。相关研究发现，直接进行异质人脸图像（近红外图像–可见光图像、人脸素描画像–可见光画像等）的识别时，人脸图像识别准确率不高。这是由于不同模态的图像生成机制不同，导致异质图像在纹理和形状等方面存在较大的差异，使得传统的人脸识别方法很难在异质人脸识别中取得理想的效果。为了尽量减少模态之间的差异，人们常常通过异质人脸图像之间的变换来将不同模态的图像转换到同一模态下。在人脸素描画像–可见光画像识别中，人们可以通过将得到的人脸素描画像合成照片或者将照片合成人脸素描画像，来减少他们纹理上的差异，进而提高识别的准确性。在视频监控中，人们直接获得的图像一般分辨率都比较低，所以往往需要通过超分辨估计的方法进行高分辨图像合成，然后进行后续的检索或者其他应用。除此之外，随着社交媒体的发展，用户对于使用单一的照片作为图像往往会感到乏味，而卡通、漫画、素描图像、三维人物图像能够增加他们的兴趣。总之，异质人脸图像合成已经涉及公共安全和数字媒体娱乐等多个不同领域。为了简化问题，本章以人脸素描画像–照片为例来介绍目前的异质人脸合成方法，对于其他模态的异质人脸图像也存在类似的转换问题。值得注意的是，由图像合成照片和由照片合成图像是两个对偶的过程，所以只需要交换画像和照片的角色就可以得到另一个合成过程，如图12.2所示。

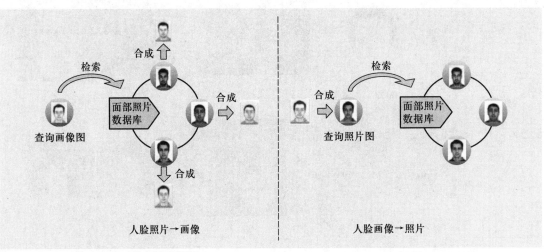

图12.2 人脸照片–画像和人脸画像–照片合成与识别过程

12.2 异质人脸图像合成概述

2002年香港中文大学汤晓鸥教授课题组[224]首先利用主成分分析法进行人脸画像的重建,自此关于人脸画像的合成问题开始引起人们的关注。该方法先将测试照片投影到训练照片集上得到投影系数,然后利用得到的投影系数对训练画像进行线性组合得到最终合成画像。该方法是典型的数据驱动类方法,如图 12.3 所示。

区别于数据驱动类方法,模型驱动类方法并不需要在测试阶段利用训练样本。该方法直接在训练阶段学习画像(块)到照片(块)映射或者回归关系(线性或者非线性),然后在测试阶段对于任意(位置)测试照片(块),只需要利用(对应位置)学习的映射函数进行重构即可。这类方法的优势是合成速度更快,效率更高。

总而言之,区分数据驱动类和模型驱动类人脸画像合成方法的依据是训练画像-照片对是否参与在线合成过程。下面将分别介绍属于两类方法的一些典型合成方法。

本章用I_p表示输入测试照片,I_s表示带合成的画像,P表示训练照片集,S表示训练画像集,x_i表示照片块,y_i表示x_i对应的待合成画像块。

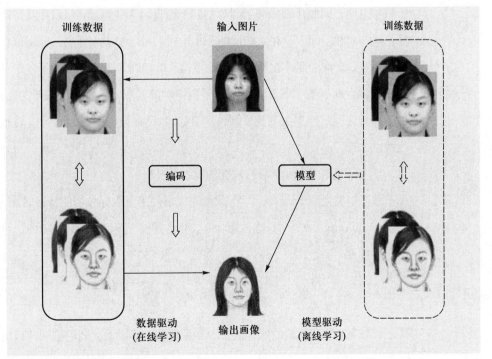

图 12.3 两种异质人脸画像合成方法框架

12.3　数据驱动类异质人脸图像合成方法

数据驱动类方法需要将训练画像–照片对进行图像块划分，同时在相邻的图像块中保留一定的覆盖，而对于照片块可以直接用灰度值以及不同的特征值表示。对于每一个测试照片，均需要从训练照片块中选择近邻来线性组合。该方法需要假设待合成的画像块与测试照片块有着相似的流形分布，即具有相同的重构权值，所以，关键问题是如何找到重构权值。除此之外，当得到待合成画像块之后，需要将这些画像块进行融合排列，最终组合成为一张完整的画像。这里的关键问题是如何计算相邻画像块覆盖区域的像素值。

12.3.1　基于子空间学习的方法

子空间学习的目的是寻找嵌入在高维空间中的低维子空间。一般思路有两种：线性子空间学习与非线性子空间学习。线性子空间学习（如主成分分析[225]，局部保持投影[225]等）需要从训练样本中得到一个投影矩阵$U \in R^{n \times m}$，利用该矩阵可以将测试样本从高维空间映射到低维空间中。这种投影矩阵一般可以通过特征值分解或者广义特征值分解方法得到。非线性子空间学习主要是流形学习（局部线性嵌入[227]等），一般很难直接得到从高维空间到低维空间的映射函数，因此通过构造局部邻域进行学习。

那么如何将子空间学习的思想应用在人脸画像合成中呢？一般会将画像视为采样于画像空间，而照片则采样于照片空间。假设对于一组画像–照片对，他们分别在画像空间和照片空间上存在着相似的分布形式。对应于实际算法，即画像在画像空间的重构系数和对应的照片在照片空间的重构系数相同。图12.4展示了基于子空间学习的人脸画像合成框架。下面介绍基于子空间学习的图像合成的代表性方法：① 假设画像与照片之间的映射关系为全局线性；② 假设画像与照片之间为全局非线性但局部线性。

1. 基于线性子空间学习的人脸图像合成方法

香港中文大学 Tang 等[224, 228, 229]首先提出使用主成分分析的特征转换方法（eigentansformation）。给定一张输入照片I_p，并将其投影至训练照片集P中，可以得到线性组合系数c_p：

$$I_p = Pc_p = \sum_{i=1}^{M} c_{p_i} P_i \tag{12.1}$$

其中，M为训练照片集的照片数量。然后根据上述假设，利用相同的权重对训练画像集S中的画像也进行线性组合，最后即可获得待合成画像I_s：

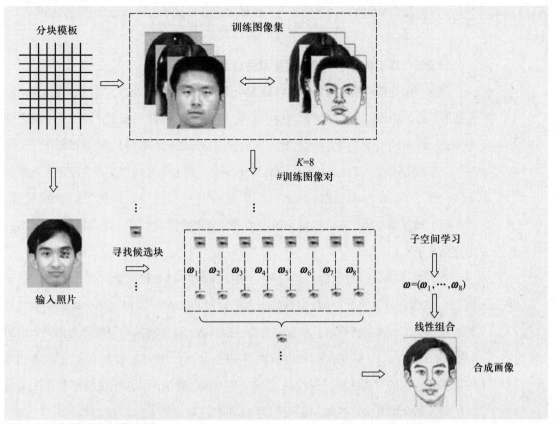

图12.4 基于子空间学习的人脸画像合成框架

$$I_s = Sc_p = \sum_{i=1}^{M} c_{p_i} S_i \tag{12.2}$$

此外，Tang[224]等先将形状信息与纹理信息分离开，再对纹理和形状进行特征转换，最后将两者进行融合得到最后的合成画线。

2. 基于流形学习的人脸图像合成方法

基于线性子空间的方法是直接对整张图像进行处理。Liu 等[230]考虑到图像分块合成能得到更加清晰的图像块，并受局部线性保持算法[227]的启发，提出利用分段线性逼近全局非线性的图像合成方法。首先对整张图像进行均匀划分，令相邻图像块之间保持一定程度的交叠。该方法假设画像块和图像块采样来自两个具有相似几何结构的流体。

对于任意一个输入照片块 x，先从训练照片块集合中寻找 K 个最近邻照片块 x^i，并得到对应的 K 个画像块。接着求解下面带约束的优化问题：

$$\min_{w} \left\| x - \sum_{i=1}^{K} w_i x^i \right\|^2, \quad s.t. \sum_{i=1}^{K} w_i = 1 \tag{12.3}$$

求解上式可以得到重构系数。最后依旧利用重构系数线性组合相应的画像块

$\sum_{i=1}^{K} \boldsymbol{w}_i \boldsymbol{y}^i$ 得到合成画像块，并将所有合成画像块进行拼接组合得到最后完整的画像。

12.3.2 基于稀疏表示的人脸画像合成方法

稀疏表示是指利用过完备字典将输入的信号进行紧致的表达。紧致的表达是指得到的表示系数中非零元素尽量少。由于寻找非零元素个数的稀疏表达是一个非确定性多项式困难（NP-hard）的问题，故而一般使用稀疏表示系数的L1范数以近似[231]。

大多数的画像–照片合成算法存在以下问题：现有的合成算法多为基于 K 近邻的方法，即对于任意的输入图像（块），均从训练图像（块）中选择固定个数的 K 近邻，而实际中对于某些块，在训练集中最相关的图像块可能少于 K，也可能多于 K，不一定完全等于 K。

针对上述问题，为了能自适应确定相关图像块的个数，受稀疏表示在人脸识别[232]、图像超分辨[233][234]中取得良好表现的启发，Gao 等[235]提出基于稀疏表示的近邻选择方法，如图12.5所示。给定一张测试照片 $\boldsymbol{I}_p$，首先将其均匀划分为相同大小的 n 块 $\{\boldsymbol{x}_1, \boldsymbol{x}_2, \cdots, \boldsymbol{x}_n\}$，$\boldsymbol{x}_i$ 表示照片的第 i 块组成的列向量（拼接组合而成）。这里将相邻的块保留一定的交叠区域。假设 $\boldsymbol{D}_p$ 表示一个由训练集中照片块组成的字典，$\boldsymbol{D}_s$ 为由对应训练画像块组成的字典，输入照片块 $\boldsymbol{x}_i$ 的稀疏表示如下：

$$\min_{\boldsymbol{w}_i} \|\boldsymbol{w}_i\|_1, \qquad s.t. \|\boldsymbol{D}_p \boldsymbol{w}_i - \boldsymbol{x}_i\|_2^2 \leq \epsilon \qquad (12.4)$$

其中，$\boldsymbol{w}_i$ 为稀疏表示系数，照片块 $\boldsymbol{x}_i$ 相关的近邻块一般通过如下的准则得出，即

$$N(\boldsymbol{x}_i) = \left\{ k \mid \delta(\boldsymbol{w}_{ij}) \neq 0, \mathrm{j} = 1, 2, \cdots, \#(\boldsymbol{w}_i) \right\} \qquad (12.5)$$

其中，$\boldsymbol{w}_{ij}$ 表示向量 $\boldsymbol{w}_i$ 的第 j 个元素，$\#(\boldsymbol{w}_i)$ 表示向量 $\boldsymbol{w}_i$ 中元素的个数，$N(\boldsymbol{x}_i)$ 表示照片块的邻域，$\delta(\boldsymbol{w}_{ij})$ 定义如下：

$$\delta(\boldsymbol{w}_{ij}) = \begin{cases} \boldsymbol{w}_{ij}, & |\boldsymbol{w}_{ij}| > \sigma \\ 0, & \text{其他} \end{cases} \qquad (12.6)$$

这里设定 σ 为一个很小的整数，可以设为0.001。当确定邻域 $N(\boldsymbol{x}_i)$ 后，接着归一化重构权值：

$$\boldsymbol{w}_{ij} = \frac{\delta(\boldsymbol{w}_{ij})}{\mathrm{sum}(\delta(\boldsymbol{w}_i))} \qquad (12.7)$$

剩下的步骤与12.3.1节所述相似，对应于测试照片块的画像块可以通过线性组合 $\boldsymbol{D}_s \boldsymbol{w}_i$ 求得。最后将合成画像块组合起来形成最终合成结果。

12.3.3 基于贝叶斯推断的人脸画像合成方法

在第2章相关内容中，已经介绍贝叶斯推断中最关键的贝叶斯公式：

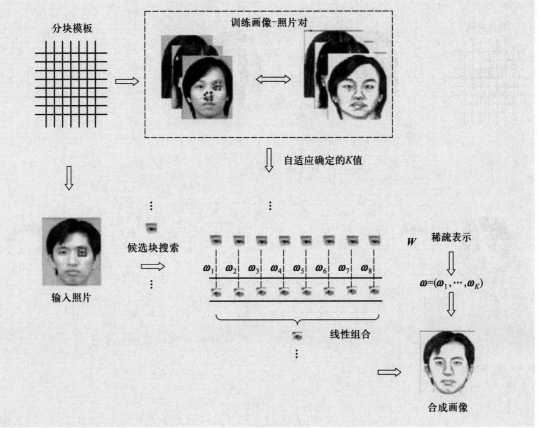

图12.5 基于稀疏表示近邻选择的画像合成算法框图

$$P(A|B) = P(B|A)\frac{P(A)}{P(B)} \qquad (12.8)$$

其中，A 和 B 分别表示两个事件。在人脸画像合成应用中，假设 I_p 表示输入的测试照片，而 I_s 表示待合成的人脸画像，利用基于最大后验概率（maximum a posteriori probability，MAP）的推断，即：

$$I_s^* = \arg\max_{I_s} P(I_s|I_p) = \arg\max_{I_s} P(I_p|I_s) P(I_s) \qquad (12.9)$$

其中，$P(I_s)$ 为先验知识，一般可以从训练样本中学习得到，用来约束合成画像中相邻图像块之间的相似度（兼容性）；$P(I_p|I_s)$ 为似然概率，用来约束合成的画像需要和输入的照片内容相似（即相同身份），一般假设为高斯函数。图12.6展示了基于贝叶斯推断方法的人脸画像合成算法框架。

下面介绍一种基于贝叶斯推断的典型方法：基于马尔科夫随机场（Markov random field，MRF）的画像合成方法。

马尔科夫随机场刻画了一幅图中相邻节点间的依赖关系。马尔科夫性质通常理解为给定节点的性质只与相邻节点有关而与其他节点无关：

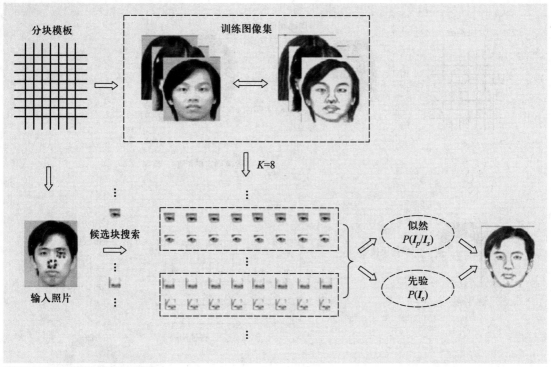

图12.6 基于贝叶斯推断的人脸画像合成框架

$$P\big(\boldsymbol{f}_i|\boldsymbol{f}_1,\boldsymbol{f}_2,\cdots,\boldsymbol{f}_N\big)=P\big(\boldsymbol{f}_i|\boldsymbol{f}_{N(i)}\big) \tag{12.10}$$

其中，$\boldsymbol{f}_i$指的是图上第i个节点对应的特征，$N(i)$表示第i个节点的邻域。图像可以用马尔科夫随机场建模。假设图像上每个像素位置的灰度值是变量，那么整幅图像灰度值的配置概率可以用数据约束项和平滑约束的乘积来表示。通常数据约束项表征了观察量与输出量之间的某种逼真程度，平滑约束项表征所求输出变量局部邻域之间的关系。

王晓刚等[23]利用马尔科夫随机场对画像–照片间的关系进行建模。首先将所有的图像分成均匀大小的块，相邻块之间保留一定的交叠。以画像合成为例，输入照片$\boldsymbol{I}_p$和待合成的画像$\boldsymbol{I}_s$分别被分成块集合 $\{\boldsymbol{y}_1, \boldsymbol{y}_2, \cdots, \boldsymbol{y}_N\}$ 和 $\{\boldsymbol{x}_1, \boldsymbol{x}_2, \cdots, \boldsymbol{x}_N\}$。这些图像块可以被看作马尔科夫随机场的节点，如图12.7所示。

对于任意输入照片块$\boldsymbol{y}_i$，从训练照片集中寻找K个最近邻，同时得到K个最近邻

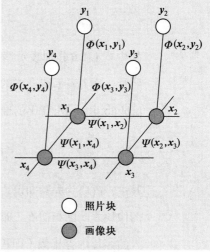

图12.7 马尔科夫随机场图模型示意图

照片块对应的画像块。输入照片块 $\boldsymbol{x}_i^l$, $l = 1, 2, \cdots, K$。输入照片块 $\boldsymbol{y}_i$ 与对应的待合成画像块 $\boldsymbol{x}_i$ 之间的忠诚度可以用一致性函数 $\phi(\boldsymbol{x}_i, \boldsymbol{y}_j)$ 描述，相邻画像块之间的关系可以用一致性函数 $\psi(\boldsymbol{x}_i, \boldsymbol{y}_j)$ 来描述。这样，输入照片与合成画像之间的联合概率可以写作：

$$P\big(\boldsymbol{I}_s,\ \boldsymbol{I}_p\big) = P\big(\boldsymbol{x}_1,\ \boldsymbol{x}_2,\ \dots,\ \boldsymbol{x}_N,\ \boldsymbol{y}_1,\ \boldsymbol{y}_2,\ \dots,\ \boldsymbol{y}_N\big) \propto \prod_{(i,\,j)} \psi\big(\boldsymbol{x}_i,\ \boldsymbol{x}_j\big) \prod_k \phi\big(\boldsymbol{x}_k, \boldsymbol{y}_k\big) \quad (12.11)$$

其中，(i, j) 表示相邻的画像块，而一致性函数 $\phi(\boldsymbol{x}_i, \boldsymbol{y}_j)$ 和 $\psi(\boldsymbol{x}_i, \boldsymbol{y}_j)$ 的具体定义如下：

$$\psi\big(\boldsymbol{x}_i^l,\ \boldsymbol{x}_j^m\big) = \exp\left(-\frac{\left\|\boldsymbol{d}_{ji}^l - \boldsymbol{d}_{ij}^m\right\|^2}{2\sigma_s^2}\right) \quad (12.12)$$

$$\phi\big(\boldsymbol{x}_k^l,\ \boldsymbol{y}_k\big) = \exp\left(-\frac{\left\|\boldsymbol{y}_k^l - \boldsymbol{y}_k\right\|^2}{2\sigma_p^2}\right) \quad (12.13)$$

其中，$\boldsymbol{d}_{ji}^l$ 指的是相邻画像块 $\boldsymbol{x}_i$ 和 $\boldsymbol{x}_j$ 对应的照片块 $\boldsymbol{y}_i$ 和 $\boldsymbol{y}_j$ 的交叠区域位于照片块 $\boldsymbol{y}_i^l$ 上的灰度值构成的列向量，$\boldsymbol{d}_{ij}^m$ 是位于照片块 $\boldsymbol{x}_j^m$ 上的灰度值构成的列向量，而 σ_p 和 σ_s 是两个预先定义好的参数。由式（12.11）可以得到关于 $\boldsymbol{I}_s$ 的最大后验概率估计等价于最大化 $\boldsymbol{I}_s$ 和 $\boldsymbol{I}_p$ 的联合概率。为了将不同尺度大小的块的影响，考虑入内，王晓刚等人在上面模型的基础上提出多尺度的马尔科夫随机场模型，即除了图像二维本身，再增加不同尺度图像之间的约束。他们通过信念传播算法[236]来求解上述最大后验概率问题。最后用图像缝合[237]的思想将所有画像块重组为一幅完整的画像。

　　Zhang 等[238]基于同一框架，将形状、梯度等信息纳入考虑，提出一种对光照和具有一定角度姿态的照片鲁棒的画像合成算法。周浩等[239]认为 MAP-MRF 只从训练集中寻找一个最相似的画像块作为最终合成画像的块，会导致合成结果产生一定程度的形变。由于训练集毕竟有限而人脸又非刚性，有时候很难从训练集中找到相似的块，尤其是眼睛、鼻子、嘴等这种细节信息丰富的地方。为此，周浩等[24]主张选择多个相似的块线性组合得到最后的画像，线性组合权重可以通过类似 MAP-MRF 的方式建立模型进而通过求解二次规划问题得到。以上这些方法均是基于归纳式学习的思想，归纳式学习的目标函数是最小化训练样本对应的经验风险误差。而直推式是将所有的样本（包括训练样本和测试样本）一起进行学习，以最小化测试样本风险误差为目标，因而较归纳式学习方法能够进一步减小对于测试样本的风险误差。Wang 等[25]基于此思想结合马尔科夫随机场提出一种直推式人脸画像–照片合成方法。

12.4　模型驱动类异质人脸图像合成方法

模型驱动类方法指的是在训练阶段直接学习照片（块）到画像（块）的映射或者回归关系，然后在测试阶段对于任意（位置）的照片（块），利用（对应位置）学习的映射函数即可完成回归得到最终合成画像（块）。很明显这种方法的合成效率更高。

Wang等[25]率先提出利用线性回归学习照片块到画像块之间的映射，即将测试照片转换为画像的过程，划分为 N 个画像块的合成，每个画像块的合成均依赖于一个学习得到的回归关系，该回归关系来自从对应位置的训练照片块到训练画像块的映射。随着深度学习的发展，越来越多的深度学习模型在图像生成领域展现出较好的实验效果。这里主要介绍两种典型的基于深度学习的人脸画像合成算法：基于全卷积神经网络的人脸画像合成算法和基于生成对抗模型的人脸画像合成算法。

12.4.1　基于全卷积神经网络的人脸画像合成算法

Zhang等[272]提出端到端的卷积神经网络结构进行人脸画像合成。该网络结构包含6个卷积层，利用修正线性单元作为激活函数。端到端的方式是指输入一整张测试照片，输出一整张测试画像，无须分割成图像块处理，从而不需要像前文提到的方法那样将合成画像块组合成整幅画像。本质上，该方法是学习一种非线性的从整张照片到整张画像的映射关系，如图12.8所示。

假设在训练样本中有 N 个个体，对于每个个体存在一张照片 P_i 和一张对应的画像 S_i。我们用 $f(W, P_i)$ 表示利用参数为 W 的全卷积网络生成的画像。定义损失函数为：

$$L(P, S, W) = L_{gen}(P, S, W) + \alpha L_{discrim}(P, S, W) \tag{12.14}$$

其中，L_{gen} 表示生成损失，$L_{discrim}$ 表示识别损失，α 表示控制两种不同损失权值的参数。式中的生成损失表示为原始画像和生成画像的像素值差异，具体如下：

$$L_{gen}(P, S, W) = \frac{1}{N}\sum_{i=1}^{N}\left(S_i - f(W, P_i)\right)^2 \tag{12.15}$$

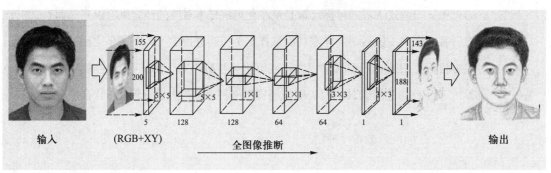

图12.8 基于全卷积网络的人脸画像合成算法框架

对于式（12.15）中的识别损失，希望属于不同人的照片和画像具有更多的差异，故定义如下：

$$L_{\text{discrim}}\left(\boldsymbol{P},\boldsymbol{S},\boldsymbol{W}\right)=\frac{1}{N\left(N-1\right)}\sum_{i=1}^{N}\sum_{j=1,\,j\neq i}^{N}\log\left(1+\mathrm{e}^{-\frac{\left(s_i-f\left(\boldsymbol{W},\,\boldsymbol{P}_j\right)\right)^2}{\lambda}}\right) \qquad (12.16)$$

其中，参数 λ 可以避免数值溢出。

对于一个典型的卷积层，下面公式表示具有 K 个卷积核的激活函数：

$$\boldsymbol{y}_{ij}^{k}=f\left(\left(\boldsymbol{W}_k*\boldsymbol{x}\right)_{ij}+\boldsymbol{b}_k\right),\ k\in\{1,2,\cdots,K\} \qquad (12.17)$$

其中，x 表示输入特征映射，$\boldsymbol{W}_k$ 和 $\boldsymbol{b}_k$ 分别表示第 k 个过滤器的权值和偏置，$\boldsymbol{y}_{ij}^{k}$ 表示第 k 个输出特征映射中位于 (i,j) 的元素。

式（12.17）表明卷积过程可以保留空间信息，并且卷积的组合也不会改变这种特性。可以利用一些卷积层的堆叠表示一个复杂的非线性映射，其优点是可以直接应用到任意尺寸的输入图像，然后得到对应的映射输出，如图12.8所示。

12.4.2　基于生成对抗网络的人脸画像合成算法

1. 基于条件生成对抗网络的人脸画像合成算法

生成对抗网络（generative adversarial net，GAN）能够通过对抗过程有效学习一个生成模型。关于生成对抗模型的基础理论介绍在第2章有详细介绍。

Isola等[85]提出基于条件生成对抗网络（conditional generative adversarial networks，cGAN）的图像翻译算法，能够将一种模态的图像翻译为另外一种模态，如从人脸照片到人脸画像。该方法通过交替迭代训练判别模型和生成模型，提高生成图像的质量（判别模型的判别能力也相应地增强）。这里详细介绍基于条件生成对抗网络的人脸画像合成算法。

在人脸画像合成过程中，假设给定一张人脸照片 $\boldsymbol{P}_i$，目标是生成对应的人脸合成画像 $\boldsymbol{S}_i$，训练数据为 M 对人脸画像－照片图像对。

条件生成对抗网络本质上是学习一个从随机噪声向量 z 和人脸照片 $\boldsymbol{P}_i$ 到人脸画像 $\boldsymbol{S}_i$ 的非线性映射函数，表示为 $G:\{\boldsymbol{P},z\}\rightarrow\boldsymbol{S}$。这里生成器（G）训练的目的是生成判别器（D）无法判断真伪的"真"图像，而鉴别器（D）的目的是尽可能判别生成器（G）生成的"伪"图像。基于条件生成对抗网络的人脸画像合成算法的训练过程如图12.9所示。

条件生成对抗网络的目标函数如下所示：

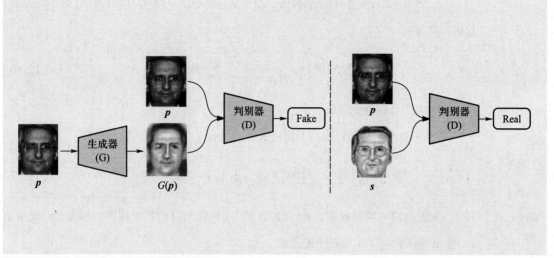

图12.9 基于条件生成对抗网络的人脸画像合成算法的训练过程

$$G^* = \arg\min_G \max_D L_{cGAN}(G, D) + \lambda L_1(G) \qquad (12.18)$$

参数 λ 可以用来平衡条件生成对抗网络的损失函数和正则项。式（12.18）中的条件生成对抗网络的损失函数可以表示如下：

$$L_{cGAN}(G, D) = E_{p,s}\Big[\log D(\boldsymbol{p}, \boldsymbol{s})\Big] + E_{p,z}\Big[\log\big(1 - D(\boldsymbol{p}, G(\boldsymbol{p}, \boldsymbol{z}))\big)\Big] \qquad (12.19)$$

而正则项表示如下：

基于PyTorch
的Pix2pix模型
代码

$$L_1(G) = E_{p,s,z}\Big[\big\|\boldsymbol{y} - G(\boldsymbol{p}, \boldsymbol{z})\big\|_1\Big] \qquad (12.20)$$

相关实验表明使用 $L1$ 距离比 $L2$ 距离能更有效地减少生成图像的模糊效应。

2. 基于循环一致性对抗网络的人脸画像合成算法

上述的人脸画像合成算法往往需要通过训练成对的人脸画像–照片图像对，来学习一个人脸画像生成模型。然而在现实场景中，由于人脸画像的制作难度大，很难获取数量充足的训练数据对。Zhu等[86]提出一种基于循环一致性对抗网络用于图像转换，该方法并不要求训练数据成对存在，使其应用场景得到拓展。

该算法的目标是学习到在两个不同模态域内学习的映射函数。如图12.10所示，需要训练两个映射函数 $G: P \rightarrow S$ 和 $F: S \rightarrow P$。另外，模型包含两个对抗判别器 D_P 和 D_S，D_S 目的是分辨照片 $\{p\}$ 和转换图像 $\{F(s)\}$；而 D_P 的目的是分辨画像 $\{s\}$ 和转换图像 $\{G(p)\}$。为了减少两个映射函数的差别，采用一致性约束：

$$L_{cyc}(G, F) = E_p\Big[\big\|F(G(p)) - s\big\|_1\Big] + E_s\Big[\big\|G(F(s)) - p\big\|_1\Big] \qquad (12.21)$$

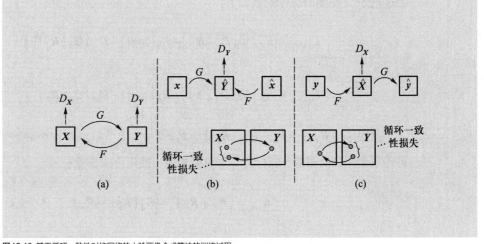

图12.10 基于循环一致性对抗网络的人脸画像合成算法的训练过程

这里，对于每一张照片 p，利用图像转换循环可以将 p 转换为原始图像，如 $P \to G(p) \to F(G(p)) \approx p$，这个过程叫作正向训练一致性。相似地，将 $s \to F(s) \to G(F(s)) \approx s$ 过程称为反向循环一致性。所以，模型的整体目标函数为：

$$L(G, F, D_P, D_S) = L_{\text{GAN}}(G, D_S, P, S) + L_{\text{GAN}}(F, D_P, S, P) + \lambda L_{\text{cyc}}(G, F) \quad (12.22)$$

其中，参数 λ 控制两种目标函数的重要性。网络训练目标是：

$$G^*, F^* = \arg\min_{G,F} \max_{D_S, D_P} L(G, F, D_P, D_S) \quad (12.23)$$

基于MindSpore的CycleGAN网络代码

3. 基于多对抗网络的高质量人脸画像合成算法

目前大多数基于生成对抗网络的画像合成算法对于高质量画像合成效果并不好，Wang等[239]提出一种基于多对抗网络模型的高质量画像合成算法，通过迭代运算从低质量图像生成高质量图像。生成模型的隐藏层首先生成低质量图像，然后通过微调生成高质量图像。具体算法框架如图12.11所示。

该算法目标为学习两个映射函数：$B' = f_{PS}(A)$ 表示照片 A 到画像 B 的合成过程，$A' = f_{SP}(B)$ 表示画像 B 到照片 A 的合成过程。与上面提到的CycleGAN的工作相似，本方法包含两个生成网络 G_A 和 G_B 分别表示从照片到画像和从画像到照片的转化过程。G_A 模型的输入是真实照片 R_A，输出为合成伪画像 F_B。因此合成过程表示如下：

$$G_B = G_A(R_A), \quad Rec_A = G_B(F_B) \quad (12.24)$$

如图12.11所示，输入一张照片 R_A，利用生成模型 G_A 可以生成 $\{F_{B_1}, F_{B_2}, F_{B_3}\}$。然后将最后一个反卷积层 F_{B_3} 作为输入图像输入生成模型 G_B，得到三个输出 $\{Rec_{A_1}, Rec_{A_2}, Rec_{A_3}\}$。相似地，对于画像生成照片是相同的过程。为了使不同的输出图像尽可能在不同分辨率下均与目标图像相似，设定反卷积层分别为 64×64，128×128，

256×256。模型的目标函数如下：

$$L_{\text{GAN}_{A_i}} = E_{B_i}\left[\log D_{A_i}\left(\boldsymbol{B}_i\right)\right] + E_A\left[\log\left(1 - D_{A_i}\left(G_A\left(\boldsymbol{R}_A\right)\right)_i\right)\right] \quad (12.25)$$

$$L_{\text{GAN}_{B_i}} = E_{A_i}\left[\log D_{A_i}\left(\boldsymbol{A}_i\right)\right] + E_B\left[\log\left(1 - D_{B_i}\left(G_B\left(\boldsymbol{R}_B\right)\right)_i\right)\right] \quad (12.26)$$

这里 $\left(G_A\left(\boldsymbol{R}_A\right)\right)_i = \boldsymbol{F}_{B_i}$，$\left(G_B\left(\boldsymbol{R}_B\right)\right)_i = \boldsymbol{F}_{A_i}$，$i = 1, 2, 3$ 对应三种不同的分辨模型。另外为了使生成的图像与目标图像尽可能相似，使用合成误差：

$$L_{\text{syn}_{A_i}} = \left\|\boldsymbol{F}_{A_i} - \boldsymbol{R}_{A_i}\right\|_1 = \left\|G_B\left(\boldsymbol{R}_B\right)_i - \boldsymbol{R}_{A_i}\right\|_1 \quad (12.27)$$

$$L_{\text{syn}_{B_i}} = \left\|\boldsymbol{F}_{B_i} - \boldsymbol{R}_{B_i}\right\|_1 = \left\|G_A\left(\boldsymbol{R}_A\right)_i - \boldsymbol{R}_{B_i}\right\|_1 \quad (12.28)$$

而对于循环一致性损失定义如下：

$$L_{\text{cyc}_{A_i}} = \left\|\boldsymbol{Rec}_{A_i} - \boldsymbol{R}_{A_i}\right\|_1 = \left\|G_B\left(G_A\left(\boldsymbol{R}_A\right)\right)_i - \boldsymbol{R}_{A_i}\right\|_1 \quad (12.29)$$

$$L_{\text{cyc}_{B_i}} = \left\|\boldsymbol{Rec}_{B_i} - \boldsymbol{R}_{B_i}\right\|_1 = \left\|G_A\left(G_B\left(\boldsymbol{R}_B\right)\right)_i - \boldsymbol{R}_{B_i}\right\|_1 \quad (12.30)$$

最终，结合不同的损失函数：

$$L\left(G_A, G_B, D_A, D_B\right) = \sum_{i=3}^{3} L_{\text{GAN}_{A_i}} + L_{\text{GAN}_{B_i}} \\ + \lambda_{A_i} L_{\text{syn}_{A_i}} + \lambda_{B_i} L_{\text{syn}_{B_i}} + \eta_{A_i} L_{\text{cyc}_{A_i}} + \eta_{B_i} L_{\text{cyc}_{B_i}} \quad (12.31)$$

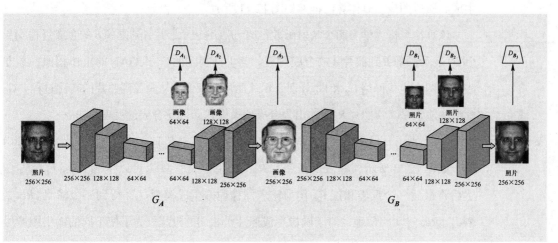

图12.11 基于多对抗网络的算法框架

12.5　实验及结果分析

12.5.1　数据库介绍

目前，公开的人脸画像–照片库主要有香港中文大学的CUHK Face Sketch（CUFS）数据库和CUHK Face Sketch FERET（CUFSF）数据库。CUFS数据库中的照片分别来自3个子库：CUHK Student数据库、AR数据库和XM2VTS数据库，分别包括来自188、123和95个人的单张正面中性表情照片。CUFS数据库中每张照片存在一幅画家手绘的画像，即共有606对人脸画像和照片数据。CUFSF数据库中有1 194对人脸画像–照片，其中照片来自FERET数据库[240]，每人有一张照片和一幅画像。相比CUFS数据库，CUFSF数据库中的画像有更多的夸张成分，因此更具挑战性。图12.12给出人脸照片–画像对示例，从左到右分别来自CUHK student数据库、AR数据库、XM2VTS数据库和CUFSF数据库（最后3列）。

下面从本章介绍的各类方法中选择一些代表性的方法进行对比：基于局部线性嵌入的方法（LLE）、基于随机采样的方法（RSLCR）、基于稀疏近邻选择的方法（SFS）、基于马尔科夫随机场的方法（MRF）、基于马尔科夫权重场的方法（MWF）、基于贝叶斯推断的人脸画像合成方法（Bayesian）、基于全卷积深度神经网络的方法（FCN）和基于生成对抗网络的方法（GAN）。这里对不同的方法使用相同的数据库划分方法来进行性能对比。

12.5.2　人脸合成结果展示

通过采用常用的数据库划分方法，在图12.13中给出上述8种典型方法在CUFS和CUFSF两个数据库的合成结果，并给出了主观视觉效果评价。

图12.12 不同数据库的照片–画像样例展示

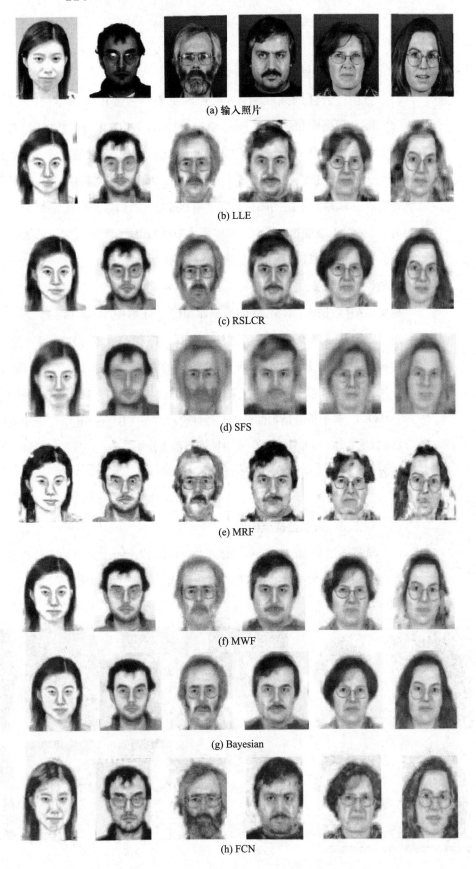

(a) 输入照片

(b) LLE

(c) RSLCR

(d) SFS

(e) MRF

(f) MWF

(g) Bayesian

(h) FCN

(i) GAN

图12.13 典型方法在CUFS数据库（左3列）和CUFSF（右3列）上的合成结果

从图中可以看出，LLE合成效果中存在较多噪声（特别是头发区域）或块状效应，RSLCR合成细节（如眼镜）较好，SFS产生的结果模糊效应较严重，MRF合成结果存在形变，MWF合成结果具有较细粒度的噪声，在头发区域合成效果不佳，Bayesian合成结果较清晰，并能从一定程度上合成细节，FCN能够保持合成对象的内容，但是在风格上与画像差异较大，模糊效应和噪声比较严重，GAN能够最好地保持画像的纹理特征且细节较完整（如眼镜能够完整地合成），但是形变较严重（特别是嘴的形状）。整体而言，由于CUFSF数据库中的照片存在变化因素较多（肤色、年龄、拍摄时间、夸张因素等），在此库上的合成效果差于CUFS数据库上的效果。

12.5.3 画像合成时间对比

合成阶段只需要将映射关系实施到测试数据，因此计算复杂度相对较低。综合来看，由于数据驱动类方法需要遍历整个数据集，计算复杂度高于模型驱动方法。不同合成算法在不同数据集上平均合成一张画像所用的时间如表12.1所示。RSLCR由于提前随机采样固定个数的近邻，解决计算复杂度随数据库数据量增大而线性增加的难题。因为测试阶段不需要重新遍历数据库选择近邻，因此大幅缩减合成时间。这里将RSLCR归类于数据驱动类方法而不是模型驱动类的主要原因在于，RSLCR未学习照片到画像的映射关系。从表12.1中可以看出，基于深度学习的方法速度快于其他方法（数据驱动类方法），特别是GAN能够做到6秒合成100幅画像，远超现有算法。

表12.1 各种不同方法的时间对比

数据集	LLE	RSLCR	SFS	MRF	MWF	Bayesian	FCN	GAN
程序语言	Matlab	Matlab	Matlab	C++	C++	C++	Matlab	Lua
CUHK Student	536.34 s	1.82 s	27.72 s	8.60 s	16.10 s	76.36 s	18.32 s	0.06 s
AR	496.47 s	1.73 s	23.13 s	8.40 s	15.33 s	68.14 s	18.33 s	0.06 s
XM2VTS	642.50 s	2.36 s	37.03 s	10.40 s	18.80 s	91.32 s	18.31 s	0.06 s
CUFSF	1591.95 s	1.44 s	68.59 s	24.25 s	45.20 s	212.02 s	18.74 s	0.06 s

12.5.4　画像客观质量评价

为了评价合成画像的质量，采用最常用的全参考客观图像质量评价测度——结构相似度准则（structural similarity，SSIM）。图12.14分别给出8种典型方法在CUFS和CUFSF数据集上的SSIM值。

如图12.14所示，SSIM评价分数值越大，表示合成图像质量越好，纵轴表示大于等于横轴所示分数的合成画像占全部合成画像的比例。从图12.14中可以看出，选择的8种算法在CUFS数据集上的SSIM统计表现相差不大，但在CUFSF数据集上表现不一。这是因为CUFSF数据库中的照片存在很多变化因素，导致合成难度较大。

表12.2给出不同合成方法在2个数据集上合成画像的平均SSIM值。结合表12.2和图12.14可以看出，数据驱动类方法在质量评价方面表现优于模型驱动类方法，其中Bayesian和RSLCR取得最佳效果。这也同时说明现有的全参考质量评价方法在评价合成图像质量上与人眼主观感受有所不同。根据图12.13所示，GAN合成画像纹理效果较好，虽然存在形变，但主观视觉上并不会觉得合成效果在8种方法中最差，而从表12.2和图12.14中可以看出，GAN客观质量评价表现最差，这在文献中也有过相关讨论。

12.5.5　人脸识别准确率对比

为了进一步测试不同方法合成的人脸画像的质量，进行人脸识别实验，选用的

表12.2　各种不同方法的合成画像平均SSIM值

数据集	LLE	RSLCR	SFS	MRF	MWF	Bayesian	FCN	GAN
CUFS	0.5258	**0.5542**	0.5190	0.5132	0.5393	**0.5543**	0.5214	0.4939
CUFSF	0.4176	**0.4456**	0.4211	0.3724	0.4299	**0.4506**	0.3622	0.3665

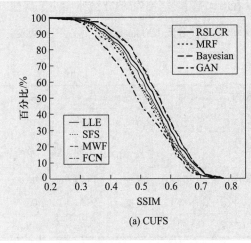 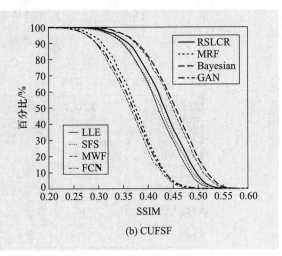

图12.14 典型方法分别在CUFS和CUFSF两个数据库的效果

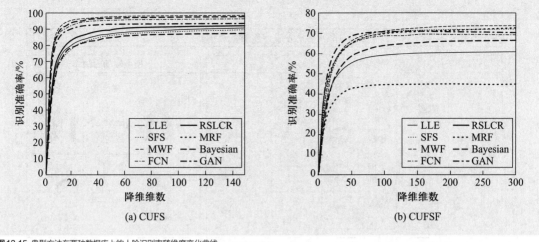

图 12.15 典型方法在两种数据库上的人脸识别率随维度变化曲线

人脸识别方法是基于子空间学习的方法——零空间线性判别分析（null-space linear discriminant analysis，NLDA）[241]。图 12.15 给出分别在 CUFS 和 CUFSF 数据集上 8 个典型方法合成结果对应的准确率随降维维数的变化情况。

　　对比可以看出，CUFS 数据库挑战性较小，RSLCR 能够达到 98.43%，Bayesian 和 FCN 识别率超过 95%。但在 CUFSF 数据库上识别率仍然很低，低于 75%。值得一提的是，跟客观质量评价类似，基于模型驱动类方法中的 GAN 产生的结果由于存在人脸变形，识别率并不高。

12.6　方法对比总结

　　人脸画像合成算法分为基于数据驱动的人脸合成方法和基于模型驱动的人脸合成方法，其统一的模型框架如图 12.16。这两种方法各有优点和缺点。基于数据驱动的人脸合成的典型的包括基于子空间学习的人脸合成方法、基于稀疏表示的人脸合成方法、基于贝叶斯推断的人脸合成方法等。这类合成方法的优点是可以充分利用训练数据集中的数据块对应关系信息，而带来的缺点是合成画像结果很容易受到光线和背景变化的影响。基于模型驱动的人脸合成典型方法分为基于线性回归的人脸合成方法和基于非线性回归的人脸合成方法。这类方法的优点是可以直接学习到一个端对端的人脸画像合成模型，并且人脸画像合成速度明显快于基于数据驱动的人脸画像合成方法。但是这类方法也会有许多不可避免的缺点，其中基于深度卷积神经网络模型的画像合成方法比较容易学习到人脸画像的风格信息，但是这与实际情况中的人脸画像还

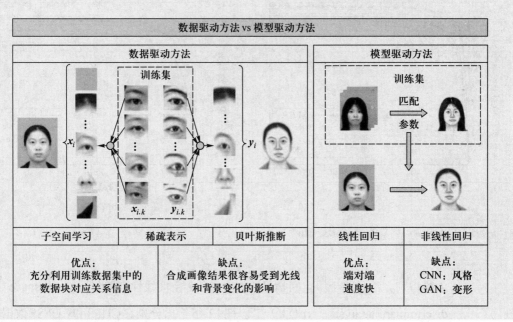

图 12.16 数据驱动方法和模型驱动方法的优势与缺点

存在较大的区别，而基于生成对抗网络模型的画像合成方法比较容易引入人脸结构形变，这对人脸画像合成质量带来了挑战。

12.7　本章小结

本章对人脸画像合成的两类方法进行了详细阐述，并进一步对这两类方法进行了对比分析研究。整体来看，基于数据驱动的人脸画像合成方法合成速度比较慢，而计算复杂度比较高，而基于模型驱动的人脸画像合成方法合成速度要快得多。下面给出一些有意义的结论和展望。

1. 在人脸画像合成相关实验中，可以发现大多数基于模型驱动的人脸画像合成方法在主观评价上有比较好的效果，但是相对于基于数据驱动的方法在客观质量评价上的效果较差[242]。目前人脸画像合成的主客观质量评价存在不一致的情况，所以提出一种针对人脸画像合成的客观质量评价方法是一个很有意义的研究问题。

2. 目前对于大多数基于模型驱动的方法主要是依赖于深度学习。深度学习相关方法一般需要大量的训练数据进行复杂的模型优化训练。但是在人脸画像合成领域，人脸画像的数据量一般较少，所以如何设计一种小数据量的深度学习网络模型是一个关键问题。

3. 大多数基于模型驱动的人脸画像合成方法都会存在一些形变和噪声，所以如何将这些合成的人脸画像融入人脸画像识别框架中是一个有意义的问题。对于这条思路，Gao 等[243]提出一种基于数据增广的异质人脸识别联合学习方法。该方法使用深度卷积神经网络提取样本的深度特征向量，利用非对称特征矩阵计算非对称联合学习矩阵，使用非对称联合学习矩阵计算画像与照片的相似度，找出与画像相似度最大的照片作为识别结果。该方法将训练伪样本集加入训练过程，并使用非对称联合学习方法增加类内信息，能准确地识别出画像对应的照片。在人脸画像数据库上的实验结果表明，该方法在定量和可视化比较方面都优于已有的人脸画像识别方法。

第13章 人脸图像合成与识别展望

13

13.1 引言

随着深度学习和生成模型的发展，人脸合成与识别算法在真实场景下的应用也得到越来越广泛的关注。本章总结了近些年最新的人脸图像合成与识别算法发展，并且给出该领域的挑战性难题，以及相关算法的展望。

本章主要是在第12章和第7章介绍的目前传统的异质人脸图像合成与识别算法的基础上，根据实际真实场景的需求，对于其中涉及的关键问题给出最新的人脸图像合成与识别算法，及其领域未来前景的展望。本章分为人脸图像合成算法展望与人脸图像识别算法展望两部分。

13.2 人脸图像合成方法展望

人脸图像合成方法需要提高跨模态人脸合成质量，以辅助完成异质人脸检索任务。不同的人脸图像表现形态构成了不同的人脸图像域。同一目标的不同人脸图像域之间的信息既存在共性也存在个性，提供了对目标的不同视角的刻画与描述。跨域人脸图像重建，旨在将目标在某一图像域的人脸图像重构为其他图像域的人脸图像，既能丰富对同一目标在不同人脸图像域的人脸信息表示，也能减少同一目标在不同人脸图像域的表示差异，在社会公共安全与社交娱乐等领域具有重要的研究意义和应用价值。所以跨域人脸图像重建的研究重点为对同一目标在不同图像域的共性人脸信息（如人脸身份信息、人脸结构信息）与个性人脸信息（如人脸模态信息、人脸纹理信息）的表示与处理。其难点在于如何在保持共性人脸信息不损失的情况下将个性人脸信息在不同的人脸图像域之间进行转换。深度学习的兴起与发展为该领域带来了巨大的活力，本节以深度学习为理论框架，研究知识表示与迁移在跨域人脸图像重建领域的应用，提出一系列跨域人脸图像重建新方法。

值得注意的是，这里介绍的方法与第12章介绍的传统的异质人脸合成方法不同之处在于，此类方法的目标不是仅仅提高重建图像与原图的逼真度，而是考虑跨模态人脸图像的身份信息、人脸标签信息和成对训练样本不充足等问题。

13.2.1　基于协同信息迁移的人脸合成方法

近年来，深度学习[244]的兴起与爆发式发展，为跨域人脸图像重建领域带来巨大的活力。端到端的卷积神经网络（CNN）是其中最成功的模型之一，CNN以数据驱动的方式在成对的跨域图像样本中学习源图像域图像与目标图像域图像之间的非线性映射关系，模型参数的优化放在训练阶段，从而在测试阶段具有极快的重建速度。生成对抗网络（GAN）的提出进一步推动了跨域图像重建领域的发展，为重建具有清晰纹理的逼真图像提供了强大的通用模型。然而，现有的基于CNN与GAN的跨域人脸图像重建方法虽然在重建速度与重建图像逼真度上取得了一定的发展，却存在人脸身份信息损失的问题，表现为目标图像域重建人脸图像在人脸内容上与源图像域人脸图像存在偏差，人脸识别率降低。

1. 协同信息迁移的概念

给定成对的跨域人脸图像训练样本 $\{(x, y)|x \in X, y \in Y\}$，基于深度学习的跨域人脸图像重建模型的任务为通过训练数据学习两个人脸图像域 X 和 Y 的人脸图像间的非线性映射，保存模型参数，继而在测试阶段将人脸图像在两个图像域之间进行重建。

现有模型将由图像域 X 到图像域 Y 的映射 $X{\rightarrow}Y$ 和由图像域 Y 到图像域 X 的映射 $Y{\rightarrow}X$ 作为互不相关的两个非线性映射分别学习，学习到的模型虽然能实现图像在两图像域间的跨域重建，但映射过程是不对称的，表现为两重建网络 G 和 F 的中间态图像不一致，如图13.1所示。实际上，在跨域人脸图像重建任务中，由图像域 X 到图像域 Y 的映射 $X{\rightarrow}Y$ 和由图像域 Y 到图像域 X 的映射 $Y{\rightarrow}X$ 是对偶的，将两对偶映射中的信息相互迁移，协同学习，有助于挖掘两图像域之间的共性信息，从而促进学习到的映射的合理性。本小节所提方法在此思想的基础上，提出在两图像域 X 和 Y 之间存在一个协同隐含域 $\hat{Z}$，两映射 $X{\rightarrow}Y$ 和 $Y{\rightarrow}X$ 均经过此隐含域。为了学习得到隐含域 $\hat{Z}$，对两对偶映射的中间态图像信息进行相互迁移，并通过协同损失约束，使它们具有一致的分布。最终学习得到的两个非线性映射更加对称，如图13.2所示。通过学习这样的协同隐含域，两对偶映射 $X{\rightarrow}Y$ 和 $Y{\rightarrow}X$ 的中间态图像能更好地保持两人脸图像域的共性人脸信息，如人脸结构、身份信息。

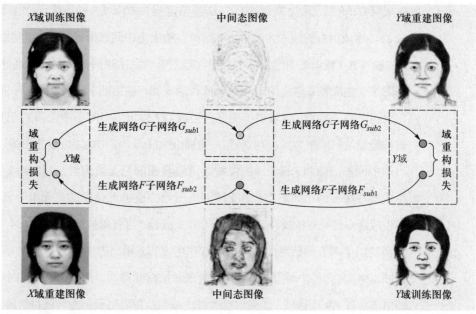

图13.1 独立学习两图像域之间的非线性映射示意图

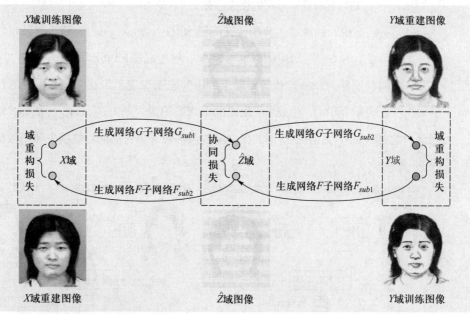

图13.2 协同学习两图像域之间的非线性映射示意图

2. 协同信息迁移框架

针对现有基于 CNN 与 GAN 的跨域人脸图像重建方法存在的问题,提出协同信息迁移框架,相互迁移两个对偶重建网络的协同信息,并结合生成对抗网络,得到两个人脸图像域的中间态隐含域,使两个对偶网络在重建过程中都会经过这个学习到的隐含域,从而使训练得到的两个对偶网络更加对称,在重建具有清晰纹理的逼真图像的同时,更好地保持人脸身份信息。所提模型的整体框架如图13.3所示,包含两个

生成器 G、F 以及两个判别器 D_G、D_F。给定成对的跨域人脸图像训练样本 $\{(x, y)|x \in X, y \in Y\}$，生成器 G 的输入为 X 域训练图像，输出为中间态图像和 Y 域重建图像；生成器 F 的输入为 Y 域训练图像，输出为中间态图像和域重建图像；判别器 D_G 判别由 X 域训练图像、生成器 G 输出的中间态图像和生成器 G 输出的 Y 域重建图像按通道堆叠成的三元组为假，判别由 X 域训练图像、生成器 F 输出的中间态图像和 Y 域训练图像按通道堆叠成的三元组为真；判别器 D_F 判别由生成器 F 输出的 X 域重建图像、生成器 F 输出的中间态图像和 Y 域训练图像按通道堆叠成的三元组为假，判别由 X 域训练图像、生成器 G 输出的中间态图像和 Y 域训练图像按通道堆叠成的三元组为真。判别器 D_G 和生成器 G 进行对抗博弈，判别器 D_F 和生成器 F 进行对抗博弈，并且两个对抗博弈过程都使用了双方的信息（即生成器 G 和生成器 F 输出的中间态图像）。最终，两个图像域 X 和 Y 之间的协同隐含域 $\hat{Z}$ 通过生成对抗博弈得到，由图像域 X 到图像域 Y 的映射和由图像域 Y 到图像域 X 的映射也通过生成对抗博弈得到，并均经过协同隐含域 $\hat{Z}$。

3. 协同信息迁移框架的损失函数

给定成对的跨域人脸图像训练样本 $\{(x, y)|x \in X, y \in Y\}$，将生成器 G 划分为两个子网络 G_{sub1} 和 G_{sub2}，对应的判别器为 D_G，将生成器 F 划分为两个子网络 F_{sub1} 和 F_{sub1}，对应的判别器为 D_F，生成器 G 输出的中间态图像表示为 $G_{sub1}(x)$，生成器 G 输出的重建图像表示为 $G(x)$，生成器 F 输出的中间态图像表示为 $F_{sub1}(y)$，生成器 F 输出的重建图像表示为 $F(y)$。所提模型的损失函数包括两部分：协同对抗损失和图像重建损失。其

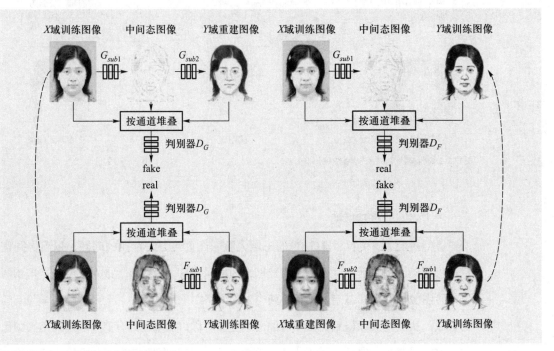

图 13.3 协同学习两图像域之间的非线性映射示意图

中，协同对抗损失由对抗博弈过程提供，图像重建损失由重建图像与真实图像之间的 L1 距离给出。与原始的 GAN[245] 不同，所提模型使用最小二乘 GAN[246] 来提升训练过程的稳定性。协同对抗损失函数表示为：

$$L_{adv} = E_{x,y}\left[\log D_G\left(x, F_{sub1}(y), y\right)\right] + E_x\left[\log\left(1 - D_G\left(x, G_{sub1}(x), G(x)\right)\right)\right] \\ + E_{x,y}\left[\log D_F\left(x, G_{sub1}(x), y\right)\right] + E_y\left[\log\left(1 - D_F\left(F(y), F_{sub1}(y), y\right)\right)\right] \tag{13.1}$$

通过使用 L1 损失约束两个生成器的重建图像与真实图像一致，图像重建损失表示为：

$$L_{rec} = E_{x,y}\left[\left\|G(x) - y\right\|_1\right] + E_{x,y}\left[\left\|F(y) - x\right\|_1\right] + E_{x,y}\left[\left\|G_{sub1}(x) - F_{sub1}(y)\right\|_1\right] \tag{13.2}$$

因此，总的损失函数表示为：

$$L_{total} = L_{rec} + \lambda L_{adv} \tag{13.3}$$

其中，λ 是人工设置的超参数，用来控制两个损失的重要程度。

4. 实验结果

为了验证本小节提出的基于协同信息迁移的跨域人脸图像重建方法的有效性，在人脸照片－素描画像重建任务上进行定性和定量的实验验证。

所对比的方法均为基于深度学习的跨域人脸图像重建方法。如图 13.4 所示，FCN 方法由于在网络结构上采用全卷积神经网络，而非编码解码结构，感受野小，难以捕捉更多的空间结构信息，并且使用像素层级的 MSE 损失作为损失函数，导致重建人脸画像较为模糊，且包含较多的伪影噪声；Pix2pix 方法使用条件生成对抗网络，通过判别器提供对抗损失，训练生成器，使生成器重建的人脸画像具有清晰逼真的纹理，然而，该模型只考虑单边映射，没有利用对偶映射的协同信息，导致重建人脸画像人脸身份、结构信息的损失；CycleGAN 方法的重建结果相比 Pix2pix 方法提升较多，伪影区域明显减少，但仍存在一些不合理的纹理分布；PS²MAN 方法的重建结果略显平滑，并且由于在多尺度上使用判别器，模型的训练不稳定，容易出现模式崩塌现象。本小节所提方法通过迁移对偶映射中的协同信息，学习两图像域之间的协同隐含域，使两对偶映射更加对称，并保留更多的人脸共性信息，解决了以上方法存在的问题，提高了重建人脸画像的质量，在重建具有清晰逼真纹理的人脸画像同时，保持了更多的人脸身份信息。本小节方法在真实场景人脸照片上的画像重建结果如图 13.5 所示。

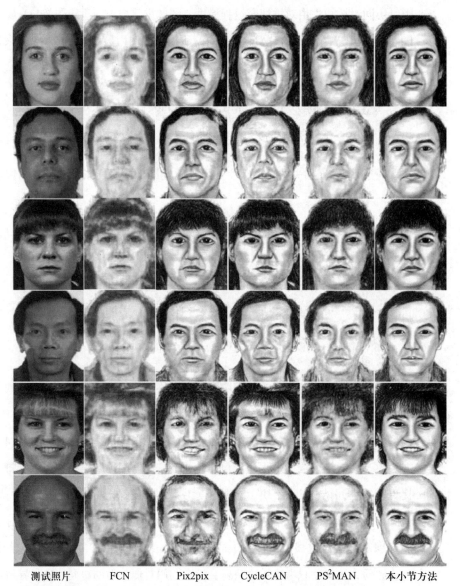

| 测试照片 | FCN | Pix2pix | CycleCAN | PS²MAN | 本小节方法 |

图13.4 不同方法在CUFSF数据库上的人脸画像重建结果对比

图13.5 本小节方法在真实场景人脸照片上的画像重建结果

为了对本小节所提方法的实验结果进行客观的量化分析，引入评价指标：结构相似度（SSIM），如表13.1所示。

表13.1 不同方法在CUFSF数据库上的评价指标的平均值

数据库	评价指标	FCN	Pix2pix	CycleGAN	PS²MAN	本节方法
CUFSF	SSIM	0.3622	0.3665	0.3456	0.4113	**0.4224**

13.2.2 基于人脸标签信息迁移的人脸画像合成方法

跨域人脸图像重建任务的关键在于保持源图像域人脸图像空间结构信息不损失的情况下合成具有不同表现形态的目标图像域图像。现有的基于深度学习的跨域人脸图像重建方法为了获得较大的感受野，在网络结构中往往采用编码解码结构，然而基于编码解码结构的深度卷积神经网络存在的一个主要问题是人脸图像的空间结构信息损失，导致重建人脸图像出现人工效应并且视觉效果变差。

人脸解析（face parsing）是人脸分析领域的研究热点之一，其目标为从输入的人脸图像解析出面部部件（如头发、眼睛、鼻子和嘴巴等），并对不同的部件赋予不同的标签。因此，通过人脸解析得到的人脸标签信息具有丰富的人脸结构高级语义信息。利用这点，提出通过人脸解析模型引入人脸标签信息，并设计基于人脸标签信息迁移的跨域人脸图像生成对抗网络，将人脸标签信息迁移至生成器与判别器中，使人脸标签信息参与对抗博弈过程，起到监督作用，从而在一定程度上保持人脸图像的空间结构信息，学习到更合理的跨域人脸图像重建映射，在保持人脸空间结构信息的同时提升重建人脸图像的视觉效果。

1. 人脸标签信息的介绍

人脸解析模型的网络框架使用图像分割[247, 248]领域中的BiSeNet[249]模型。为了使BiSeNet模型能够提取人脸图像的人脸标签信息，将BiSeNet模型在CelebAMask-HQ数据库[250]上进行训练。CelebAMask-HQ数据库包含30 000张高清人脸图像，每张人脸图像都有人工标注的包含19类面部组件的标签信息。经过79 999次迭代，终止训练并保存模型参数，得到的BiSeNet模型具有提取人脸图像的人脸标签信息的能力。图13.6展示了经过彩色化处理的部分人脸解析图，第一列和第三列为输入人脸图像，第二列和第四列为可视化人脸标签信息。

2. 人脸标签信息迁移框架

给定成对的跨域人脸图像训练样本 $\{(x, y)|x \in X, y \in Y\}$，基于深度学习的跨域人脸图像重建模型的任务为通过训练数据学习两个人脸图像域X和Y的人脸图像间的非线性映射，保存模型参数，继而在测试阶段将人脸图像在两图像域之间进行重建。

234

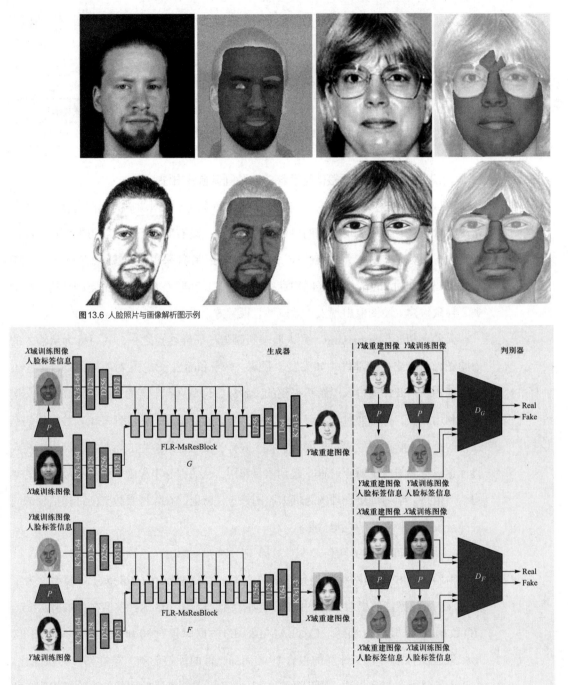

图 13.6 人脸照片与画像解析图示例

图 13.7 基于人脸标签信息迁移的跨域人脸图像重建方法框图

　　所提模型的整体框架如图 13.7 所示，包含两个生成器 G 和 F、两个判别器 D_G 和 D_F 以及人脸解析模型 P。P 提取的人脸标签信息 $P(x)$ 迁移到生成器和判别器中，参与对抗博弈过程。融合人脸标签信息的判别器提供的对抗损失不仅能驱使生成器重建的人脸图像与真实人脸图像一致，还能驱使生成器重建的人脸图像的人脸标签信息与真实图像的人脸标签信息一致，从而驱使重建映射保持更多的人脸空间结构信息。生成器通过融合人脸标签信息，补偿编码解码结构造成的人脸结构信息损失，在重建人脸图像时也能保持更多的人脸空间结构信息。

3. 人脸标签信息迁移框架的损失函数

给定成对的跨域人脸图像训练样本 $\{(x, y)|x \in X, y \in Y\}$，所提模型的总损失由三种损失构成：对抗损失、环一致损失，以及感知损失，为了简化表示，只给出训练 G 和 D_G 的损失，训练 F 和 D_F 的损失形式与训练 G 和 D_F 的损失形式是一致的。与原始的 GAN 不同，所提模型使用最小二乘 GAN 来提升训练过程的稳定性。对抗损失表示为：

$$L_{adv} = E_y\left[\left(D_G\left(y, P(y)\right)\right)^2\right] + E_x\left[\left(1 - D_G\left(G(x, P(x)), P\left(G(X, P(x))\right)\right)\right)^2\right] \quad (13.4)$$

其中，P 的参数是固定的，用来提取重建人脸图像和真实人脸图像的人脸标签信息。

借鉴 CycleGAN[86] 模型，使用循环一致损失减少映射函数的可能性空间。给定源图像域人脸图像 x 和人脸标签信息 $P(x)$，经过映射 $X \rightarrow Y$ 和映射 $Y \rightarrow X$ 后，重建图像应该与源图像域真实人脸图像一致：

$$L_{cycle} = E_x\left[\left\|F\left(G(x, P(x))\right), P\left(G(x, P(x))\right) - x\right\|_1\right] \quad (13.5)$$

使用感知损失约束重建图像与真实图像的高级语义信息表示一致，表示为：

$$L_{perceptual} = E_x\left[\sum_j \frac{1}{C_j H_j W_j}\left\|\phi_j\left(G(x, P(x))\right) - \phi_j(y)\right\|_1\right] \quad (13.6)$$

其中，ϕ_j 表示在 ImageNet 上训练的用于图像分类任务的 VGG-19 模型的第 j 层特征，C_j、H_j 以及 W_j 分别表示特征的通道数、高度和宽度。将所有的损失组合，得到所提模型的总损失：

$$L_{total} = \lambda_1 L_{adv} + \lambda_2 L_{cycle} + \lambda_3 L_{perceptual} \quad (13.7)$$

其中，λ_1、λ_2 及 λ_3 为超参数，使每种损失的数值大小在相同尺度。

4. 实验结果与分析

为了验证本小节提出的基于人脸标签信息迁移的跨域人脸图像重建方法的有效性，在人脸照片–素描画像重建任务上进行定性和定量的实验验证。从 CUFSF 数据库随机选取 250 个人脸照片–素描画像对组成训练集，其余人脸照片–素描画像对组成测试集。表 13.2 统计了不同方法在 CUFSF 数据库上的评价指标的平均值。

表13.2 不同方法在 CUFSF 数据库上的评价指标的平均值

数据库	重建图像	评价指标	Pix2pix	CycleGAN	PS²MAN	本小节方法
CUFSF	人脸照片	SSIM	0.6058	0.5883	0.6312	**0.6355**
	人脸画像	SSIM	0.3665	0.3456	0.4113	**0.4264**

13.2.3　基于知识迁移的人脸画像合成方法

在跨域人脸图像重建任务中，跨域人脸图像样本对训练数据一般是不平衡的。例如，在人脸照片–素描画像重建任务中，人脸照片样本是很充足的，随处可见，但是与之对应的人脸素描画像样本较难获得，比较少见。传统机器学习方法对训练数据要求并不是很高，随着深度学习方法的发展，对训练数据的需求极度扩大。跨域人脸图像训练数据的不充足在很大程度上限制了基于深度学习的跨域人脸图像重建方法的性能。迁移学习（transfer learning）[251][252]领域的研究发现，深度学习模型提取图像的深度特征表示中，较为浅层的特征在不同任务间具有一定的泛化能力，较为深层的特征往往是跟具体任务相关的高级语义信息表示。利用这点，提出深度知识迁移框架，通过迁移与跨域人脸图像重建任务相似的，且训练数据充足的其他任务中的知识，来指导跨域人脸图像重建任务的训练，从而学习更合理的映射关系。此外，通过相互迁移两个对偶的跨域人脸图像重建任务的知识，进一步提升知识迁移监督效果。在人脸照片–素描画像重建任务上的实验结果表明该方法相比现有方法能够在不充足的训练数据下学习得到更好的重建映射，从而得到质量更好的重建人脸图像。

1. 知识迁移的概念

给定成对的跨域人脸图像训练样本 $\{(x, y)|x{\in}X, y{\in}Y\}$，基于深度学习的跨域人脸图像重建模型的任务为通过训练数据学习两个人脸图像域 X 和 Y 的人脸图像间的非线性映射，保存模型参数，继而在测试阶段将人脸图像在两图像域之间进行重建。由于成对的跨域人脸图像训练样本不充足，现有方法很难在有限数据下学习得到满意的映射。针对此问题，可以利用在具有充足训练数据的相似任务中训练的大型精准深度模型中的知识，来促进跨域人脸图像重建模型的训练学习。大型精准深度模型为教师网络，跨域人脸图像重建模型为学生网络，利用大型精准深度模型中的知识来促进跨域人脸图像重建模型的训练学习的做法为知识迁移。

图 13.8 展示了知识迁移的概念。使用在相似任务中训练好的教师网络分别提取跨域人脸图像重建任务中 X 图像域图像的知识和 Y 图像域图像的知识，并同时迁移到两个学生网络 $G: X{\rightarrow}Y$ 与 $F: Y{\rightarrow}X$。G 在 X 域教师网络和 Y 域教师网络的共同指导下学习由 X 图像域到 Y 图像域的映射，F 在 Y 域教师网络和 X 域教师网络的共同指导下学习由 Y 图像域到 X 图像域的映射。此外，两个学生网络 G 和 F 互相迁移吸收对方的知识，对知识进一步加强学习。

2. 知识迁移框架

本小节所提模型的整体框架如图 13.9 所示，两个学生网络 $G: X{\rightarrow}Y$ 与 $F: Y{\rightarrow}X$ 作为生成对抗网络中的生成器，判别器 D_G 通过判别输入图像为生成器 G 重建 Y 域图像

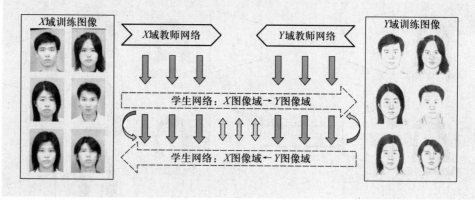

图13.8 知识迁移示意图

还是 Y 域真实图像来提供对抗损失，判别器 D_F 通过判别输入图像为生成器 F 重建 X 域图像还是 X 域真实图像来提供对抗损失。在此基础上，通过知识迁移，提升两个生成器，即两个学生网络重建"以假乱真"的图像的性能。

所提模型使用在 ImageNet[253] 上训练的用于图像分类任务的 VGG-19 网络[14] 作为教师网络。使用该模型的原因有两点：① VGG-19 网络的金字塔形结构能为学生网络提供不同层级的知识；② 在 ImageNet 分类任务上训练的 VGG-19 网络能提取图像更泛化的特征表示，在知识迁移中具有很好的性能，并在图像风格迁移任务[16][254] 中被证明具有很好的表现。为了表示方便，当使用教师网络提取 X 图像域图像的知识时，将教师网络表示为 T_X；当使用教师网络提取 Y 图像域图像的知识时，将教师网络表示为 T_Y。

为了高效地迁移知识，所提模型使用三种形式的知识迁移损失：单向知识迁移损失、双向知识迁移损失以及环向知识迁移损失。其中，单向知识迁移损失通过 L2 损失约束两个学生网络的中间层特征与教师网络的中间层特征一致；双向知识迁移损失通过 L2 损失约束两个学生网络的中间层特征互相一致；环向知识迁移损失通过 L2 损失约束学生网络（例如 G）在输入图像为另外一个学生网络（例如 F）的重建图像（例如 X 域重建图像）时的中间层特征，与教师网络的中间层特征一致。环向损失以环状由学生网络反向传播到另一个学生网络的重建图像和网络参数，优势在于其影响不仅作用于网络的中间各层，还作用于重建图像。在知识迁移的帮助下，两个学生网络 G 和 F 的中间层特征受到两个教师网络 T_X 和 T_Y 的中间层特征以及互相中间层特征的监督。训练完成后，两个学生网络具备与教师网络一致的提取图像深度特征表示的能力，从而能学习更合理的映射关系，提升重建图像的质量。

3. 知识迁移框架的损失函数

给定成对的跨域人脸图像训练样本 $\{(x, y)|x \in X, y \in Y\}$，将教师网络 T_X 和 T_Y 的中间

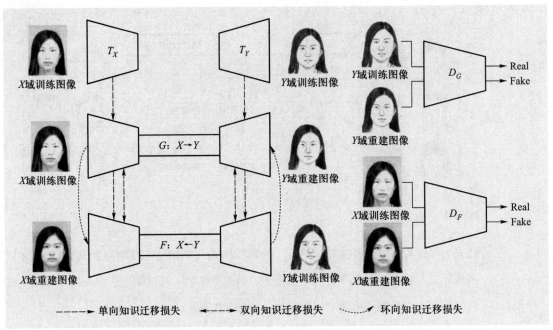

图13.9 基于知识迁移的跨域人脸图像重建方法框图

层特征表示为$\phi^j(x, y)$，将学生网络G的中间层特征表示为$G^m(x)$，将学生网络F的中间层特征表示为$F^n(y)$，将学生网络G的重建图像表示为$G(x)$，将学生网络F的重建图像表示为$F(y)$。

为了使每个学生网络的中间层特征与教师网络的中间层特征一致，单向知识迁移损失表示为：

$$L_{\mathrm{uni-kt}} = E_{x,y}\left[\sum_{j,m}\frac{1}{C_jH_jW_j}\left\|\phi^j\left(x,\ y\right)-G^m\left(x\right)\right\|_2^2\right]$$
$$+E_{x,y}\left[\sum_{j,n}\frac{1}{C_jH_jW_j}\left\|\phi^j\left(x,y\right)-F^n\left(y\right)\right\|_2^2\right] \quad (13.8)$$

其中，C_j、H_j和W_j分别表示第j个网络层特征的通道数、高度和宽度。

为了使两个学生网络的中间层特征相互一致，双向知识迁移损失表示为：

$$L_{\mathrm{bi-kt}} = E_{x,y}\left[\sum_{m,n}\frac{1}{C_mH_mW_m}\left\|G^m\left(x\right)-F^n\left(y\right)\right\|_2^2\right] \quad (13.9)$$

其中，C_m、H_m和W_m分别表示第m个网络层特征的通道数、高度和宽度。为了使学生网络在输入图像为另外一个学生网络的重建图像时的中间层特征，与教师网络的中间层特征一致，环向知识迁移损失表示为：

$$L_{\text{cir-kt}} = E_{x,y}\left[\sum_{j,m}\frac{1}{C_j H_j W_j}\left\|\phi^j(x,y)-G^m(F(y))\right\|_2^2\right]$$
$$+E_{x,y}\left[\sum_{j,n}\frac{1}{C_j H_j W_j}\left\|\phi^j(x,y)-F^n(G(x))\right\|_2^2\right] \tag{13.10}$$

与原始的 GAN 不同，所提模型使用最小二乘 GAN 来提升训练过程的稳定性。对抗损失表示为：

$$L_{\text{adv}} = E_y\left[(D_F(y))^2\right]+E_x\left[(1-D_F(G(x))^2\right]$$
$$+E_x\left[(D_G(x))^2\right]+E_y\left[(1-D_G(G(y))^2\right] \tag{13.11}$$

通过使用 L1 损失约束两个学生网络的重建图像与真实图像一致，图像重建损失表示为：

$$L_{\text{rec}} = E_{x,y}\left[\left\|y-G(x)\right\|_1+\left\|x-F(y)\right\|_1\right] \tag{13.12}$$

将所有的损失组合，得到所提模型的总损失：

$$L_{\text{total}} = \lambda_1 L_{\text{uni-kt}}+\lambda_2 L_{\text{bi-kt}}+\lambda_3 L_{\text{cir-kt}} \tag{13.13}$$

其中，λ_1、λ_2 及 λ_3 为超参数，使每种损失的数值具有相同尺度。

4. 实验结果与分析

表 13.3 统计了不同方法在 CUFSF 数据库上的两种评价指标的平均值，可见本小节所提方法在该数据库上的两种评价指标平均值都是最高的，说明该方法在重建图像质量以及人脸身份信息保持上相比现有方法均有优势和提升。

表13.3 不同方法在CUFSF数据库上的评价指标的平均值

数据库	重建图像	评价指标	Pix2pix	Cyclegan	PS²MAN	本小节方法
CUFSF	人脸照片	FSIM	0.7777	0.7645	0.7812	**0.7951**
	人脸画像	FSIM	0.7283	0.7088	0.7233	**0.7313**

13.2.4　其他最新合成工作进展

Zhang 等人在人工智能领域国际顶级会议 AAAI 上[255]提出一种基于组合模型的人脸图像合成方法。现有异质图像合成方法均存在合成结果过度平滑和缺乏细节结构信息的不足，通过探索和仿照画家创作的观察和思考过程，提出一种基于组合模型的人脸画像合成方法。基本步骤为，首先将人脸图像划分为七个人脸部件，并对每个部件生成部件模板；然后根据每个人脸部件的特性设计局部特征描述子；进而采用图像分类策略寻找合适的画像模板。该方法模板生成阶段可以离线完成，从而有效保证了测试阶段的运行效率。在此基础上，采用多尺度B样条估计方法，进一步提高所选画像模板与测试照片的形状相似度，并借助泊松融合形变后的部件，避免传统方法中采用加权平均融合策略带来的边缘抑制和模糊问题。在上述研究基础上，为了进一步解决已有合成方法中细节纹理结构不清晰的问题，仿照画家创作过程中由粗到细的作画过程，提出一种由粗到细的人脸画像合成方法。具体步骤分为两个阶段：粗合成阶段和细合成阶段。在粗合成阶段，为了合成人脸画像的大致轮廓结构和特有信息，利用深度学习网络学习照片端到画像端的关系，并合成出初步的人脸画像；在细合成阶段，为了合成人脸画像的精细纹理，利用概率图模型学习图像块之间的空域关系，得到最终纹理清晰的人脸画像；Zhang等人在人工智能领域国际顶级会议IJCAI上[256]提出一种基于马尔科夫神经场的画像合成算法。目前现有的人脸画像合成算法主要关注合成画像的相似度而忽略了其原本的身份信息，或者直接学习人脸照片与画像的映射关系导致结果缺少一些共同信息。利用马尔科夫神经场来对画像合成过程建模，有效保持了合成画像的共同结构和辨别性特征信息。第一阶段在照片块和画像像素之间构建了一个结构化的回归量，用于学习测试画像和照片的身份信息。本阶段利用多元高斯模型来对结构化回归量进行建模，并且使用基于梯度的优化方法来解决。第二阶段结合测试人脸照片块及其对应候选块的保真度，以及紧邻画像块的兼容性来学习其共同信息。这一问题可以转化为标准的QP问题，并且利用级联分解的方法解决。

Ma等人在人工智能领域国际顶级会议IJCAI上[257]提出一种基于流派的风格转换算法。现有的方法主要是将风格图像的颜色和纹理模式迁移到内容图像，忽略流派风格设计方案。该团队通过模拟艺术家如何去感受真实事物和表达手法，提出一种新的基于流派的风格转换算法。具体步骤为：首先，收集同一艺术家的画作和与其对应的具有相似景物信息的真实照片；然后，利用不同流派的画作训练编码器–解码器网络，编码器的输出可以用来表示每个流派的深层表示，并且保证这些基于认知信息指导的风格表示可以被重建，并且，在深度特征空间提出一种新的相似度度量方法来进行异质空间的匹配；最后，通过解码器将这些风格表示信息转化为艺术画作。

来自厦门大学的纪荣嵘团队在国际顶级会议ICCV上提出一种评价人脸画像质量的新方法[258]。由于现有的人脸画像合成质量评价指标常采FSIM、SSIM等，而这些评价指标是为了评估局部图像失真而提出的，其方法没有考虑到人脸之间的感知相似度。因此，该团队提出一种新的人脸感知评价指标：Co-Occurrence Texture（Scoot），该指标同时考虑到图像块级空间结构和共生纹理统计信息。相关实验结果也证明该方法的可靠度和速度。

13.3 人脸识别方法展望

异质图像重建与识别在生物特征识别领域具有重要的研究意义和巨大的应用价值。在实际应用中，由于场景环境变化或图像采集条件限制，并非总能得到全部模态的图像或者同一模态下的不同图像。例如，在刑事侦查和反恐追逃中，犯罪嫌疑人的照片一般很难得到，但是，通过画家和目击者的合作，可以得到犯罪嫌疑人的画像，进而可以利用画像在公民身份照片数据库或者公安部门的犯罪人员数据库中进行检索识别以确定其身份；在实际的视频监控中，监控摄像头拍摄的人脸图像往往目标较小，分辨率较低，很难获取高清的犯罪嫌疑人人脸图像，此时可通过人脸跨模态图像重建算法合成高清人脸图像进行识别，或者法医画家根据低分辨人脸图像和自己的经验，手绘嫌疑人画像，再进行跨模态人脸识别；在光照条件不好时，监控摄像头可采用近红外成像模式，获取嫌疑人的近红外照片再进行跨模态人脸验证。现有的人脸识别方法在跨模态人脸图像识别任务中的鲁棒性较差，这是由于来源不同的人脸图像属于两种不同的图像模态，其在分辨率、形状和纹理表达上都存在很大的差异，因此需要在提升图像的清晰度、降低不同模态图像域间差异的基础上，再进行人脸识别。对于跨模态人脸识别问题来说，通过跨模态图像重建减小模态之间的差异或者优化跨模态人脸图像识别模型，对提高跨模态人脸识别的精度具有重要意义。

值得注意的是，这里介绍的方法与第7章传统的异质人脸识别方法不同之处在于，现有的方法无法有效满足真实场景下的应用需求。因此，本节以深度学习为理论框架，介绍一系列跨模态人脸图像识别新方法并对未来该领域的前景进行展望。

13.3.1 基于非对称联合学习的异质人脸识别算法

现有的图像跨模态识别方法，无法根据小规模的跨模态图像数据进行有效学习，导致识别模型的精度较差。针对这一问题，提出一种基于数据增广的非对称联合学习方法。首先，利用已有的合成算法扩展原始训练集，由于不同方法的图像重建原理不同，重建图像的模态差异会为原始数据带来更多的判别信息。但是，将所有的重建图像加入训练集的同时，也引入了冗余信息。然后，采用非对称联合学习算法，在增加类内有效信息的同时，减少对类间差异信息的影响。最后，通过计算跨模态图像之间的对数似然比，获得其相似度。本方法在人脸素描画像数据集、法医画像数据集、近红外图像数据集、热红外图像数据集、低分辨人脸数据集和人脸遮挡数据集等多种人脸图像跨模态识别场景中均取得了很好的识别性能。

图像跨模态重建的重要应用之一是将跨模态图像转换到同一模态，进而可在同一个模态下进行度量。尽管，图像跨模态重建已经取得了巨大的进步，然而在图像重建过程中，仍然会损失较大的判别信息，导致图像跨模态识别精度较差。那么，图像跨模态重建就没有意义了吗？事实并非如此。有学者提出了基于数据增强的联合学习（data augmentation-based joint learning，DA-JL）方法来解决这一问题。该方法通过已有的图像重建算法扩展原始训练集，由于不同方法的图像重建原理不同，重建图像的模态差异会为原始数据带来更多的判别信息。但是，将所有的重建图像加入训练集的同时，也引入了冗余信息。本小节所提的非对称联合学习算法可以在增加类内有效信息的同时，减少对类间差异的影响。最后，通过计算跨模态图像之间的对数似然比，判断其相似度。本小节所提方法在人脸素描画像数据集、法医画像数据集、近红外图像数据集、热红外图像数据集、低分辨人脸数据集和人脸遮挡数据集上均取得了很好的识别精度。下面以人脸照片 - 画像识别为例详细介绍本方法。

1. 基于人脸图像合成数据增强

利用已有的图像跨模态重建方法（LLE[230]，MRF[23]，MWF[24]，SFS[235]，SVR[259]，SRE[260]，RSLCR[261] 和 GAN[85]），对人脸照片 - 画像对进行合成，合成结果如图 13.10 所示。在原始的照片和画像中，由于画家的作画风格不同，同一个体的画像与原始照片的形状信息不同。由于形状信息是不对称的，这导致现有的合成算法无法获得具有不同模态的完全相同的形状信息。尽管这些差异严重影响了最终的识别性能，但从这些差异中也可以发现一些有趣的现象。

给定一张输入画像作为测试图像，无论是基于数据驱动的图像重建方法，利用训练照片块的线性组合来重建照片；还是基于模型驱动的图像重建方法，通过训练好的映射函数来重建照片。重建结果中的形状细节与原始画像更相似，而不是与真实照片相似，反之亦然。因此，利用所有重建画像和重建照片来扩大原始的照片 - 画像对训练数据集，为不同个体提供了更多的跨模态判别信息，有利于图像跨模态识别。本小节所使用的重建算法均由原作者提供，并对数据集进行随机划分，交替训练，获得完整的重建伪数据集，如图 13.10 所示。

由于这些伪图像同时包含有效信息和冗余信息，因此，所选图像跨模态重建算法的数量不应太多。当使用过多的重建伪图像时，冗余信息可能会湮没有效信息。同样地，当从扩大后数据集的所有个体的类内平均值计算类间信息时，由于合成伪图像的引入，类间信息的有效性可能会降低。

2. 非对称联合学习概念

为了解决有效信息和冗余信息之间的平衡问题，本小节提出了基于非对称联合学习的图像跨模态识别算法。

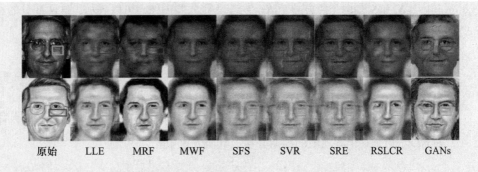

图 13.10 原始人脸照片-画像对和不同方法的合成结果示意图

原始　LLE　MRF　MWF　SFS　SVR　SRE　RSLCR　GANs

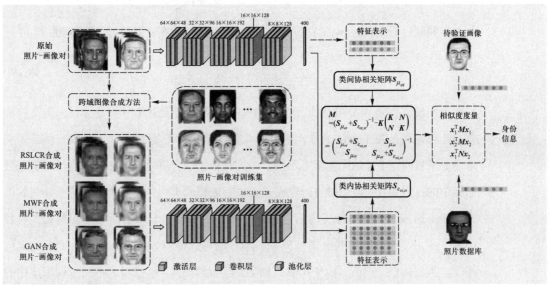

图 13.11 非对称联合学习算法框架

　　如图 13.11 所示，本算法需要重建成对的伪画像和伪照片，以扩展原始数据集训练非对称联合学习模型。本小节通过 RSLCR、MWF 和 GANs 三种方法重建伪照片-画像对。这三种方法是从 8 种不同的图像跨模态重建方法中选择而来。利用基于卷积神经网络的人脸识别模型，从伪图像对和原始图像对中提取不同样本的深度特征表示。非对称联合学习模型（图 13.11 中的符号 $\boldsymbol{M}$ 和 $\boldsymbol{N}$）由类间协方差矩阵和类内协方差矩阵计算得出。在识别阶段，计算输入样本与真实人脸数据集中样本的对数似然比作为相似度，进而判断输入图像确切的身份信息。

　　根据度量学习模型，一张人脸照片 x 可以由类间变量 μ 和类内变量 ε 进行估计，其中，μ 代表个体信息，ε 代表属于同一身份的跨模态人脸图像之间的异构信息。这两个分量服从于独立的零均值高斯分布：

$$\mu \sim \mathcal{N}\left(0, \boldsymbol{S}_{\mu}\right) \tag{13.14}$$

$$\varepsilon \sim \mathcal{N}\left(0, \boldsymbol{S}_{\varepsilon}\right) \tag{13.15}$$

其中，S_μ 和 S_ε 是两个协方差矩阵。对于一张人脸图像，可以表示为这两部分的和：

$$x = \mu + \varepsilon \tag{13.16}$$

对于两张输入人脸图像 x_1 和 x_2，协方差矩阵可以表示为：

$$cov(x_1, x_2) = cov(\mu_1, \mu_2) + cov(\varepsilon_1, \varepsilon_2) \tag{13.17}$$

这里用 H_I 表示 x_1 和 x_2 的身份相同，H_E 表示 x_1 和 x_2 的身份不同。类内联合分布 $P(x_1, x_2 | H_I)$ 是一个零均值的高斯分布，其协方差矩阵为：

$$\sum_I = \begin{bmatrix} S_\mu + S_\varepsilon & S_\mu \\ S_\mu & S_\mu + S_\varepsilon \end{bmatrix} \tag{13.18}$$

类间联合分布 $P(x_1, x_2 | H_E)$ 也是一个零均值的高斯分布，其协方差矩阵为：

$$\sum_E = \begin{bmatrix} S_\mu + S_\varepsilon & 0 \\ 0 & S_\mu + S_\varepsilon \end{bmatrix} \tag{13.19}$$

类间协方差矩阵 S_μ 可从所有个体的样本特征平均值矩阵中学习得到，而类内协方差矩阵 S_ε 可从每个个体的样本特征平均值矩阵中学习得到。对于图像跨模态识别来说，来自同一个体的图像模态不同，因此，根据联合贝叶斯方法，仅通过对训练数据集中的一组照片–画像对进行建模，无法有效提取类内信息（类内协方差矩阵 S_ε）。为了提高跨模态人脸图像类内信息判别能力，本小节基于原始训练数据集和扩展数据集，提出了一种新的联合训练模型。本算法可以使协方差矩阵 S_ε 包含更多的类内跨模态判别信息。然而，由于扩展数据集是伪人脸照片–画像对，不同于训练集中的真实图像，这为原始数据集引入了冗余信息。若将尽可能多的重建伪图像对（如图13.11所示）添加到训练集中，并直接训练联合贝叶斯模型时，冗余信息会影响最终的模型识别精度，这严重影响了联合贝叶斯模型的有效性。为了解决此问题，本小节对联合贝叶斯模型进行改进，并提出了基于数据增广的联合学习算法（DA-JL）。

本小节所提的基于数据增广的联合学习算法，首先需要生成一定数量的素描画像–照片对。然后，联合学习类内和类间协方差矩阵。这里假设每张人脸图像都被一个 d 维的特征向量表示，从原始训练集（表示为 ot）和相应的合成图像（表示为 st）可以得出类内协方差矩阵 $S_{\varepsilon_{ot,st}} \in \mathbb{R}^{d \times d}$。而类间协方差矩阵 $S_{\mu_{ot}} \in \mathbb{R}^{d \times d}$ 仅从原始训练集求出。对于两个独立的协方差矩阵，类内联合分布 $P(x_1, x_2 | H_I)$ 的协方差矩阵 $\sum_I \in \mathbb{R}^{2d \times 2d}$ 可表达为：

$$\sum_I = \begin{bmatrix} S_{\mu_{ot}} + S_{\varepsilon_{ot,st}} & S_{\mu_{ot}} \\ S_{\mu_{ot}} & S_{\mu_{ot}} + S_{\varepsilon_{ot,st}} \end{bmatrix} \tag{13.20}$$

类间联合分布 $P(x_1, x_2 | H_E)$ 的协方差矩阵 $\sum_I \in \mathbb{R}^{2d \times 2d}$ 可表达为：

$$\sum_E = \begin{bmatrix} S_{\mu_{ot}} + S_{\varepsilon_{ot,st}} & 0 \\ 0 & S_{\mu_{ot}} + S_{\varepsilon_{ot,st}} \end{bmatrix} \tag{13.21}$$

最后，通过省略常量参数，可以计算对数似然比$r(x_1, x_2)$，以获得两张输入的跨模态人脸图像的类内联合分布和类间联合分布的相似度：

$$r(x_1, x_2) = \log \frac{P(x_1, x_2|H_I)}{P(x_1, x_2|H_E)} = x_1^{\mathrm{T}} M x_1 + x_2^{\mathrm{T}} M x_2 - 2 x_1^{\mathrm{T}} M x_2 \tag{13.22}$$

$$M = \left(S_{\mu_{ot}} + S_{\varepsilon_{ot,st}} \right)^{-1} - K \tag{13.23}$$

并且$K \in \mathbb{R}^{d \times d}$满足下式：

$$\begin{bmatrix} K & N \\ N & K \end{bmatrix} = \begin{bmatrix} S_{\mu_{ot}} + S_{\varepsilon_{ot,st}} & S_{\mu_{ot}} \\ S_{\mu_{ot}} & S_{\mu_{ot}} + S_{\varepsilon_{ot,st}} \end{bmatrix}^{-1} \tag{13.24}$$

因此，本小节将人脸验证问题转化为估计两个协方差矩阵$S_{\varepsilon_{ot,st}}$和$S_{\mu_{ot}}$的问题。

假设，第i个个体有m_i张独立同分布的类内人脸图像。根据公式（13.16），可以通过以下方式表示同一个体的所有样本：

$$x_i = Q_i h_i \tag{13.25}$$

其中：

$$Q_i = \begin{bmatrix} I & I & 0 & \cdots & 0 \\ I & 0 & I & \cdots & 0 \\ \vdots & & & \ddots & \vdots \\ I & 0 & 0 & \cdots & I \end{bmatrix} \tag{13.26}$$

$$h_i = \left[\mu_{i_{ot}}; \varepsilon_{i_{ot,st}}; \varepsilon_{i_{ot,st}2}; \ldots; \varepsilon_{i_{ot,st}m_i} \right] \tag{13.27}$$

并且$I \in \mathbb{R}^{d \times d}$是一个单位矩阵。

由于本算法的目标函数是：

$$\max \prod_i P(x_i|h_i) \tag{13.28}$$

对于一个个体而言，类间差异$\mu_{i_{ot}}$可以从$\mathcal{N}(0, S_{\mu_{ot}})$导出。然后，类内差异$[\varepsilon_{i_{ot,st}1},$ $\varepsilon_{i_{ot,st}2}, \cdots, \varepsilon_{i_{ot,st}m_i}]$可以从$\mathcal{N}(0, S_{\mu_{ot}})$导出。因为个体是相互独立的，所以目标函数可转换为下式：

$$\max \sum_i \log P\left(x_i | S_{\mu_{ot}} + S_{\varepsilon_{ot,st}} \right) \tag{13.29}$$

考虑到类间和类内变量的分布都是高斯分布，其对应的协方差矩阵为：

$$\sum_{h_i} = \begin{bmatrix} S_{\mu_{ot}} & & & \\ & S_{\varepsilon_{ot,st}} & & \\ & & S_{\varepsilon_{ot,st}} & \\ & & & S_{\varepsilon_{ot,st}} \end{bmatrix} \quad (13.30)$$

这里个体 i 的似然函数可以表达为：

$$P\left(x_i | S_{\mu_{ot}}, \ S_{\varepsilon_{ot,st}}\right) = \mathcal{N}\left(0, \sum_{x_i}\right) \quad (13.31)$$

其中：

$$\sum_{x_i} = Q_i \sum_{h_i} Q_i^{\mathrm{T}} = \begin{bmatrix} I & I & 0 & \cdots & 0 \\ I & 0 & I & & 0 \\ \vdots & & & \ddots & \vdots \\ I & 0 & 0 & \cdots & I \end{bmatrix} \times \begin{bmatrix} S_{\mu_{ot}} & & & & \\ & S_{\varepsilon_{ot,st}} & & & \\ & & S_{\varepsilon_{ot,st}} & & \\ & & & S_{\varepsilon_{ot,st}} \end{bmatrix} \begin{bmatrix} I & I & & I \\ I & 0 & \cdots & 0 \\ 0 & I & & 0 \\ \vdots & & \ddots & \vdots \\ 0 & 0 & \cdots & I \end{bmatrix}$$

$$\quad (13.32)$$

$$= \begin{bmatrix} S_{\mu_{ot}} + S_{\varepsilon_{ot,st}} & S_{\mu_{ot}} & & S_{\mu_{ot}} \\ S_{\mu_{ot}} & S_{\mu_{ot}} + S_{\varepsilon_{ot,st}} & \cdots & S_{\mu_{ot}} \\ \vdots & & \ddots & \vdots \\ S_{\mu_{ot}} & S_{\mu_{ot}} & \cdots & S_{\mu_{ot}} + S_{\varepsilon_{ot,st}} \end{bmatrix}$$

本小节利用期望最大化（expectation maximization，EM）算法，对两个协方差矩阵 $S_{\varepsilon_{ot,st}}$ 和 $S_{\mu_{ot}}$ 进行估计，以解决此问题。

在 E-步骤中，选择类间变量和类内变量 $h_i=[\mu_{i_{ot}}; \varepsilon_{i_{ot,st},1}, \varepsilon_{i_{ot,st},2}, \cdots, \varepsilon_{i_{ot,st},m_i}]$ 作为潜在变量。在第 t 次迭代中，计算潜在变量的期望值。根据式（13.25），可以将 $P(h_i, x_i|S_{\varepsilon_{ot,st}}, S_{\mu_{ot}})$ 简化为 $P(h_i|S_{\varepsilon_{ot,st}}, S_{\mu_{ot}})$。因此，对数似然函数的期望可以写作：

$$\sum_{h_i} E_{P\left(h_i|S_{\mu_{ot}}^t, S_{\varepsilon_{ot,st}}^t\right)} \log P\left(h_i | S_{\mu_{ot}}^{t+1}, S_{\varepsilon_{ot,st}}^{t+1}\right) \quad (13.33)$$

其中，在第 t 次迭代中已知 $S_{\varepsilon_{ot,st}}^t$ 和 $S_{\mu_{ot}}^t$，在 M-步骤中更新 $S_{\varepsilon_{ot,st}}^{t+1}$ 和 $S_{\mu_{ot}}^{t+1}$。由于，潜在变量服从高斯分布，并且对数似然估计的期望等于：

$$\sum_i \log |\sum_{h_i}| + tr\left(\sum_{h_i}^{-1} W(h_i)\right) \quad (13.34)$$

其中：

$$W(h_i) = E_{P\left(h_i|x_i, \ S_{\mu_{ot}}^t, \ S_{\varepsilon_{ot,st}}^t\right)} E_{P\left(h_i|x_i, \ S_{\mu_{ot}}^t, \ S_{\varepsilon_{ot,st}}^t\right)}^{\mathrm{T}} \quad (13.35)$$

潜在变量 h_i 的期望可以通过下式计算得到：

$$E_{P\left(h_i | x_i, S_{\mu_{ot}}^t, S_{\varepsilon_{ot,st}}^t\right)} = \sum_{h_i} Q_i^{\mathrm{T}} \sum_{x_i}^{-1} x_i \tag{13.36}$$

在 E- 步骤的初始化阶段，本算法以非对称的形式对协方差矩阵 $S_{\mu_{ot}}$ 和 $S_{\varepsilon_{ot,st}}$ 进行初始化。其中，利用原始训练集中每个类间个体的特征均值的协方差矩阵初始化 $S_{\mu_{ot}}$，来自原始训练集和扩展训练集的类内人脸图像的协方差矩阵初始化 $S_{\varepsilon_{ot,st}}$。

在 M- 步骤中，根据式（13.30）、式（13.34）可以简化为：

$$\begin{aligned}
&\sum_i \log \left| S_{\mu_{ot}}^{t+1} \right| + tr\left(\left(S_{\mu_{ot}}^{t+1} \right)^{-1} E\left[\mu_{i_{ot}} \mu_{i_{ot}}^{\mathrm{T}} \right] \right) \\
&+ \sum_i \sum_j \log \left| S_{\varepsilon_{ot,st}}^{t+1} \right| + tr\left(\left(S_{\varepsilon_{ot,st}}^{t+1} \right)^{-1} E\left[\varepsilon_{i_{ot,st}j} \varepsilon_{i_{ot,st}j}^{\mathrm{T}} \right] \right)
\end{aligned} \tag{13.37}$$

由于潜在变量可在 E- 步骤中进行估计，通过替代下式中的 $\mu_{i_{ot}}$ 和 $\varepsilon_{i_{ot},j}$，即可对协方差矩阵的参数进行更新：

$$S_{\mu_{ot}}^{t+1} = \frac{1}{n} \sum_i E\left[\mu_{i_{ot}} \mu_{i_{ot}}^{\mathrm{T}} \right] \tag{13.38}$$

$$S_{\varepsilon_{ot,st}}^{t+1} = \frac{\sum_i \sum_j E\left[\varepsilon_{i_{ot,st}j} \varepsilon_{i_{ot,st}j}^{\mathrm{T}} \right]}{\sum_i m_i} \tag{13.39}$$

其中，n 代表训练集中个体的数量。

本小节所提算法通过以上策略进行优化时，一般可以在 50 次迭代之内收敛；然后，通过式（13.22）、式（13.23）、式（13.24）计算输入图像和真实图像之间的相似度，进而确定输入图像的身份信息。

3. 实验设置与分析

使用较好合成效果的跨模态重建方法来增广原始训练集，并不一定能保证为原始数据引入了有效的类内多样性信息，而从不同的合成伪图像对中提取的补充信息，对于提高最终的识别精度更有意义。不同类别的图像重建算法，通常提供不同类型的补充信息。人脸照片-画像合成方法通常分为三类：基于子空间学习的方法（LLE，SFS，SVR，SRE 和 RSLCR），基于贝叶斯推断的方法（MWF 和 MRF）以及基于深度学习的方法（GAN）。对于不同类别的方法，选择在 SSIM 评分方面表现最佳的方法。最后，选择 RSLCR，MWF 和 GAN 生成人脸伪图像。另外，本小节也探索了引入不同种类数（从 1 到 8 种）的合成图像方法，对原始数据进行扩展和联合训练，并遍历所有组合。每个实验重复 10 次，实验结果如图 13.12 所示。图 13.12 是在 CUFSF 数据库上对应于 8 种合成方法的不同组合的识别结果；图 13.12 中右图放大了图 13.12 左图中识别率最高的部分结果。最佳的四个组合是 {RSLCR，MWF，SRE}，{RSLCR，SFS，SRE，GANs}，{RSLCR，SRE，GANs} 和 {RSLCR，MWF，GANs}。本小

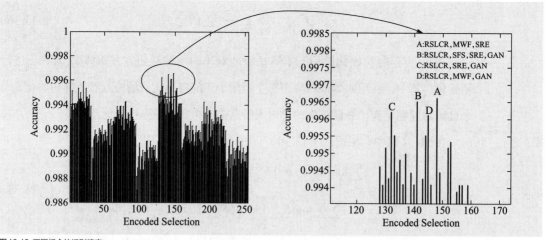

图13.12 不同组合的识别精度

节采取的选择策略在前四个组合中，这意味着选择策略是有效的。

本小节所提算法利用VGG-Face特征达到了（99.05±0.32）%的**rank-1**准确率，优于基准方法的（98.71±0.33）%和其他方法；使用LightCNN特征，识别准确率则进一步提升到（99.33±0.17）%。表13.4中列出了相关的实验结果。

表13.4 近红外图像人脸识别rank–1识别结果对比

算法	Rank-1 Accuracy
LFDA	69.22%
CITE	72.53%
CEFD	83.93%
LCKS-CSR	71.21%
P-RS	72.93%
MWF	74.89%
RSLCR	66.82%
VGG	62.91%
SeetaFace	69.50%
JB	98.71%
AJL-HFR	**99.05%**
DA-JL	**99.33%**

13.3.2 基于多间隔解相关学习的图像跨模态识别

现有的图像跨模态识别方法，往往直接以身份信息作为监督信号，计算深度网络的分类损失。识别任务的关键在于得到泛化能力强的特征表示，这与分类能力并不完全等价，导致现有算法的精度较差。针对这一问题，提出一种基于多间隔解相关学习的图像跨模态重建方法。首先，采用大规模的可见光人脸数据集对跨模态表示网络进行预训练，以解决跨模态人脸图像数据规模小的问题，并将图像映射到超球面表示空间。然后，在跨模态表示网络之后引入解相关层，对跨模态特征表示进行解相关学习，以减少跨模态图像之间的模态差异，并提出多间隔损失函数对网络进行优化。本方法在保证识别速度的前提下，大大提高了图像跨模态识别与验证的精度。

在图像跨模态识别的众多应用中，将可见光照片与近红外人脸图像进行匹配是处理极端光照条件最直接、最有效的解决方案，可以应用到个人授权，甚至刑侦执法等场景中。由于无法获取足够的近红外–可见光图像对，且近红外与可见光图像之间的差异巨大，这导致现有的近红外–可见光图像跨模态识别方法的识别性能较差。现有方法可分为三类：基于合成的方法将跨模态人脸图像转换为相同模态；基于特征的方法学习不同模态图像的不变特征表示；基于子空间学习方法将跨模态人脸图像投影到共同的子空间之中。但是，这些方法无法有效消除模态差异，并且准确性较差。本小节提出了一种深度神经网络方法，即基于多间隔解相关学习的图像跨模态识别算法。本算法框架可以分为两个部分：跨模态图像的超球面空间嵌入和解相关学习。首先，采用大规模的可见光人脸数据集对跨模态表示网络进行预训练，以解决近红外–可见光人脸图像对数据规模小的问题，并将图像映射到超球面表示空间；其次，在跨模态表示网络之后引入解相关层，对跨模态特征表示进行解相关学习，以减少跨模态图像之间的模态差异。下面以近红外–可见光人脸图像识别为例进行详细介绍。

1. 解相关表示的概念

这里用 Φ 代表跨模态表示网络，对于跨模态人脸图像而言，具有相同身份的不同样本应具有相同的不变特征（去除了模态信息的特征）。本小节所提出的网络旨在提取这样的不变特征。因此，跨模态表示网络 Φ 的参数 W^H 可以从近红外图像 x^N 和可见光图像 x^V 中学习得到。跨模态图像对应的特征表示可以由下式计算得到：

$$y^i = \Phi\left(x^i, W^H\right)\left(i \in \{N, V\}\right) \tag{13.40}$$

其中，$\Phi(\cdot)$ 表示跨模态表示网络的正向计算过程，H 代表跨模态表示网络。N 和 V 分别代表近红外模态和可见光模态，y 表示对应的图像特征。

人脸图像 x 可以由唯一的身份特征和包含照明、姿势、表情等信息的变量表示。对于跨模态图像而言，模态信息也是其中一种变量。由于不同样本的这些变量信息是相关的，因此难以学习一种有效的识别模型，在近红外–可见光人脸图像识别中取得令人满意的表现。因此，本小节在跨模态表示网络后引入一个解相关层 D，将图像特征 $y^i(i \in \{N, V\})$ 投影到解相关子空间，如图13.13所示。解相关层 D 的输出即为跨模态

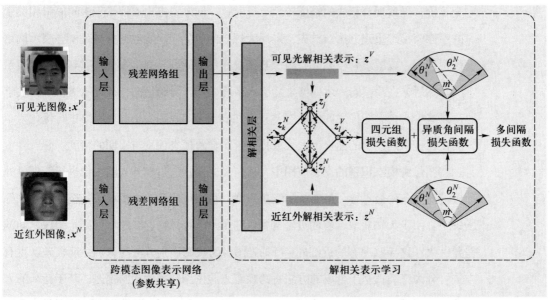

图13.13 多间隔解相关学习算法框架

图像的解相关表示，如下式所示：

$$z^i = \left(W^D\right)^{\mathrm{T}} y^i \left(i \in \{N, V\}\right) \tag{13.41}$$

其中，$z^i \in \mathbb{R}^q$ 表示人脸图像的解相关特征表示。$W^D \in \mathbb{R}^{n \times q}$ 表示解相关层的参数。因此，可以通过优化解相关层的参数 W^D 来获得跨模态图像的解相关特征表示。

给定训练集 $X^i = \left\{x_1^i, x_2^i, \cdots, x_m^i\right\}, i \in \{N, V\}$，其对应的跨模态特征表示为 $Y^i = \left\{y_1^i, y_2^i, \cdots, y_m^i\right\}, i \in \{N, V\}$ 和解相关特征表示为 $Z^i = \left\{z_1^i, z_2^i, \cdots, z_m^i\right\}, i \in \{N, V\}$，可以直接通过网络的前向计算得到。

假定，解相关特征表示的各个变量之间的没有相关性，$Z^i = \left\{z_1^i, z_2^i, \cdots, z_m^i\right\}$，$i \in \{N, V\}$ 应当属于一个拥有标准正交基 $\{w_1, w_2, \cdots, w_q\}$ 的坐标系内，并且 $z_{j,k}^i = w_k^{\mathrm{T}} y_j^i$。若使用 z_j^i 对 y_j^i 进行重构，那么重构特征 $\hat{y} = \sum_{k=1}^{q} z_j^i w_k$。由于本算法将跨模态图像映射到一个超球面空间，因此，采用余弦距离来测量两个输入的跨域人脸图像的相似度，将 $\hat{y}^i$ 和 y^i 之间的角度 θ 最小化，以避免判别性信息丢失。考虑余弦函数的性质，目标函数如下：

$$\max \sum_{j=1}^{m} \cos \theta_j = \sum_{j=1}^{m} \frac{y_j^i \cdot \hat{y}_j^i}{\left\|y_j^i\right\| \left\|\hat{y}_j^i\right\|} \quad \left(i \in \{N, V\}\right) \tag{13.42}$$

$$\propto \max \sum_{j=1}^{m} (\cos \theta_j)^2$$

因此，目标函数为：

$$\min \sum_{j=1}^{m} -\left(\cos\theta_j\right)^2 = \sum_{j=1}^{m} -\left(\frac{\boldsymbol{y}_j^i \cdot \hat{\boldsymbol{y}}_j^i}{\left\|\boldsymbol{y}_j^i\right\|\left\|\hat{\boldsymbol{y}}_j^i\right\|}\right)^2 = \sum_{j=1}^{m} -\frac{\left(\left(\boldsymbol{y}_j^i\right)^{\mathrm{T}} \cdot \sum_{l=1}^{q} \boldsymbol{z}_{j,l}^i \boldsymbol{w}_k\right)^2}{\left(\boldsymbol{y}_j^i\right)^{\mathrm{T}} \boldsymbol{y}_j^i \left(\sum_{l=1}^{q} \boldsymbol{z}_{j,l}^i \boldsymbol{w}_k\right)^2}$$

$$= \sum_{j=1}^{m} -\left(\boldsymbol{w}_k\right)^{\mathrm{T}} \left(\sum_{l=1}^{q} \frac{\boldsymbol{y}_j^i \left(\boldsymbol{y}_j^i\right)^{\mathrm{T}}}{\left(\boldsymbol{y}_j^i\right)^{T} \boldsymbol{y}_j^i}\right) \boldsymbol{w}_k \qquad (13.43)$$

$$\propto tr\left(\boldsymbol{W}^{\mathrm{T}} \frac{\boldsymbol{Y}\boldsymbol{Y}^{\mathrm{T}}}{\boldsymbol{Y}^{\mathrm{T}}\boldsymbol{Y}} \boldsymbol{W}\right), s.t. \boldsymbol{W}^{\mathrm{T}}\boldsymbol{W} = I$$

其中，$\boldsymbol{W}$ 可以通过计算 $\dfrac{\boldsymbol{Y}\boldsymbol{Y}^{\mathrm{T}}}{\boldsymbol{Y}^{\mathrm{T}}\boldsymbol{Y}}$ 的特征值和特征向量获得，而通过拉格朗日乘子、奇异值分解和公式 $\boldsymbol{z}^i = \boldsymbol{W}^{\mathrm{T}}\boldsymbol{y}^i$ 获得其对应的特征值和特征向量。根据 $\boldsymbol{W}$ 便可以估计解相关层的参数 $\boldsymbol{W}^D$。

2. 多间隔损失函数

为了约束所提出的神经网络框架，本小节所提方法设计了多间隔损失函数，其中包含四元组间隔损失函数（quadruplet margin loss，QML）和跨模态角间隔损失函数（heterogeneous angular margin loss，HAML）。

三元组损失函数可有效提高传统人脸识别的准确性。但是，与传统的可见光人脸识别不同，跨模态的近红外–可见光人脸图像需要在不同的模态之间进行人脸匹配。对相同模态人脸图像的距离度量约束是没有意义的。因此，三元组损失函数对提高近红外–可见光人脸图像识别的帮助非常小。考虑到三元组损失函数的局限性，本小节所提方法针对跨模态图像识别问题提出了四元组间隔损失函数。

四元组间隔损失函数旨在增加类间跨模态图像之间的度量距离，并减小类内跨模态图像之间的度量距离。除此之外，还考虑了模态内的负样本对，并采用在线的四元组样本选择策略，在批量输入的样本中的选择多组跨模态解相关特征表示 $\{\boldsymbol{z}_j^N, \boldsymbol{z}_j^V, \boldsymbol{z}_k^N, \boldsymbol{z}_l^V\}$ 组成四元组组合，其中 $\{\boldsymbol{z}_j^N, \boldsymbol{z}_j^V\}$ 来自同一个体，$\boldsymbol{z}_k^N$ 表示来自不同个体且与可见光样本 $\boldsymbol{z}_j^V$ 距离最小的近红外样本；$\boldsymbol{z}_l^V$ 表示来自不同个体且与近红外样本 $\boldsymbol{z}_j^N$ 距离最小的可见光样本。由于特征空间在超球面空间中，样本间的距离度量采用余弦距离。本小节所提方法涉及的四元组间隔损失，可由下式计算：

$$\mathcal{L}_{\mathrm{QML}}\left(\boldsymbol{z}_j^N, \boldsymbol{z}_j^V, \boldsymbol{z}_l^V\right) = \sum_i^b \left(\frac{\boldsymbol{z}_j^N \cdot \boldsymbol{z}_j^V}{\left\|\boldsymbol{z}_j^N\right\|\left\|\boldsymbol{z}_j^V\right\|} - \frac{\boldsymbol{z}_j^N \cdot \boldsymbol{z}_l^V}{\left\|\boldsymbol{z}_j^N\right\|\left\|\boldsymbol{z}_l^V\right\|} + \boldsymbol{\alpha}_1\right)$$
$$+ \sum_i^b \left(\frac{\boldsymbol{z}_j^N \cdot \boldsymbol{z}_j^V}{\left\|\boldsymbol{z}_j^N\right\|\left\|\boldsymbol{z}_j^V\right\|} - \frac{\boldsymbol{z}_j^V \cdot \boldsymbol{z}_l^V}{\left\|\boldsymbol{z}_j^V\right\|\left\|\boldsymbol{z}_l^V\right\|} + \boldsymbol{\alpha}_2\right) \qquad (13.44)$$

252

$$\mathcal{L}_{\text{QML}}\left(z_j^N, z_j^V, z_k^N, z_l^V\right) = \mathcal{L}_{\text{QML}}\left(z_j^N, z_j^V, z_l^V\right) + \mathcal{L}_{\text{QML}}\left(z_j^V, z_j^N, z_k^N\right) \quad (13.45)$$

其中，b 表示输入批处理样本中的四元组组合个数，α_1 和 α_2 是四元组损失函数中的损失间隔。四元组间隔损失函数可减小类内跨模态人脸图像之间的角距离，并增大类间跨模态人脸图像之间的角距离。

受 SphereFace 和 ArcFace 等基于 softmax 损失函数的启发，本小节提出跨模态角间隔损失函数（HAML）。softmax 损失广泛用于分类任务，其表示如下：

$$\mathcal{L}_s = -\frac{1}{b}\sum_{j-1}^{b}\log\frac{e^{\left(W_{c_i}^F\right)^{\text{T}} z_j^i}}{\sum_{v-1}^{m}e^{\left(W_v^F\right)^{\text{T}} z_j^i}} \quad \left(i \in \{N, V\}\right) \quad (13.46)$$

其中，z_j 属于第 c_j 类。W_v^F 表示卷积神经网络中最后一个全连接层权重 $W^F \in \mathbb{R}^{q \times c}$ 的第 v 列向量元素，c 代表类别数目。目标函数可转换为：

$$\left(W_v^F\right)^{\text{T}} z_j = \left\|W_v^F\right\|\left\|z_j^i\right\|\cos\theta_v^i \quad \left(i \in \{N, V\}\right) \quad (13.47)$$

通过 l_2 范数，固定 $\left\|W_v^F\right\| = 1$，$\left\|z_j^i\right\| = s$，其中 s 是一个常量。省略这些常量，式（13.47）可简化为 $(W_v^F)^{\text{T}}z_j = \cos\theta_v^i$。因此，所有的特征都分布在一个超球面特征空间上。任意两张人脸图像的相似度只由二者特征向量之间的夹角决定。将一个角间隔 m 加入 $\cos\theta$，因此跨模态角间隔损失函数（HAML）可定义如下：

$$\begin{aligned}\mathcal{L}_{\text{HAML}} = &-\frac{\lambda_N}{b}\sum_{j=1}^{b}\log\frac{e^{s\left(\cos\left(\theta_{c_i}^N + m_1\right)\right)}}{e^{s\left(\cos\left(\theta_{c_i}^N + m_1\right)\right)} + \sum_{v=1, v \neq c_i}^{n}e^{s\cos\theta_v^N}} \\ &-\frac{\lambda_V}{b}\sum_{j=1}^{b}\log\frac{e^{s\left(\cos\left(\theta_{c_i}^V + m_2\right)\right)}}{e^{s\left(\cos\left(\theta_{c_i}^V + m_2\right)\right)} + \sum_{v=1, v \neq c_i}^{n}e^{s\cos\theta_v^N}}, s.t. \lambda_N + \lambda_V = 1\end{aligned} \quad (13.48)$$

其中，λ_N 和 λ_V 表示网络参数从近红外模态和可见光模态学习的调整参数。由于跨模态特征表示网络已经在大规模可见光人脸图像上进行预训练，因此，这里应适当调大 λ_N 的值。因此，多间隔损失函数（MML）可表示为：

$$\mathcal{L}_{\text{MML}} = \lambda_1\mathcal{L}_{\text{QML}} + \lambda_2\mathcal{L}_{\text{HAML}} \quad (13.49)$$

其中，λ_1 和 λ_2 是四元组间隔损失函数和跨模态间隔损失函数之间的调整参数。

为优化本小节所提出的多间隔解相关算法，设计了交替优化策略。跨模态特征表示网络的参数 W^H 由大规模的可见光人脸图像预训练得到。首先，固定跨模态特征表示网络的参数 W^H 并通过式（13.40）提取训练数据 X 的特征表示 Y。解相关层的参数 W^D 由特征表示 Y 根据式（13.42）和式（13.43）进行估计得到。然后，固定参数 W^D，通过式（13.41）学习解相关表示 Z。根据式（13.49）计算多间隔损失函数MML，并以此优化跨模态特征表示网络的参数 W^H。最后，固定参数 W^H 和 W^D，通过前向计算获得输入的跨模态人脸图像最终的特征表示，并通过余弦距离度量其相似度。

3. 实验设置

CASIA NIR-VIS 2.0人脸数据库是最具挑战性和最大的近红外–可见光人脸数据库，该数据库具有较大的类内跨模态变化：光线、表情、姿态等。包含725个个体，每个个体最多具有22个可见光人脸图像和50个近红外人脸图像。按照数据库给定的10种划分准则，对本小节所提算法进行评价，并与其他方法进行对比。

Oulu-CASIA NIR-VIS数据库共包括80个个体，具有6种表情（愤怒、厌恶、恐惧、幸福、悲伤和惊奇）。遵循相应数据划分协议[104]，选择20个个体作为训练集。对于每种表情，随机选择8对近红外–可见光人脸图像，如图13.14所示，从而产生96个跨域人脸图像（48对近红外–可见光人脸图像）。从其余60个个体中随机选择20个个体作为测试集。

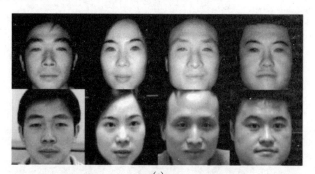

(a)

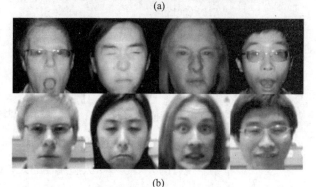

(b)

图13.14 近红外–可见光图像示意图

表13.5展示了本小节所提算法与其他方法在CASIA NIR-VIS 2.0数据库上的识别率和验证率对比结果。本小节将所提算法方法与其他图像跨模态识别方法进行了比较。这些方法包括传统方法（例如KCSR[89]、KPS[100]、KDSR[262]、LCFS[263]、Gabor + RBM[264]、C-DFD[265]、CDFL[266]、H2（LBP3）[267]）和基于卷积神经网络的方法（例如VGG[12]、HFR-CNN[268]、TRIVET[102]、IDR[104]、ADFL[109]、CDL[269]、WCNN[104]）。

13.3.3　其他最新识别工作进展

Peng等人在国际顶级期刊上[270]提出一种基于语义表征模型的跨模态人脸识别算法。现有的多模态人脸识别框架没有充分利用跨模态人脸的语义信息，故该团队提出一种基于软性人脸解析的算法，避免人脸部件边界硬性分割带来的误差影响；进一步

表13.5 本小节所提算法在CASIA NIR-VIS 2.0数据集上与其他算法对比

算法	Rank-1	VR@FAR=0.1%
KCSR（2009）	33.8	7.6
KPS（2013）	28.2	3.7
KDSR（2013）	37.5	9.3
LCFS（2013）	35.4	16.7
H2（LBP3）（2017）	43.8	10.1
C-DFD（2014）	65.8	46.2
CDFL（2015）	71.5	55.1
Gabor+RBM（2015）	86.2	81.3
VGG（2015）	62.1	39.7
HFR-CNN（2016）	85.9	78.0
TRIVET（2016）	95.6	91.0
IDR（2017）	97.3	95.6
CDL（2017）	98.6	98.3
ADFL（2018）	98.2	97.2
WCNN（2018）	98.4	97.6
WCNN+low-rank	98.7	98.4
MMDL	99.9	99.4

利用深度卷积模型将软性语义信息与深度特征信息融合，以提高跨模态识别的准确率。

　　Liu等人在国际顶级期刊上[271]提出一种基于人脸属性信息指导的异质人脸识别框架。现有的大多数基于人脸属性的人脸识别方法都是将人脸属性信息进行特征融合来提高识别效果，但是忽略了人脸属性与身份的内在联系。通过训练卷积神经网络，将人脸属性与身份的关系直接融入识别框架，实现基于人脸属性信息指导的异质人脸识别方法。具体步骤为，在训练阶段将人脸属性与人脸照片-画像对组成三元组，以此来训练数据量。进而，为了避免属性检测错误带来的不利影响，该团队提出基于人脸属性的三元组损失函数作为目标函数，并利用梯度下降法进行参数优化，得到跨模态的异质人脸特征表示。最后，利用欧氏距离来度量不同图像的相似度。实验表明该方法可以在异质人脸识别中取得较好的效果。

13.4　本章小结

目前基于深度学习的算法依旧是一种难以解释和分析的"黑箱模型",虽然目前已经有一些工作开始尝试从模型可视化、表征学习等途径进一步理解分析,但是如何将该可解释算法应用到实际真实场景,并进一步提高人脸合成与识别算法的效果仍然是一个具有较大挑战性的问题。

参考文献　[1]　PEARSON K. On lines and planes of closest fit to systems of points in space[J]. Philosophical Magazine, 1901, 2 (6): 559—572.

[2]　章毓晋等. 基于子空间的人脸识别[M]. 北京: 清华大学出版社, 2009.

[3]　WOLD S, ESBENSEN K, GELADI P. Principal component analysis[J]. Chemometrics and intelligent laboratory systems, 1987, 2(1-3): 37—52.

[4]　FISHER R A. The use of multiple measurements in taxonomic problems[J]. Annals of Eugenics, 1936, 7 (2): 179—188.

[5]　MCCULLOCH WARREN, WALTER PITTS. A logical calculus of ideas immanent in nervous activity[J]. Bulletin of Mathematical Biophysics, 1943, 5 (4): 115—133.

[6]　HEBB D. The organization of behavior[M]. New York: Wiley, 1949.

[7]　MINSKY M, PAPERT S. An introduction to computational geometry[J]. Cambridge tiass, HIT, 1969.

[8]　HOPFIELD J J. Neural networks and physical systems with emergent collective computational abilities[J]. Proceedings of the National Academy of Sciences of the USA, 1982, 79(8): 2554—2558.

[9]　BOSER B E, GUYON I M, VAPNIK V N. A training algorithm for optimal margin classifiers[J]. Proceedings of the fifth annual workshop on Computational learning theory, 1992.

[10]　CHRISTOPHER M B. Pattern Recognition and Machine Learning[M]. New York: Springer, 2006.

[11]　KRIZHEVSKY A, SUTSKEVER I, HINTON G E. Imagenet classification with deep convolutional neural networks[J]. Advances in neural information processing systems, 2012, 25: 1097—1105.

[12]　PARKHI O M, VEDALDI A, ZISSERMAN A. Deep face recognition[C]// Proceedings of the British Machine Vision Conference, 2015, 1(3).

[13]　HE K, ZHANG X, REN S, et al. Deep residual learning for image recognition[C]// Proceedings of the IEEE conference on computer vision and pattern recognition, 2016: 770—778.

[14]　SIMONYAN K, ZISSERMAN A. Very deep convolutional networks for large-scale image recognition[J]. arXiv preprint arXiv:1409.1556, 2014.

[15]　SZEGEDY C, LIU W, JIA Y, et al. Going deeper with convolutions[C]// Proceedings of the IEEE conference on computer vision and pattern recognition, 2015: 1—9.

[16]　GATYS L A, ECKER A S, BETHGE M. Image style transfer using convolutional neural networks[C]// Proceedings of the IEEE conference on computer vision and pattern recognition. 2016: 2414—2423.

[17]　WU X, HE R, SUN Z, et al. A light cnn for deep face representation with noisy labels[J]. IEEE Transactions on Information Forensics and Security, 2018, 13(11): 2884—2896.

[18]　DENG J, GUO J, XUE N, et al. Arcface: Additive angular margin loss for deep face recognition[C]// Proceedings of the IEEE Conference on Computer Vision and Pattern Recognition. 2019: 4690—4699.

[19]　ZHANG H. Exploring conditions for the optimality of naive Bayes[J]. International Journal of Pattern Recognition and Artificial Intelligence, 2005, 19(02): 183—198.

［20］ RUSSELL S, NORVIG P. Artificial Intelligence: A Modern Approach[M]. 2nd. New York: Prentice Hall, 2003.

［21］ WANG N, TAO D, GAO X, et al. A comprehensive survey to face hallucination[J]. International Journal of Computer Vision, 2014, 106(1): 9—30.

［22］ GAO X, ZHONG J, LI J, et al. Face sketch synthesis algorithm based on E-HMM and selective ensemble[J]. IEEE Transactions on Circuit Systems for Video Technology, 2008, 18(4): 487—496.

［23］ WANG X, TANG X. Face photo-sketch synthesis and recognition[J]. IEEE Transactions on Pattern Analysis and Machine Intelligence, 2009, 31(11): 1955—1967.

［24］ ZHOU H, KUANG Z, WONG K. Markov weight fields for face sketch synthesis[C]// Proceedings of the IEEE Conference on Computer Vision and Pattern Recognition, 2012: 1091—1097.

［25］ WANG N, TAO D, GAO X, et al. Transductive face sketch-photo synthesis[J]. IEEE Transactions on Neural Networks and Learning Systems, 2013, 24(9): 1364—1376.

［26］ PEAR J. Probabilistic Reasoning in Intelligent Systems: Networks of Plausible Inference[M]. San Francisco, CA: Morgan Kaufmann, 1988.

［27］ VIOLA P, JONES M. Rapid object detection using a boosted cascade of simple features[C]// Proceedings of the 2001 IEEE computer society conference on computer vision and pattern recognition, 2001, 1: I.

［28］ FELZENSZWALB P F, GIRSHICK R B, MCaLLESTER D, et al. Object detection with discriminatively trained part-based models[J]. IEEE transactions on pattern analysis and machine intelligence, 2009, 32(9): 1627—1645.

［29］ REDMON J, DIVVALA S, GIRSHICK R, et al. You only look once: Unified, real-time object detection[C]// Proceedings of the IEEE conference on computer vision and pattern recognition, 2016: 779—788.

［30］ Liu W, Anguelov D, Erhan D, et al. Ssd: Single shot multibox detector[C]// Proceedings of the European conference on computer vision, 2016: 21—37.

［31］ JAIN V, MILLER E. Fddb: A benchmark for face detection in unconstrained settings[R]. UMass Amherst technical report, 2010.

［32］ YANG S, LUO P, LOY C C, et al. Wider face: A face detection benchmark[C]// Proceedings of the IEEE conference on computer vision and pattern recognition. 2016: 5525—5533.

［33］ VIOLA P, JONES M J. Robust real-time face detection[J]. International journal of computer vision, 2004, 57(2): 137—154.

［34］ YANG B, YAN J, LEI Z, et al. Aggregate channel features for multi-view face detection[C]// Proceedings of the IEEE international joint conference on biometrics, 2014: 1—8.

［35］ NAM W, DOLLÁR P, HAN J H. Local decorrelation for improved detection[J]. arXiv preprint arXiv:1406.1134, 2014.

［36］ LI H, LIN Z, SHEN X, et al. A convolutional neural network cascade for face detection[C]// Proceedings of the IEEE conference on computer vision and pattern recognition. 2015: 5325—5334.

［37］ ZHANG K, ZHANG Z, LI Z, et al. Joint face detection and alignment using multitask cascaded convolutional networks[J]. IEEE Signal Processing Letters, 2016, 23(10):1499—1503.

［38］ REN S, HE K, GIRSHICK R, et al. Faster R-CNN: towards real-time object detection with region proposal networks[J]. IEEE transactions on pattern analysis and machine intelligence, 2016, 39(6): 1137—1149.

［39］ NAJIBI M, SAMANGOUEI P, CHELLAPPA R, et al. Ssh: Single stage headless face detector[C]// Proceedings of the IEEE international conference on computer vision. 2017: 4875—4884.

［40］ ZHANG S, ZHU X, LEI Z, et al. Faceboxes: A CPU real-time face detector with high accuracy[C]// Proceedings of the IEEE International Joint Conference on Biometrics, 2017: 1—9.

［41］ LI J, WANG Y, WANG C, et al. DSFD: dual shot face detector[C]// Proceedings of the IEEE Conference on Computer Vision and Pattern Recognition, 2019: 5060—5069.

［42］ YANG H, JIA X, LOY C C, et al. An empirical study of recent face alignment methods[J]. arXiv preprint arXiv:1511.05049, 2015.

［43］ COOTES T F, TAYLOR C J, COOPER D H, et al. Active shape models-their training and application[J]. Computer vision and image understanding, 1995, 61(1): 38—59.

［44］ EDWARDS G J, COOTES T F, TAYLOR C J. Face recognition using active appearance models[C]// Proceedings of the European conference on computer vision. Berlin, Heidelberg: Springer, 1998: 581—595.

［45］ SMITH B M, ZHANG L, BRANDT J, et al. Exemplar-based face parsing[C]// Proceedings of the IEEE conference on computer vision and pattern recognition. 2013: 3484—3491.

［46］ ZHOU F, BRANDT J, LIN Z. Exemplar-based graph matching for robust facial landmark localization[C]// Proceedings of the IEEE International Conference on Computer Vision. 2013: 1025—1032.

［47］ LIANG L, WEN F, XU Y Q, et al. Accurate face alignment using shape constrained Markov network[C]// Proceedings of the IEEE Computer Society Conference on Computer Vision and Pattern Recognition, 2006, 1: 1313—1319.

［48］ DOLLÁR P, WELINDER P, PERONA P. Cascaded pose regression[C]// Proceedings of the 2010 IEEE Computer Society Conference on Computer Vision and Pattern Recognition, 2010: 1078—1085.

［49］ CHEN D, REN S, WEI Y, et al. Joint cascade face detection and alignment[C]// Proceedings of the European conference on computer vision, 2014: 109—122.

［50］ REN S, CAO X, WEI Y, et al. Face alignment at 3000 fps via regressing local binary features[C]// Proceedings of the IEEE Conference on Computer Vision and Pattern Recognition, 2014: 1685—1692.

［51］ SUN Y, WANG X, TANG X. Deep convolutional network cascade for facial point detection[C]// Proceedings of the IEEE conference on computer vision and pattern recognition, 2013: 3476—3483.

［52］ ZHOU E, FAN H, CAO Z, et al. Extensive facial landmark localization with coarseto-fine convolutional network cascade[C]// Proceedings of the IEEE international conference on computer vision workshops, 2013: 386—391.

[53] MERGET D, ROCK M, RIGOLL G. Robust facial landmark detection via a fully-convolutional local-global context network[C]// Proceedings of the IEEE conference on computer vision and pattern recognition, 2018: 781—790.

[54] SONG G, LIU Y, JIANG M, et al. Beyond trade-off: Accelerate fcn-based face detector with higher accuracy[C]// Proceedings of the IEEE Conference on Computer Vision and Pattern Recognition, 2018: 7756—7764.

[55] MIAO X, ZHEN X, LIU X, et al. Direct shape regression networks for end-to-end face alignment[C]// Proceedings of the IEEE Conference on Computer Vision and Pattern Recognition, 2018: 5040—5049.

[56] SHI X, SHAN S, KAN M, et al. Real-time rotation-invariant face detection with progressive calibration networks[C]// Proceedings of the IEEE Conference on Computer Vision and Pattern Recognition, 2018: 2295—2303.

[57] DONG X, YAN Y, OUYANG W, et al. Style aggregated network for facial landmark detection[C]// Proceedings of the IEEE Conference on Computer Vision and Pattern Recognition, 2018: 379—388.

[58] LIU Y, JOURABLOO A, LIU X. Learning deep models for face anti-spoofing: Binary or auxiliary supervision[C]// Proceedings of the IEEE conference on computer vision and pattern recognition, 2018: 389—398.

[59] SO/IEC JTC 1/SC 37 Biometrics. information technology biometric presentation attack detection part 1: Framework[S]. international organization for standardization, 2016.

[60] WEN D, HAN H, JAIN A K. Face spoof detection with image distortion analysis[J]. IEEE Transactions on Information Forensics and Security, 2015, 10(4): 746—761.

[61] TIRUNAGARI S, POH N, WINDRIDGE D, et al. Detection of face spoofing using visual dynamics[J]. IEEE transactions on information forensics and security, 2015, 10(4): 762—777.

[62] LI X, KOMULAINEN J, ZHAO G, et al. Generalized face anti-spoofing by detecting pulse from face videos[C]// Proceedings of the 23rd International Conference on Pattern Recognition, 2016: 4244—4249.

[63] PAYSAN P, KNOTHE R, AMBERG B, et al. A 3D face model for pose and illumination invariant face recognition[C]// Proceedings of the 6th IEEE international conference on advanced video and signal based surveillance, 2009: 296—301.

[64] CAO C, WENG Y, ZHOU S, et al. Facewarehouse: A 3d facial expression database for visual computing[J]. IEEE Transactions on Visualization and Computer Graphics, 2013, 20(3): 413—425.

[65] ZHU X, LEI Z, LIU X, et al. Face alignment across large poses: A 3d solution[C]// Proceedings of the IEEE conference on computer vision and pattern recognition, 2016: 146—155.

[66] WANG Z, YU Z, ZHAO C, et al. Deep spatial gradient and temporal depth learning for face anti-spoofing[C]// Proceedings of the IEEE Conference on Computer Vision and Pattern Recognition. 2020: 5042—5051.

［67］ SONG X, ZHAO X, FANG L, et al. Discriminative representation combinations for accurate face spoofing detection[J]. Pattern Recognition, 2019, 85: 220—231.

［68］ BLEDSOE W W. The model method in facial recognition, Tech Rep PRI: 15[R].Palo Alto, CA, Panoramic Research Inc, 1966.

［69］ GOLDSTEIN A J, HARMON L D, LESK A B. Man - Machine Interaction in Human - Face Identification[J]. Bell System Technical Journal, 1972, 51(2): 399—427.

［70］ ROWLEY H A, BALUJA S, KANADE T. Neural network-based face detection[J]. IEEE Transactions on pattern analysis and machine intelligence, 1998, 20(1): 23—38.

［71］ COX I J, GHOSN J, YIANILOS P N. Feature-based face recognition using mixture-distance[C]// Proceedings of the IEEE Computer Society Conference on Computer Vision and Pattern Recognition, 1996: 209—216.

［72］ YUILLE A L, HALLINAN P W, COHEN D S. Feature extraction from faces using deformable templates[J]. International journal of computer vision, 1992, 8(2): 99—111.

［73］ OJALA T, PIETIKAINEN M, MAENPAA T. Multiresolution gray-scale and rotation invariant texture classification with local binary patterns[J]. IEEE Transactions on pattern analysis and machine intelligence, 2002, 24(7): 971—987.

［74］ TURK M A, PENTLAND A P. Face recognition using eigenfaces[C]// Proceedings of the IEEE computer society conference on computer vision and pattern recognition, 1991: 586—591.

［75］ MOGHADDAM B, JEBARA T, PENTLAND A. Bayesian face recognition[J]. Pattern recognition, 2000, 33(11): 1771—1782.

［76］ CHEN D, CAO X, WANG L, et al. Bayesian face revisited: A joint formulation[C]// Proceedings of the European conference on computer vision, 2012: 566—579.

［77］ TAIGMAN Y, YANG M, RANZATO M A, et al. Deepface: Closing the gap to human-level performance in face verification[C]// Proceedings of the IEEE conference on computer vision and pattern recognition, 2014: 1701—1708.

［78］ SUN Y, CHEN Y, WANG X, et al. Deep learning face representation by joint identification-verification[J]. Advances in neural information processing systems, 2014, 27: 1988—1996.

［79］ SUN Y, WANG X, TANG X. Deeply learned face representations are sparse, selective, and robust[C]// Proceedings of the IEEE conference on computer vision and pattern recognition, 2015: 2892—2900.

［80］ SCHROFF F, KALENICHENKO D, PHILBIN J. Facenet: A unified embedding for face recognition and clustering[C]// Proceedings of the IEEE conference on computer vision and pattern recognition, 2015: 815—823.

［81］ WEN Y, ZHANG K, LI Z, et al. A discriminative feature learning approach for deep face recognition[C]// Proceedings of the European conference on computer vision, 2016: 499—515.

［82］ LIU W, WEN Y, YU Z, et al. Large-margin softmax loss for convolutional neural networks[C]// Proceedings of the international conference on machine learning, 2016, 2(3): 7.

［83］ WANG H, WANG Y, ZHOU Z, et al. Cosface: Large margin cosine loss for deep face recognition[C]// Proceedings of the IEEE conference on computer vision and pattern recognition. 2018: 5265—5274.

[84] LI J, HAO P, ZHANG C, et al. Hallucinating faces from thermal infrared images[C]// Proceedings of the IEEE International Conference on Image Processing, 2008: 465—468.

[85] ISOLA P, ZHU J Y, ZHOU T, et al. Image-to-image translation with conditional adversarial networks[C]// Proceedings of the IEEE conference on computer vision and pattern recognition, 2017: 1125—1134.

[86] ZHU J Y, PARK T, ISOLA P, et al. Unpaired image-to-image translation using cycle-consistent adversarial networks[C]// Proceedings of the IEEE international conference on computer vision, 2017: 2223—2232.

[87] LIN D, TANG X. Inter-modality face recognition[C]// Proceedings of the European Conference on Computer Vision, 2006: 13—26.

[88] YI D, LIU R, CHU R F, et al. Face matching between near infrared and visible light images[C]// Proceedings of the International Conference on Biometrics, 2007: 523—530.

[89] LEI Z, LI S Z. Coupled spectral regression for matching heterogeneous faces[C]// Proceedings of the IEEE Conference on Computer Vision and Pattern Recognition, 2009: 1123—1128.

[90] SHARMA A, JACOBS D W. Bypassing synthesis: PLS for face recognition with pose, low-resolution and sketch[C]// Proceedings of the IEEE Conference on Computer Vision and Pattern Recognition, 2011: 593—600.

[91] MIGNON A, JURIE F. CMML: A new metric learning approach for cross modal matching[C]// Proceedings of the Asian Conference on Computer Vision, 2012: 1—14.

[92] KAN M, SHAN S, ZHANG H, et al. Multi-view discriminant analysis[J]. IEEE Transactions on Pattern Analysis and Machine Intelligence, 2016, 38(1): 188—194.

[93] GONG D, LI Z, HUANG W, et al. Heterogeneous Face Recognition: A Common Encoding Feature Discriminant Approach[J]. IEEE Transactions on Image Processing, 2017, 26(5): 2079—2089.

[94] LIN L, WANG G, ZUO W, et al. Cross-domain visual matching via generalized similarity measure and feature learning[J]. IEEE transactions on pattern analysis and machine intelligence, 2017, 39(6): 1089—1102.

[95] YI D, LEI Z, LI S Z. Shared representation learning for heterogenous face recognition[C]// Proceedings of the International Conference on Automatic Face and Gesture Recognition, 2015, 1: 1—7.

[96] LIAO S, YI D, LEI Z, et al. Heterogeneous face recognition from local structures of normalized appearance[C]// Proceedings of the International Conference on Biometrics, 2009: 209—218.

[97] KLARE B, LI Z, JAIN A K. Matching forensic sketches to mug shot photos[J]. IEEE Transactions on Pattern Analysis and Machine Intelligence, 2011, 33(3): 639—646.

[98] ZHANG W, WANG X, TANG X. Coupled information-theoretic encoding for face photo-sketch recognition[C]// Proceedings of the IEEE Conference on Computer Vision and Pattern Recognition, 2011: 513—520.

［99］ BHATT H S, BHARADWAJ S, SINGH R, et al. Memetically optimized MCWLD for matching sketches with digital face images[J]. IEEE Transactions on Information Forensics and Security, 2012, 7(5): 1522—1535.

［100］ KLARE B F, JAIN A K. Heterogeneous face recognition using kernel prototype similarities[J]. IEEE Transactions on Pattern Analysis and Machine Intelligence, 2013, 35(6): 1410—1422.

［101］ MITTAL P, VATSA M, SINGH R. Composite sketch recognition via deep network-a transfer learning approach[C]// Proceedings of the IEEE International Conference on Biometrics, 2015: 251—256.

［102］ LIU X, SONG L, WU X, et al. Transferring prindeep representation for NIR-VIS heterogeneous face recognition[C]// Proceedings of the IEEE International Conference on Biometrics, 2016: 1—8.

［103］ OUYANG S, HOSPEDALES T M, SONG Y Z, et al. ForgetMeNot: memory-aware forensic facial sketch matching[C]// Proceedings of the IEEE Conference on Computer Vision and Pattern Recognition, 2016: 5571—5579.

［104］ HE R, WU X, SUN Z, et al. Wasserstein cnn: Learning invariant features for nir-vis face recognition[J]. IEEE transactions on pattern analysis and machine intelligence, 2018, 41(7): 1761—1773.

［105］ PENG C, GAO X, WANG N, et al. Graphical representation for heterogeneous face recognition[J]. IEEE Transactions on Pattern Analysis and Machine Intelligence, 2017, 39(2): 301—312.

［106］ BAY H, TUYTELAARS T, VAN GOOL L. Surf: Speeded up robust features[C]// Proceedings of the European conference on computer vision, 2006: 404—417.

［107］ RIKLIN-RAVIV T, SHASHUA A. The quotient image: Class based recognition and synthesis under varying illumination conditions[C]// Proceedings of the IEEE Computer Society Conference on Computer Vision and Pattern Recognition, 1999, 2: 566—571.

［108］ CHEN J, YI D, YANG J, et al. Learning mappings for face synthesis from near infrared to visual light images[C]// Proceedings of the IEEE Conference on Computer Vision and Pattern Recognition, 2009: 156—163.

［109］ SONG L, ZHANG M, WU X, et al. Adversarial discriminative heterogeneous face recognition[C]// Proceedings of the AAAI Conference on Artificial Intelligence, 2018, 32(1).

［110］ LIU Z, LUO P, WANG X, et al. Deep learning face attributes in the wild[C]// Proceedings of the IEEE international conference on computer vision, 2015: 3730—3738.

［111］ LE V, BRANDT J, LIN Z, et al. Interactive facial feature localization[C]// Proceedings of the European conference on computer vision, 2012: 679—692.

［112］ WANG Z, BOVIK A C, SHEIKH H R, et al. Image quality assessment: from error visibility to structural similarity[J]. IEEE transactions on image processing, 2004, 13(4): 600—612.

［113］ IRANI M, PELEG S. Improving resolution by image registration[J]. CVGIP: Graphical models and image processing, 1991, 53(3): 231—239.

[114] OZKAN M K, TEKALP A M, SEZAN M I. POCS-based restoration of space-varying blurred images[J]. IEEE Transactions on Image Processing, 1994, 3(4): 450—454.

[115] STARK H, OSKOUI P. High-resolution image recovery from image plane arrays, using convex projections [J]. Journal of the Optical Society of America, 1989, 6(11):1715—1726.

[116] PATTI J, SEZAN M I, TEKALP A M. Robust methods for high quality stills from interlaced video in the presence of dominant motion [J]. IEEE Transactions on Circuits and Systems for Video Technology, 1997, 7(2):328—342.

[117] EREN P E, SEZAN M I, TEKALP A M. Object-based high-resolution image reconstruction from low-resolution video [J]. IEEE Transactions on Image Processing, 1997, 6(10):1446—1451.

[118] SCHULTZ R R, STEVENSON R L. Improved definition video frame enhancement [C]// Proceedings of the IEEE International Conference on Acoustics, Speech, and Signal Processing, 1995(4):2169—2172.

[119] SCHULTZ R R, STEVENSON R L. Extraction of high resolution frames from video sequences [J]. IEEE Transactions on image Processing, 1996, 5(6):996—1001.

[120] CHANG H, YEUNG D Y, XIONG Y. Super-resolution through neighbor embedding [C]// Proceedings of the IEEE Computer Society Conference on Computer Vision and Pattern Recognition, 2004(1):275—282.

[121] YANG J, WRIGHT J, HUANG T S, et al. Image super-resolution as sparse representation of raw image patches [C]// Proceedings of the IEEE Conference on Computer Vision and Pattern Recognition, 2008:23—28.

[122] DONG C, LOY C C, HE K, et al. Image super-resolution using deep convolutional networks[J]. IEEE transactions on pattern analysis and machine intelligence, 2015, 38(2): 295—307.

[123] DONG C, LOY C C, TANG X. Accelerating the super-resolution convolutional neural network[C]// Proceedings of the European conference on computer vision, 2016: 391—407.

[124] TUZEL O, TAGUCHI Y, HERSHEY J R. Global-local face upsampling network[J]. arXiv preprint arXiv:1603.07235, 2016.

[125] HUANG H, HE R, SUN Z, et al. Wavelet-srnet: A wavelet-based cnn for multi-scale face super resolution[C]// Proceedings of the IEEE International Conference on Computer Vision. 2017: 1689—1697.

[126] YU X, FERNANDO B, HARTLEY R, et al. Super-resolving very low-resolution face images with supplementary attributes[C]// Proceedings of the IEEE conference on computer vision and pattern recognition. 2018: 908—917.

[127] CHEN Y, TAI Y, LIU X, et al. Fsrnet: End-to-end learning face super-resolution with facial priors[C]// Proceedings of the IEEE Conference on Computer Vision and Pattern Recognition. 2018: 2492—2501.

[128] GROSS R, MATTHEWS I, COHN J, et al. Multi-pie[J]. Image and vision computing, 2010, 28(5): 807—813.

[129] Yi D, Lei Z, Liao S, et al. Learning face representation from scratch[J]. arXiv preprint

arXiv:1411.7923, 2014.

[130] BLANZ V, VETTER T. A morphable model for the synthesis of 3D faces[C]// Proceedings of the 26th annual conference on Computer graphics and interactive techniques. 1999: 187—194.

[131] BLANZ V, VETTER T. Face recognition based on fitting a 3d morphable model[J]. IEEE Transactions on pattern analysis and machine intelligence, 2003, 25(9): 1063—1074.

[132] JONES M J, POGGIO T. Multidimensional morphable models: A framework for representing and matching object classes[J]. International Journal of Computer Vision, 1998, 29(2): 107—131.

[133] ROMDHANI S, VETTER T. Efficient robust and accurate fitting of a 3D morphable model[C]// Proceedings of the 9th IEEE International Conference on Computer Vision, 2003, 3: 59—66.

[134] MATTHEWS I, BAKER S. Active appearance models revisited[J]. International journal of computer vision, 2004, 60(2): 135—164.

[135] TER HAAR F B, VELTKAMP R C. Automatic bootstrapping of a morphable face model using multiple components[C]// Proceedings of the 2009 IEEE 12th International Conference on Computer Vision Workshops, 2009: 1497—1504.

[136] ZHANG L, WANG S, SAMARAS D. Face synthesis and recognition from a single image under arbitrary unknown lighting using a spherical harmonic basis morphable model[C]// Proceedings of the IEEE Computer Society Conference on Computer Vision and Pattern Recognition, 2005, 2: 209—216.

[137] 柴秀娟, 山世光, 卿来云, 等. 基于3D人脸重建的光照、姿态不变人脸识别[J]. 软件学报, 2006, 17(3): 525—534.

[138] XIAO J, BAKER S, MATTEWS I, et al. Real-time combined 2D + 3D active appearance model[C]// Proceedings of the 2004 IEEE Conference on Computer Vision and Pattern Recognition, 2004: 535—542.

[139] COOTES T F, EDWARDS G J, TAYLOR C J. Active appearance models[C]// Proceedings of the 5th European Conference on Computer Vision, 1998: 484—498.

[140] CHAI X, SHAN S, CHEN X, et al. Locally linear regression for pose-invariant face recognition[J]. IEEE Transactions on image processing, 2007, 16(7): 1716—1725.

[141] KIM M, ZHANG Z, DE LA TORRE F, et al. Subspace regression: Predicting a subspace from one sample[C]// Proceedings of the Asian Conference on Computer Vision, 2010.

[142] PRINCE S J D, ELDER J H, WARRELL J, et al. Tied factor analysis for face recognition across large pose differences[J]. IEEE Transactions on pattern analysis and machine intelligence, 2008, 30(6): 970—984.

[143] DEMPSTER A P, LAIRD N M, RUBIN D B. Maximum likelihood from incomplete data via the EM algorithm[J]. Journal of the Royal Statistical Society: Series B (Methodological), 1977, 39(1): 1—22.

[144] ASTHANA A, LUCEY S, GOECKE R. Regression based automatic face annotation for deformable model building[J]. Pattern Recognition, 2011, 44(10—11): 2598—2613.

[145] ZHU X, RAMANAN D. Face detection, pose estimation, and landmark localization in the wild[C]// Proceedings of the IEEE conference on computer vision and pattern

recognition, 2012: 2879—2886.

[146] CAO X, WEI Y, WEN F, et al. Face alignment by explicit shape regression[J]. International Journal of Computer Vision, 2014, 107(2): 177—190.

[147] HUANG X, GAO J, SEN-CHING S C, et al. Manifold estimation in view-based feature space for face synthesis across poses[C]// Proceedings of the Asian Conference on Computer Vision, 2009: 37—47.

[148] LEE H, KIM D. Tensor-based AAM with continuous variation estimation: Application to variation-robust face recognition[J]. IEEE Transations on Pattern Analysis and Machine Intelligence, 2009, 31(6) : 1102—1116.

[149] COOTES T F, WALKER K, TAYLOR C J. View-based active appearance models[C]// Proceedings of the 4th IEEE International Conference on Auto Face and Gesture Recognition, 2000: 227—232.

[150] ZHU Z, LUO P, WANG X, et al. Deep learning identity-preserving face space[C]// Proceedings of the IEEE International Conference on Computer Vision, 2013: 113—120.

[151] SHEPARD R N, METZLER J. Mental rotation of three-dimensional objects[J]. Science, 1971, 171(3972): 701—703.

[152] YANG J, REED S E, YANG M H, et al. Weakly-supervised disentangling with recurrent transformations for 3d view synthesis[J]. Advances in neural information processing systems, 2015, 28: 1099—1107.

[153] HINTON G E, KRIZHEVSKY A, WANG S D. Transforming auto-encoders[C]// Proceedings of the International conference on artificial neural networks, 2011: 44—51.

[154] HUANG R, ZHANG S, LI T, et al. Beyond face rotation: Global and local perception gan for photorealistic and identity preserving frontal view synthesis[C]// Proceedings of the IEEE International Conference on Computer Vision, 2017: 2439—2448.

[155] TRAN L, YIN X, LIU X. Disentangled representation learning gan for pose-invariant face recognition[C]// Proceedings of the IEEE conference on computer vision and pattern recognition, 2017: 1415—1424.

[156] DARWIN C, PRODGER P. The expression of the emotions in man and animals[M]. New York: Oxford University Press, 1998.

[157] EKMAN P, FRIESEN W V. Constants across cultures in the face and emotion[J]. Journal of personality and social psychology, 1971, 17(2): 124.

[158] EKMAN P, FRIESEN W V. Facial Action Coding System[M]. New York: Consulting Psychologists Press, 1977.

[159] LYONS M, AKAMATSU S, KAMACHI M, et al. Coding facial expressions with gabor wavelets[C]// Proceedings of the Third IEEE international conference on automatic face and gesture recognition, 1998: 200—205.

[160] GOELEVEN E, DE RAEDT R, LEYMAN L, et al. The Karolinska directed emotional faces: a validation study[J]. Cognition and emotion, 2008, 22(6): 1094—1118.

[161] DHALL A, RAMANA MURTHY O V, GOECKE R, et al. Video and image based emotion recognition challenges in the wild: Emotiw 2015[C]// Proceedings of the 2015 ACM on international conference on multimodal interaction, 2015: 423—426.

[162] LANGNER O, DOTSCH R, BIJLSTRA G, et al. Presentation and validation of the

Radboud Faces Database[J]. Cognition and emotion, 2010, 24(8): 1377—1388.

[163] FABIAN B C, SRINIVASAN R, MARTINEZ A M. Emotionet: An accurate, real-time algorithm for the automatic annotation of a million facial expressions in the wild[C]// Proceedings of the IEEE conference on computer vision and pattern recognition, 2016: 5562—5570.

[164] LI S, DENG W, DU J P. Reliable crowdsourcing and deep locality-preserving learning for expression recognition in the wild[C]// Proceedings of the IEEE conference on computer vision and pattern recognition. 2017: 2852—2861.

[165] GOODFELLOW I J, ERHAN D, CARRIER P L, et al. Challenges in representation learning: A report on three machine learning contests[C]// Proceedings of the International conference on neural information processing, 2013: 117—124..

[166] MOLLAHOSSEINI A, HASANI B, MAHOOR M H. Affectnet: A database for facial expression, valence, and arousal computing in the wild[J]. IEEE Transactions on Affective Computing, 2017, 10(1): 18—31.

[167] ZHANG Z, LUO P, LOY C C, et al. From facial expression recognition to interpersonal relation prediction[J]. International Journal of Computer Vision, 2018, 126(5): 550—569.

[168] LUCEY P, COHN J F, KANADE T, et al. The extended cohn-kanade dataset (ck+): A complete dataset for action unit and emotion-specified expression[C]// Proceedings of the 2010 IEEE computer society conference on computer vision and pattern recognition-workshops, 2010: 94—101.

[169] DHALL A, GOECKE R, GHOSH S, et al. From individual to group-level emotion recognition: Emotiw 5.0[C]// Proceedings of the 19th ACM international conference on multimodal interaction, 2017: 524—528.

[170] ZHAO G, HUANG X, TAINI M, et al. Facial expression recognition from near-infrared videos[J]. Image and Vision Computing, 2011, 29(9): 607-619.

[171] PANTIC M, VALSTAR M, RADEMAKER R, et al. Web-based database for facial expression analysis[C]// Proceedings of the IEEE international conference on multimedia and Expo, 2005.

[172] YIN L, WEI X, SUN Y, et al. A 3D facial expression database for facial behavior research[C]// Proceedings of the 7th international conference on automatic face and gesture recognition, 2006: 211—216.

[173] ZHANG Z, LYONS M, SCHUSTER M, et al. Comparison between geometry-based and gabor-wavelets-based facial expression recognition using multi-layer perceptron[C]// Proceedings of the Third IEEE International Conference on Automatic face and gesture recognition, 1998: 454—459.

[174] DAILEY M N, COTTRELL G W. PCA= Gabor for expression recognition[J]. Institution UCSD, Number CS-629, 1999.

[175] ZHAN Y, YE J, NIU D, et al. Facial expression recognition based on Gabor wavelet transformation and elastic templates matching[J]. International Journal of Image and Graphics, 2006, 6(1): 125—138.

[176] ZHANG Y, MARTINEZ A M. Recognition of expression variant faces using weighted subspaces[C]// Proceedings of the 17th International Conference on Pattern Recognition,

2004, 3: 149—152.

[177] WANG Y, AI H, WU B, et al. Real time facial expression recognition with adaboost[C]// Proceedings of the 17th International Conference on Pattern Recognition, 2004, 3: 926—929.

[178] YACOOB Y, DAVIS L S. Recognizing human facial expressions from long image sequences using optical flow[J]. IEEE Transactions on pattern analysis and machine intelligence, 1996, 18(6): 636—642.

[179] TIAN Y, KANADA T, COHN J F. Recognizing upper face action units for facial expression analysis[C]// Proceedings of the IEEE Conference on Computer Vision and Pattern Recognition, 2000, 1: 294—301.

[180] PARDAS M, BONAFONTE A, LANDABASO J L. Emotion recognition based on MPEG-4 facial animation parameters[C]// Proceedings of the IEEE International Conference on Acoustics, Speech, and Signal Processing, 2002, 4: IV-3624-IV-3627.

[181] BLACK M J, YACOOB Y. Recognizing facial expressions in image sequences using local parameterized models of image motion[J]. International Journal of Computer Vision, 1997, 25(1): 23—48.

[182] KOTSIA I, PITAS I. Facial Expression Recognition in Image Sequences Using Geometric Deformation Features and Support Vector Machines[J]. IEEE Transactions on Image Processing APublication of the IEEE Signal Processing Society, 2007,16(1):172.

[183] GUEORGUIEVA N, GEORGIEV G, VALOVA I. Facial Expression Recognition Using Feedforward Neural Networks[C]// Proceedings of the International Conference on Artificial Intelligence, 2003: 285—291.

[184] BUCIU I, PITAS I. ICA and Gabor representation for facial expression recognition[C]// Proceedings of the 2003 International Conference on Image Processing, 2003, 2: II—855.

[185] COHEN I, SEBE N, GOZMAN F G, et al. Learning Bayesian network classifiers for facial expression recognition both labeled and unlabeled data[C]// Proceedings of the IEEE Computer Society Conference on Computer Vision and Pattern Recognition, 2003, 1: I.

[186] OTSUKA T, OHYA J. Spotting segments displaying facial expression from image sequences using HMM[C]// Proceedings of the Third IEEE International Conference on Automatic Face and Gesture Recognition, 1998: 442—447.

[187] NG H W, NGUYEN V D, VONIKAKIS V, et al. Deep learning for emotion recognition on small datasets using transfer learning[C]// Proceedings of the 2015 ACM on international conference on multimodal interaction. 2015: 443—449.

[188] DING H, ZHOU S K, CHELLAPPA R. Facenet2expnet: Regularizing a deep face recognition net for expression recognition[C]// Proceedings of the 12th IEEE International Conference on Automatic Face & Gesture Recognition, 2017: 118—126.

[189] ZHANG K, ZHANG Z, LI Z, et al. Joint face detection and alignment using multitask cascaded convolutional networks[J]. IEEE Signal Processing Letters, 2016, 23(10): 1499—1503.

[190] ZHANG K, HUANG Y, DU Y, et al. Facial expression recognition based on deep

evolutional spatial-temporal networks[J]. IEEE Transactions on Image Processing, 2017, 26(9): 4193—4203.

[191] YANG P, LIU Q, METAXAS D N. Exploring facial expressions with compositional features[C]// Proceedings of the IEEE Computer Society Conference on Computer Vision and Pattern Recognition, 2010: 2638—2644.

[192] LIU M, LI S, SHAN S, et al. Au-aware deep networks for facial expression recognition[C]// Proceedings of the 10th IEEE international conference and workshops on automatic face and gesture recognition, 2013: 1—6.

[193] LIU Z, SHAN Y, ZHANG Z. Expressive expression mapping with ratio images[C]// Proceedings of the 28th annual conference on Computer graphics and interactive techniques. 2001: 271—276.

[194] REED S, SOHN K, ZHANG Y, et al. Learning to disentangle factors of variation with manifold interaction[C]// Proceedings of the International conference on machine learning, 2014: 1431—1439.

[195] YEH R, LIU Z, GOLDMAN D B, et al. Semantic facial expression editing using autoencoded flow[J]. arXiv preprint arXiv:1611.09961, 2016.

[196] DING H, SRICHARAN K, CHELLAPPA R. Exprgan: Facial expression editing with controllable expression intensity[C]// Proceedings of the AAAI Conference on Artificial Intelligence. 2018, 32(1).

[197] SONG L, LU Z, HE R, et al. Geometry guided adversarial facial expression synthesis[C]// Proceedings of the 26th ACM international conference on Multimedia. 2018: 627—635.

[198] PARKE F I. Computer generated animation of faces[C]// Proceedings of the ACM annual conference, 1972: 451—457.

[199] PARKE F I. A paramateric model for human faces[D]. Salt Lake City, UT : University of Utah, 1974.

[200] PARKE F I. Parameterized models for facial animation[C]// Proceedings of the IEEE Computer Graphics and Applications, 1982, 2(9): 61—68

[201] PLATT S M, BADLER N I. Animating facial expressions[C]// Proceedings of the 8th annual conference on Computer graphics and interactive techniques. 1981: 245—252.

[202] WATERS K. A muscle model for animation three-dimensional facial expression[J]. Acm siggraph computer graphics, 1987, 21(4): 17—24.

[203] MAGNENAT-THALMANN N, PRIMEAU E, THALMANN D. Abstract muscle action procedures for human face animation[J]. The Visual Computer, 1988, 3(5): 290—297.

[204] WILLIAMS L. Performance-driven facial animation[C]// Proceedings of the 17th annual conference on Computer graphics and interactive techniques. 1990: 235—242.

[205] SERA H, MORISHIMA S, TERZOPOULOS D. Physics-based muscle model for mouth shape control[C]// Proceedings of the 5th IEEE International Workshop on Robot and Human Communication, 1996: 207—212.

[206] ASSOCIATION J S . Information technology - Coding of audio-visual objects - Part 1: Systems[J]. Iso/iec, 1999.

[207] PIGHIN F, AUSLANDER J, LISCHINSKI D, et al. Realistic facial animation using

image-based 3D morphing[J]. Microsoft Research, 1997.

[208] TERZOPOULOS D, WATERS K. Physically - based facial modelling, analysis, and animation[J]. The journal of visualization and computer animation, 1990, 1(2): 73—80.

[209] SEDERBERG T W, PARRY S R. Free-form deformation of solid geometric models[C]// Proceedings of the 13th annual conference on Computer graphics and interactive techniques. 1986, 20(4): 151—160.

[210] THALMANN N M, THALMANN D. Computer Animation[C]// Proceedings of the Computer Animation, 1990: 13—17.

[211] KALRA P, MANGILI A, THALMANN N M, et al. Simulation of facial muscle actions based on rational free form deformations[C]// Proceedings of the Computer Graphics Forum. Edinburgh, 1992, 11(3): 59—69.

[212] OKA M, TSUTSUI K, OHBA A, et al. Real-time manipulation of texture-mapped surfaces[J]. ACM SIGGRAPH Computer Graphics, 1987, 21(4): 181—188.

[213] MOUBARAKI L, OHYA J, KISHINO F. Realistic 3d facial animation in virtual space teleconferencing[C]// Proceedings of the 4th IEEE International Workshop on Robot and Human Communication. IEEE, 1995: 253—258.

[214] KALRA P, MAGNENAT-THALMANN N. Modeling of vascular expressions in facial animation[C]// Proceedings of the Computer Animation, 1994: 50—58.

[215] NOH J, NEUMANN U. A survey of facial modeling and animation techniques[R]. USC Technical Report, 99–705, 1998.

[216] BORSHUKOV G, PIPONI D, LARSEN O, et al. Universal capture-image-based facial animation for " The Matrix Reloaded" [C]// Proceedings of the ACM Siggraph, 2003.

[217] BREGLER C, COVELL M, SLANEY M. Video rewrite: Driving visual speech with audio[C]// Proceedings of the 24th annual conference on Computer graphics and interactive techniques. 1997: 353—360.

[218] KOUADIO C, POULIN P, LACHAPELLE P. Real-time facial animation based upon a bank of 3D facial expressions[C]// Proceedings of the Computer Animation, 1998: 128—136.

[219] AHLBERG J. Candide-3—an updated parameterised face[J]. Rinsho Byori the Japanese Journal of Clinical Pathology, 2001, 48(3): 385—388.

[220] WEISE T, BOUAZIZ S, LI H, et al. Realtime performance-based facial animation[J]. ACM transactions on graphics, 2011, 30(4): 1—10.

[221] CAO C, WENG Y, LIN S, et al. 3D shape regression for real-time facial animation[J]. ACM Transactions on Graphics, 2013, 32(4): 1—10.

[222] PUMAROLA A, AGUDO A, MARTINEZ A M, et al. Ganimation: Anatomically-aware facial animation from a single image[C]// Proceedings of the European conference on computer vision, 2018: 818—833.

[223] THIES J, ELGHARIB M, TEWARI A, et al. Neural voice puppetry: Audio-driven facial reenactment[C]// Proceedings of the European Conference on Computer Vision, 2020: 716—731.

[224] TANG X, WANG X. Face sketch synthesis and recognition[C]// Proceedings of the Ninth IEEE International Conference on Computer Vision, 2003: 687—694.

[225] TURK M, PENTLAND A. Face recognition using eigenfaces [C]// Proceedings of the IEEE Conference on Computer Vision and Pattern Recognition, 1991: 586—591.

[226] HE X. Locality preserving projections [D]. Chicago: University of Chicago, 2005.

[227] ROWEIS S, SAUL L. Nonlinear dimensionality reduction by locally linear embedding [J]. Science, 2000, 290(5500): 2323—2326.

[228] TANG X, WANG X. Face photo recognition using sketches[C]// Proceedings of the IEEE International Conference on Image Processing, 2002: 257—260.

[229] TANG X, WANG X. Face sketch recognition[J]. IEEE Transactions on Circuit Systems for Video Technology, 2004, 14(1): 570—571

[230] LIU Q, TANG X, JIN H, et al. A nonlinear approach for face sketch synthesis and recognition [C]// Proceedings of the IEEE Conference on Computer Vision and Pattern Recognition, 2005: 1005—1010.

[231] DONOHO D. For most large underdetermined systems of linear equations, the minimal-norm near-solution approximates the sparsest near-solution[J]. Communications on Pure and Applied Mathematics, 2006, 59(6): 797—829.

[232] WRIGHT J, YANG A Y, GANESH A, et al. Robust face recognition via sparse representation[J]. IEEE transactions on pattern analysis and machine intelligence, 2008, 31(2): 210—227.

[233] GAO X, ZHANG K, TAO D, et al. Joint learning for single image super-resolution via a coupled constraint[J]. IEEE Transactions on Image Processing, 2012, 21(2): 469—480.

[234] GAO X, ZHANG K, TAO D, et al. Image super-resolution with sparse neighbor embedding[J]. IEEE Transactions on Image Processing, 2012, 21(7): 3194—3205.

[235] GAO X, WANG N, TAO D, et al. Face sketch–photo synthesis and retrieval using sparse representation[J]. IEEE Transactions on circuits and systems for video technology, 2012, 22(8): 1213—1226.

[236] PEAR J. Probabilistic Reasoning in Intelligent Systems: Networks of Plausible Inference[M]. San Francisco, CA: Morgan Kaufmann, 1988: 1—201

[237] EFROS A, Freeman W. Image quilting for texture synthesis and transfer[C]// Proceedings of the Special Interest Group for Computer Graphics, 2001: 341—346.

[238] ZHANG W, WANG X, TANG X. Lighting and pose robust face sketch synthesis[C]// Proceedings of the European Conference on Computer Vision, 2010: 420—433.

[239] WANG L, SINDAGI V, PATEL V. High-quality facial photo-sketch synthesis using multi-adversarial networks[C]// Proceedings of the 13th IEEE international conference on automatic face & gesture recognition, 2018: 83—90.

[240] PHILLIPS P, MOON H, RAUSS P, et al. The FERET evaluation methodology for face recognition algorithms[J]. IEEE Transactions on Pattern Analysis and Machine Intelligence, 2000, 22(10): 1090—1104.

[241] LIU W, WANG Y, LI S Z, et al. Null space approach of fisher discriminant analysis for face recognition[C]// Proceedings of the International Workshop on Biometric Authentication, 2004: 32—44.

[242] 王楠楠, 李洁, 高新波. 人脸画像合成研究的综述与对比分析[J]. 模式识别与人工智能, 2018(1): 37—48.

［243］CAO B, WANG N, LI J, et al. Data augmentation-based joint learning for heterogeneous face recognition[J]. IEEE transactions on neural networks and learning systems, 2018, 30(6): 1731—1743.

［244］GOODFELLOW I, BENGIO Y, COURVILLE A, et al. Deep learning[M]. Cambridge: MIT press, 2016.

［245］GOODFELLOW I J, POUGET-ABADIE J, MIRZA M, et al. Generative adversarial nets[C]// Proceedings of the Advances in Neural Information Processing Systems. 2014: 2672—2680.

［246］MAO X, LI Q, XIE H, et al. Least squares generative adversarial networks[C]// Proceedings of the IEEE international conference on computer vision. 2017: 2794—2802.

［247］姜枫, 顾庆, 郝慧珍, 等. 基于内容的图像分割方法综述[J]. 软件学报, 2017, 28(01)：160—183.

［248］周莉莉, 姜枫. 图像分割方法综述研究[J]. 计算机应用研究, 2017, 34(07)：1921—1928.

［249］YU C, WANG J, PENG C, et al. Bisenet: Bilateral segmentation network for real-time semantic segmentation[C]// Proceedings of the European conference on computer vision, 2018: 325-341.

［250］LEE C H, LIU Z, WU L, et al. Maskgan: Towards diverse and interactive facial image manipulation[C]// Proceedings of the IEEE Conference on Computer Vision and Pattern Recognition. 2020: 5549—5558.

［251］庄福振. 迁移学习研究进展[J]. 软件学报, 2015, 26(1)：26—39.

［252］PAN S J, YANG Q. A survey on transfer learning[J]. IEEE Transactions on knowledge and data engineering, 2009, 22(10): 1345—1359.

［253］DENG J, DONG W, SOCHER R, et al. Imagenet: A large-scale hierarchical image database[C]// Proceedings of the IEEE conference on computer vision and pattern recognition, 2009: 248—255.

［254］JOHNSON J, ALAHI A, LI F F. Perceptual losses for real-time style transfer and super-resolution[C]// Proceedings of the European conference on computer vision, 2016: 694—711.

［255］ZHANG M, WANG N, LI Y, et al. Face sketch synthesis from coarse to fine[C]// Proceedings of the AAAI Conference on Artificial Intelligence. 2018, 32(1).

［256］ZHANG M, WANG N, GAO X, et al. Markov Random Neural Fields for Face Sketch Synthesis[C]// Proceedings of the International Joint Conference on Artificial Intelligence, 2018: 1142—1148.

［257］MA Z, WANG N, GAO X, et al. From Reality to Perception: Genre-Based Neural Image Style Transfer[C]// Proceedings of the International Joint Conference on Artificial Intelligence, 2018: 3491—3497.

［258］FAN D P, ZHANG S C, WU Y H, et al. Scoot: A perceptual metric for facial sketches[C]// Proceedings of the IEEE/CVF International Conference on Computer Vision. 2019: 5612—5622.

［259］ZHANG J, WANG N, GAO X, et al. Face sketch-photo synthesis based on support vector regression[C]// Proceedings of the 18th IEEE International Conference on Image Processing, 2011: 1125—1128.

[260] WANG N, LI J, TAO D, et al. Heterogeneous image transformation[J]. Pattern Recognition Letters, 2013, 34(1): 77—84.

[261] WANG N, GAO X, LI J. Random sampling for fast face sketch synthesis[J]. Pattern Recognition, 2018, 76: 215—227.

[262] HUANG X, LEI Z, FAN M, et al. Regularized discriminative spectral regression method for heterogeneous face matching[J]. IEEE Transactions on Image Processing, 2012, 22(1): 353—362.

[263] WANG K, HE R, WANG W, et al. Learning coupled feature spaces for cross-modal matching[C]// Proceedings of the IEEE International Conference on Computer Vision, 2013: 2088—2095.

[264] YI D, LEI Z, LI S Z. Shared representation learning for heterogenous face recognition[C]// Proceedings of the 11th IEEE international conference and workshops on automatic face and gesture recognition, 2015, 1: 1—7.

[265] LEI Z, PIETIKÄINEN M, LI S Z. Learning discriminant face descriptor[J]. IEEE Transactions on Pattern Analysis and Machine Intelligence, 2013, 36(2): 289—302.

[266] JIN Y, LU J, RUAN Q. Coupled discriminative feature learning for heterogeneous face recognition[J]. IEEE Transactions on Information Forensics and Security, 2015, 10(3): 640—652.

[267] SHAO M, FU Y. Cross-modality feature learning through generic hierarchical hyperlingual-words[J]. IEEE transactions on neural networks and learning systems, 2016, 28(2): 451—463.

[268] SAXENA S, VERBEEK J. Heterogeneous face recognition with CNNs[C]// Proceedings of the European conference on computer vision, 2016: 483—491.

[269] WU X, SONG L, HE R, et al. Coupled deep learning for heterogeneous face recognition[C]// Proceedings of the AAAI Conference on Artificial Intelligence. 2018, 32(1).

[270] PENG C, WANG N, LI J, et al. Soft Semantic Representation for Cross-Domain Face Recognition[J]. IEEE Transactions on Information Forensics and Security, 2020, 16: 346—360.

[271] LIU D, GAO X, WANG N, et al. Coupled attribute learning for heterogeneous face recognition[J]. IEEE transactions on neural networks and learning systems, 2020, 31(11): 4699—4712.

[272] ZHANG L, LIN L, WU X, et al. End-to-end photo-sketch generation via fully convolutional representation learning[C]// Proceedings of the 5th ACM on International Conference on Multimedia Retrieval. 2015: 627—634.

新一代人工智能系列教材

"新一代人工智能系列教材"包含人工智能基础理论、算法模型、技术系统、硬件芯片和伦理安全以及"智能+"学科交叉等方面内容以及实践系列教材，在线开放共享课程，各具优势、衔接前沿、涵盖完整、交叉融合，由来自浙江大学、北京大学、清华大学、上海交通大学、复旦大学、西安交通大学、天津大学、哈尔滨工业大学、同济大学、西安电子科技大学、暨南大学、四川大学、北京理工大学、南京理工大学、华为、微软、百度等高校和企业的老师参与编写。

教材名	作者	作者单位
人工智能导论：模型与算法	吴 飞	浙江大学
可视化导论	陈 为、张 嵩、鲁爱东、赵 烨	浙江大学、密西西比州立大学、北卡罗来纳大学夏洛特分校、肯特州立大学
智能产品设计	孙凌云	浙江大学
自然语言处理	刘 挺、秦 兵、赵 军、黄萱菁、车万翔	哈尔滨工业大学、中科院大学、复旦大学
模式识别	周 杰、郭振华、张 林	清华大学、同济大学
人脸图像合成与识别	高新波、王楠楠	西安电子科技大学
自主智能运动系统	薛建儒	西安交通大学
机器感知	黄铁军	北京大学
人工智能芯片与系统	王则可、李 玺、李英明	浙江大学
物联网安全	徐文渊、翼晓宇、周歆妍	浙江大学、宁波大学
神经认知学	唐华锦、潘 纲	浙江大学
人工智能伦理导论	古天龙	暨南大学
人工智能伦理与安全	秦 湛、潘恩荣、任 奎	浙江大学
金融智能理论与实践	郑小林	浙江大学
媒体计算	韩亚洪、李泽超	天津大学、南京理工大学
人工智能逻辑	廖备水、刘奋荣	浙江大学、清华大学
生物信息智能分析与处理	沈红斌	上海交通大学
数字生态：人工智能与区块链	吴 超	浙江大学
人工智能与数字经济	王延峰	上海交通大学
人工智能内生安全	姜育刚	复旦大学
数据科学前沿技术导论	高云君、陈 璐、苗晓晔、张天明	浙江大学、浙江工业大学
计算机视觉	程明明	南开大学
深度学习基础	刘远超	哈尔滨工业大学
机器学习基础理论与应用	李宏亮	电子科技大学

新一代人工智能实践系列教材

教材名	作者	作者单位
人工智能基础	徐增林 等	哈尔滨工业大学（深圳）、华为
机器学习	胡清华、杨 柳、王旗龙 等	天津大学、华为
深度学习技术基础与应用	吕建成、段 磊 等	四川大学、华为
计算机视觉理论与实践	刘家瑛	北京大学、华为
语音信息处理理论与实践	王龙标、党建武、于 强	天津大学、华为
自然语言处理理论与实践	黄河燕、李洪政、史树敏	北京理工大学、华为
跨媒体移动应用理论与实践	张克俊	浙江大学、华为
人工智能芯片编译技术与实践	蒋 力	上海交通大学、华为
智能驾驶技术与实践	黄宏成	上海交通大学、华为
智能之门：神经网络与深度学习入门（基于Python的实现）	胡晓武、秦婷婷、李 超、邹 欣	微软亚洲研究院
人工智能导论：案例与实践	朱 强、毕 然、吴 飞	浙江大学、百度

人脸图像合成与识别

Renlian Tuxiang Hecheng yu Shibie

图书在版编目（CIP）数据

人脸图像合成与识别 / 高新波, 王楠楠编著. -- 北京 : 高等教育出版社, 2022.3

ISBN 978-7-04-057225-4

Ⅰ. ①人… Ⅱ. ①高… ②王… Ⅲ. ①面-图像处理-高等学校-教材②面-图像识别-高等学校-教材 Ⅳ. ①TP391.41

中国版本图书馆CIP数据核字(2021)第223732号

策划编辑	韩 飞
责任编辑	韩 飞
封面设计	张申申
版式设计	张申申
插图绘制	李沛蓉
责任校对	吕红颖
责任印制	刘思涵

出版发行 高等教育出版社

社址 北京市西城区德外大街4号

邮政编码 100120

购书热线 010-58581118

咨询电话 400-810-0598

网址

http://www.hep.edu.cn

http://www.hep.com.cn

网上订购

http://www.hepmall.com.cn

http://www.hepmall.com

http://www.hepmall.cn

印刷 北京汇林印务有限公司

开本 787mm×1092mm 1/16

印张 18.25

字数 380千字

版次 2022年3月第1版

印次 2022年3月第1次印刷

定价 37.00元